RabbitMQ 实战指南

朱忠华 著

电子工业出版社
Publishing House of Electronics Industry
北京·BEIJING

内 容 简 介

本书从消息中间件的概念和 RabbitMQ 的历史切入，主要阐述 RabbitMQ 的安装、使用、配置、管理、运维、原理、扩展等方面的细节。本书大致可以分为基础篇、进阶篇和高阶篇三个部分。基础篇首先介绍 RabbitMQ 的基本安装及使用方式，方便零基础的读者以最舒适的方式融入到 RabbitMQ 之中。其次介绍 RabbitMQ 的基本概念，包括生产者、消费者、交换器、队列、绑定等。之后通过 Java 语言讲述了客户端如何与 RabbitMQ 建立（关闭）连接、声明（删除）交换器、队列、绑定关系，以及如何发送和消费消息等。进阶篇讲述 RabbitMQ 的 TTL、死信、延迟队列、优先级队列、RPC、消息持久化、生产端和消费端的消息确认机制等内容，以期读者能够掌握 RabbitMQ 的使用精髓。本书中间篇幅主要从 RabbitMQ 的管理、配置、运维这三个角度来为读者提供帮助文档及解决问题的思路。高阶篇主要阐述 RabbitMQ 的存储机制、流控及镜像队列的原理，深入地讲述 RabbitMQ 的一些实现细节，便于读者加深对 RabbitMQ 的理解。本书还涉及网络分区的概念，此内容可称为魔鬼篇，需要掌握前面的所有内容才可理解其中的门道。本书最后讲述的是 RabbitMQ 的一些扩展内容及附录，供读者参考之用。

本书既可供初学者学习，帮助读者了解 RabbitMQ 的具体细节及使用方式、原理等，也可供相关开发、测试及运维人员参考，给日常工作带来启发。

未经许可，不得以任何方式复制或抄袭本书之部分或全部内容。
版权所有，侵权必究。

图书在版编目（CIP）数据

RabbitMQ 实战指南 / 朱忠华著. —北京：电子工业出版社，2017.11
ISBN 978-7-121-32991-3

Ⅰ. ①R… Ⅱ. ①朱… Ⅲ. ①JAVA 语言－程序设计－指南 Ⅳ. ①TP312.8-62

中国版本图书馆 CIP 数据核字（2017）第 264324 号

责任编辑：陈晓猛
印　　刷：北京盛通商印快线网络科技有限公司
装　　订：北京盛通商印快线网络科技有限公司
出版发行：电子工业出版社
　　　　　北京市海淀区万寿路 173 信箱　邮编　100036
开　　本：787×980　1/16　印张：21.75　字数：417 千字
版　　次：2017 年 11 月第 1 版
印　　次：2022 年 12 月第 15 次印刷
定　　价：79.00 元

凡所购买电子工业出版社图书有缺损问题，请向购买书店调换。若书店售缺，请与本社发行部联系，联系及邮购电话：(010) 88254888，88258888。
质量投诉请发邮件至 zlts@phei.com.cn，盗版侵权举报请发邮件至 dbqq@phei.com.cn。
本书咨询联系方式：010-51260888-819，faq@phei.com.cn。

前 言

初识 RabbitMQ 时,我在网上搜寻了大量的相关资料以求自己能够快速地理解它,但是这些资料零零散散而又良莠不齐。后来又寄希望于 RabbitMQ 的相关书籍,或许是它们都非出自国人之手,里面的陈述逻辑和案例描述都不太符合我自己的思维习惯。最后选择从头开始自研 RabbitMQ,包括阅读相关源码、翻阅官网的资料以及进行大量的实验等。

平时我也有写博客的习惯,通常在工作中遇到问题时会结合所学的知识整理成文。随着一篇篇的积累,也有好几十篇的内容,渐渐地也就有了编撰成书的想法。

本书动笔之时我曾信心满满,以为能够顺其自然地完成这本书,但是写到四分之一时,发现并没有想象中的那么简单。怎样才能让理解领悟汇聚成通俗易懂的文字表达?怎样才能让书中内容前后贯通、由浅入深地阐述?有些时候可能知道怎样做、为什么这么做,而没有反思其他情形能不能做、怎样做。为了解决这些问题,我会反复对书中的内容进行迭代,对某些模糊的知识点深耕再深耕,对某些案例场景进行反复的测试,不断地完善。

在本书编写之时,我常常回想当初作为小白之时迫切地希望能够了解哪些内容,这些内容又希望以怎样的形式展现。所以本书前面几章的内容基本上是站在一个小白的视角来为读者做一个细腻的讲解,相信读者在阅读完这些内容之后能够具备合理使用 RabbitMQ 的能力。在后面的章节中知识点会慢慢地深入,每阅读一章的内容都会对 RabbitMQ 有一个更加深刻的认知。

本书中的所有内容都具备理论基础并全部实践过,书中的内容也是我在工作中的实践积累,希望本书能够让初学者对 RabbitMQ 有一个全面的认知,也希望有相关经验的人士可以从本书中得到一些启发，汲取一些经验。

内容大纲

本书共 11 章，前后章节都有相关的联系，基本上按照由浅入深、由表及里的层次逐层进行讲解。如果读者对其中的某些内容已经掌握，可以选择跳过而翻阅后面的内容，不过还是建议读者按照先后顺序进行阅读。

第 1 章主要针对消息中间件做一个摘要性介绍，包括什么是消息中间件、消息中间件的作用及特点等。之后引入 RabbitMQ，对其历史和相关特点做一个简要概述。本章最后介绍 RabbitMQ 的安装及生产、消费的使用示例。

第 2 章主要讲述 RabbitMQ 的入门知识，包括生产者、消费者、队列、交换器、路由键、绑定、连接及信道等基本术语。本章还阐述了 RabbitMQ 与 AMQP 协议的对应关系。

第 3 章主要介绍 RabbitMQ 客户端开发的简单使用，按照一个生命周期对连接、创建、生产、消费及关闭等几个方面进行宏观的介绍。

第 4 章介绍数据可靠性的一些细节，并展示 RabbitMQ 的几种已具备或衍生的高级特性，包括 TTL、死信队列、延迟队列、优先级队列、RPC 等，这些功能在实际使用中可以让某些应用的实现变得事半功倍。

第 5 章主要围绕 RabbitMQ 管理这个主题展开，包括多租户、权限、用户、应用和集群管理、服务端状态等方面，并且从侧面讲述 rabbitmqctl 工具和 rabbitmq_management 插件的使用。

第 6 章主要讲述 RabbitMQ 的配置，以此可以通过环境变量、配置文件、运行时参数（和策略）等三种方式来定制化相应的服务。

第 7 章主要围绕运维层面展开论述，主要包括集群搭建、日志查看、故障恢复、集群迁移、集群监控这几个方面。

第 8 章主要讲述 Federation 和 Shovel 这两个插件的使用、细节及相关原理。区别于第 7 章中集群的部署方式，Federation 和 Shovel 可以部署在广域网中，为 RabbitMQ 提供更广泛的应用空间。

第 9 章介绍 RabbitMQ 相关的一些原理，主要内容包括 RabbitMQ 存储机制、磁盘和内存告警、流控机制、镜像队列。了解这些实现的细节及原理十分必要，它们可以让读者在遇到问题时能够透过现象看本质。

第 10 章主要围绕网络分区进行展开，具体阐述网络分区的意义，如何查看和处理网络分区，以及网络分区所带来的影响。

第 11 章主要探讨 RabbitMQ 的两个扩展内容：消息追踪及负载均衡。消息追踪可以有效地定位消息丢失的问题。负载均衡本身属于运维层面，但是负载均衡一般需要借助第三方的工具——HAProxy、LVS 等实现，故本书将其视为扩展内容。

读者讨论

由于笔者水平有限，书中难免有错误之处。在本书出版后的任何时间，若你对本书有任何疑问，都可以通过 zhuzhonghua.ideal@qq.com 发送邮件给笔者，也可以到笔者的个人博客 http://blog.csdn.net/u013256816 或者个人微信公众号"朱小厮的博客"中留言，向笔者阐述你的建议和想法。

致谢

首先要感谢我身处的平台，让我有机会深入地接触 RabbitMQ。同时也要感谢我身边的同事，正因为有了你们的鼓励和帮助，才让我能够迅速成长，本书的问世，离不开与你们在工作中积累的点点滴滴。

感谢在我博客中提问、留言的网友，有了你们的意见和建议才能让本书更加完善。

感谢博文视点的编辑们，本书能够顺利、迅速地出版，多亏了你们的敬业精神和一丝不苟的工作态度。

感谢顾忠国、裘晟、刘松松、沈华杰、刘建刚、朱文卿、叶海民、蒋晓峰等朋友的第一波支持。

感谢 Happy Sunshine Boy、苏逊、文斌、方志斌、codeOfQuite、翁庭贵、陈王明、花生树、KumasZhang 等朋友对本书的勘误提出的宝贵意见。

最后还要感谢我的家人，在我占用绝大部分的业余时间进行写作的时候，能够给予我极大的宽容、理解和支持，让我能够全身心地投入到写作之中。

朱忠华

------------------------------ 读者服务 ------------------------------

轻松注册成为博文视点社区用户（www.broadview.com.cn），扫码直达本书页面。

- 提交勘误：您对书中内容的修改意见可在 提交勘误处提交，若被采纳，将获赠博文视点社区积分（在您购买电子书时，积分可用来抵扣相应金额）。
- 交流互动：在页面下方 读者评论 处留下您的疑问或观点，与我们和其他读者一同学习交流。

页面入口：http://www.broadview.com.cn/32991

目 录

第 1 章 RabbitMQ 简介 1
1.1 什么是消息中间件 2
1.2 消息中间件的作用 3
1.3 RabbitMQ 的起源 4
1.4 RabbitMQ 的安装及简单使用 6
1.4.1 安装 Erlang 7
1.4.2 RabbitMQ 的安装 8
1.4.3 RabbitMQ 的运行 8
1.4.4 生产和消费消息 10
1.5 小结 14

第 2 章 RabbitMQ 入门 15
2.1 相关概念介绍 16
2.1.1 生产者和消费者 16
2.1.2 队列 18
2.1.3 交换器、路由键、绑定 19
2.1.4 交换器类型 21
2.1.5 RabbitMQ 运转流程 23

2.2　AMQP 协议介绍 ·· 26
   2.2.1　AMQP 生产者流转过程 ··· 27
   2.2.2　AMQP 消费者流转过程 ··· 29
   2.2.3　AMQP 命令概览 ··· 30
2.3　小结 ·· 32

第 3 章　客户端开发向导 ·· 33

3.1　连接 RabbitMQ ·· 34
3.2　使用交换器和队列 ··· 36
   3.2.1　exchangeDeclare 方法详解 ·· 37
   3.2.2　queueDeclare 方法详解 ··· 39
   3.2.3　queueBind 方法详解 ··· 41
   3.2.4　exchangeBind 方法详解 ·· 42
   3.2.5　何时创建 ·· 43
3.3　发送消息 ··· 44
3.4　消费消息 ··· 46
   3.4.1　推模式 ··· 46
   3.4.2　拉模式 ··· 49
3.5　消费端的确认与拒绝 ·· 50
3.6　关闭连接 ··· 52
3.7　小结 ·· 54

第 4 章　RabbitMQ 进阶 ·· 55

4.1　消息何去何从 ··· 56
   4.1.1　mandatory 参数 ··· 56
   4.1.2　immediate 参数 ·· 57
   4.1.3　备份交换器 ··· 58
4.2　过期时间（TTL） ··· 60

		4.2.1 设置消息的 TTL	60
		4.2.2 设置队列的 TTL	62
4.3	死信队列		63
4.4	延迟队列		65
4.5	优先级队列		67
4.6	RPC 实现		68
4.7	持久化		72
4.8	生产者确认		74
		4.8.1 事务机制	74
		4.8.2 发送方确认机制	77
4.9	消费端要点介绍		84
		4.9.1 消息分发	85
		4.9.2 消息顺序性	87
		4.9.3 弃用 QueueingConsumer	88
4.10	消息传输保障		90
4.11	小结		91

第 5 章 RabbitMQ 管理 92

5.1	多租户与权限		93
5.2	用户管理		97
5.3	Web 端管理		99
5.4	应用与集群管理		105
		5.4.1 应用管理	105
		5.4.2 集群管理	108
5.5	服务端状态		111
5.6	HTTP API 接口管理		121

5.7	小结	130

第 6 章 RabbitMQ 配置 …… 131

6.1	环境变量	132
6.2	配置文件	136
	6.2.1 配置项	137
	6.2.2 配置加密	140
	6.2.3 优化网络配置	142
6.3	参数及策略	146
6.4	小结	151

第 7 章 RabbitMQ 运维 …… 152

7.1	集群搭建	153
	7.1.1 多机多节点配置	154
	7.1.2 集群节点类型	158
	7.1.3 剔除单个节点	160
	7.1.4 集群节点的升级	162
	7.1.5 单机多节点配置	163
7.2	查看服务日志	164
7.3	单节点故障恢复	172
7.4	集群迁移	173
	7.4.1 元数据重建	174
	7.4.2 数据迁移和客户端连接的切换	183
	7.4.3 自动化迁移	185
7.5	集群监控	189
	7.5.1 通过 HTTP API 接口提供监控数据	189
	7.5.2 通过客户端提供监控数据	196
	7.5.3 检测 RabbitMQ 服务是否健康	199
	7.5.4 元数据管理与监控	203

7.6 小结 ····· 205

第 8 章 跨越集群的界限 ····· 206

8.1 Federation ····· 207
- 8.1.1 联邦交换器 ····· 207
- 8.1.2 联邦队列 ····· 214
- 8.1.3 Federation 的使用 ····· 216

8.2 Shovel ····· 223
- 8.2.1 Shovel 的原理 ····· 224
- 8.2.2 Shovel 的使用 ····· 227
- 8.2.3 案例：消息堆积的治理 ····· 233

8.3 小结 ····· 235

第 9 章 RabbitMQ 高阶 ····· 237

9.1 存储机制 ····· 238
- 9.1.1 队列的结构 ····· 240
- 9.1.2 惰性队列 ····· 243

9.2 内存及磁盘告警 ····· 245
- 9.2.1 内存告警 ····· 246
- 9.2.2 磁盘告警 ····· 249

9.3 流控 ····· 250
- 9.3.1 流控的原理 ····· 250
- 9.3.2 案例：打破队列的瓶颈 ····· 253

9.4 镜像队列 ····· 263

9.5 小结 ····· 269

第 10 章 网络分区 ····· 270

10.1 网络分区的意义 ····· 271

10.2 网络分区的判定 ····· 272

10.3　网络分区的模拟 ··· 275

10.4　网络分区的影响 ··· 279

　　10.4.1　未配置镜像 ·· 279

　　10.4.2　已配置镜像 ·· 282

10.5　手动处理网络分区 ·· 284

10.6　自动处理网络分区 ·· 289

　　10.6.1　pause-minority 模式 ··· 289

　　10.6.2　pause-if-all-down 模式 ··· 290

　　10.6.3　autoheal 模式 ··· 291

　　10.6.4　挑选哪种模式 ·· 292

10.7　案例：多分区情形 ·· 293

10.8　小结 ·· 296

第 11 章　RabbitMQ 扩展　297

11.1　消息追踪 ·· 298

　　11.1.1　Firehose ··· 298

　　11.1.2　rabbitmq_tracing 插件 ·· 301

　　11.1.3　案例：可靠性检测 ·· 305

11.2　负载均衡 ·· 310

　　11.2.1　客户端内部实现负载均衡 ·· 312

　　11.2.2　使用 HAProxy 实现负载均衡 ··· 314

　　11.2.3　使用 Keepalived 实现高可靠负载均衡 ·· 318

　　11.2.4　使用 Keepalived+LVS 实现负载均衡 ··· 325

11.3　小结 ·· 330

附录 A　集群元数据信息示例 ·· 331

附录 B　/api/nodes 接口详细内容 ··· 333

附录 C　网络分区图谱 ·· 336

第 1 章
RabbitMQ 简介

　　RabbitMQ 是目前非常热门的一款消息中间件,不管是互联网行业还是传统行业都在大量地使用。RabbitMQ 凭借其高可靠、易扩展、高可用及丰富的功能特性受到越来越多企业的青睐。作为一个合格的开发者,有必要深入地了解 RabbitMQ 的相关知识,为自己的职业生涯添砖加瓦。

1.1 什么是消息中间件

消息（Message）是指在应用间传送的数据。消息可以非常简单，比如只包含文本字符串、JSON 等，也可以很复杂，比如内嵌对象。

消息队列中间件（Message Queue Middleware，简称为 MQ）是指利用高效可靠的消息传递机制进行与平台无关的数据交流，并基于数据通信来进行分布式系统的集成。通过提供消息传递和消息排队模型，它可以在分布式环境下扩展进程间的通信。

消息队列中间件，也可以称为消息队列或者消息中间件。它一般有两种传递模式：点对点（P2P，Point-to-Point）模式和发布/订阅（Pub/Sub）模式。点对点模式是基于队列的，消息生产者发送消息到队列，消息消费者从队列中接收消息，队列的存在使得消息的异步传输成为可能。发布订阅模式定义了如何向一个内容节点发布和订阅消息，这个内容节点称为主题（topic），主题可以认为是消息传递的中介，消息发布者将消息发布到某个主题，而消息订阅者则从主题中订阅消息。主题使得消息的订阅者与消息的发布者互相保持独立，不需要进行接触即可保证消息的传递，发布/订阅模式在消息的一对多广播时采用。

目前开源的消息中间件有很多，比较主流的有 RabbitMQ、Kafka、ActiveMQ、RocketMQ 等。面向消息的中间件（简称为 MOM，Message Oriented Middleware）提供了以松散耦合的灵活方式集成应用程序的一种机制。它们提供了基于存储和转发的应用程序之间的异步数据发送，即应用程序彼此不直接通信，而是与作为中介的消息中间件通信。消息中间件提供了有保证的消息发送，应用程序开发人员无须了解远程过程调用（RPC）和网络通信协议的细节。

消息中间件适用于需要可靠的数据传送的分布式环境。采用消息中间件的系统中，不同的对象之间通过传递消息来激活对方的事件，以完成相应的操作。发送者将消息发送给消息服务器，消息服务器将消息存放在若干队列中，在合适的时候再将消息转发给接收者。消息中间件能在不同平台之间通信，它常被用来屏蔽各种平台及协议之间的特性，实现应用程序之间的协同，其优点在于能够在客户和服务器之间提供同步和异步的连接，并且在任何时刻都可以将消息进行传送或者存储转发，这也是它比远程过程调用更进步的原因。

举例说明，如图 1-1 所示，应用程序 A 与应用程序 B 通过使用消息中间件的应用程序编程接口（API，Application Program Interface）发送消息来进行通信。

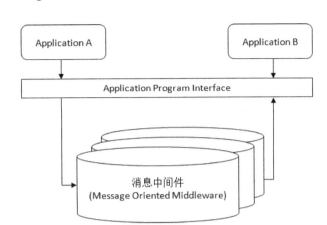

图1-1　应用通过消息中间件进行通信

消息中间件将消息路由给应用程序 B，这样消息就可存在于完全不同的计算机上。消息中间件负责处理网络通信，如果网络连接不可用，消息中间件会存储消息，直到连接变得可用，再将消息转发给应用程序 B。灵活性的另一方面体现在，当应用程序 A 发送其消息时，应用程序 B 甚至可以处于不运行状态，消息中间件将保留这份消息，直到应用程序 B 开始执行并消费消息，这样还防止了应用程序 A 因为等待应用程序 B 消费消息而出现阻塞。这种异步通信方式要求应用程序的设计与现在大多数应用不同。不过对于时间无关或并行处理的场景，它可能是一个极其有用的方法。

1.2　消息中间件的作用

消息中间件凭借其独到的特性，在不同的应用场景下可以展现不同的作用。总的来说，消息中间件的作用可以概括如下。

解耦：在项目启动之初来预测将来会碰到什么需求是极其困难的。消息中间件在处理过程中间插入了一个隐含的、基于数据的接口层，两边的处理过程都要实现这一接口，这允许你独立地扩展或修改两边的处理过程，只要确保它们遵守同样的接口约束即可。

冗余（存储）：有些情况下，处理数据的过程会失败。消息中间件可以把数据进行持久化直到它们已经被完全处理，通过这一方式规避了数据丢失风险。在把一个消息从消息中间件中删除之前，需要你的处理系统明确地指出该消息已经被处理完成，从而确保你的数据被安全地保存直到你使用完毕。

扩展性：因为消息中间件解耦了应用的处理过程，所以提高消息入队和处理的效率是很容易的，只要另外增加处理过程即可，不需要改变代码，也不需要调节参数。

削峰：在访问量剧增的情况下，应用仍然需要继续发挥作用，但是这样的突发流量并不常见。如果以能处理这类峰值为标准而投入资源，无疑是巨大的浪费。使用消息中间件能够使关键组件支撑突发访问压力，不会因为突发的超负荷请求而完全崩溃。

可恢复性：当系统一部分组件失效时，不会影响到整个系统。消息中间件降低了进程间的耦合度，所以即使一个处理消息的进程挂掉，加入消息中间件中的消息仍然可以在系统恢复后进行处理。

顺序保证：在大多数使用场景下，数据处理的顺序很重要，大部分消息中间件支持一定程度上的顺序性。

缓冲：在任何重要的系统中，都会存在需要不同处理时间的元素。消息中间件通过一个缓冲层来帮助任务最高效率地执行，写入消息中间件的处理会尽可能快速。该缓冲层有助于控制和优化数据流经过系统的速度。

异步通信：在很多时候应用不想也不需要立即处理消息。消息中间件提供了异步处理机制，允许应用把一些消息放入消息中间件中，但并不立即处理它，在之后需要的时候再慢慢处理。

1.3 RabbitMQ 的起源

RabbitMQ 是采用 Erlang 语言实现 AMQP（Advanced Message Queuing Protocol，高级消息队列协议）的消息中间件，它最初起源于金融系统，用于在分布式系统中存储转发消息。

在此之前，有一些消息中间件的商业实现，比如微软的 MSMQ（MicroSoft Message Queue）、IBM 的 WebSphere 等。由于高昂的价格，一般只应用于大型组织机构，它们需要可靠性、解耦及实时消息通信的功能。由于商业壁垒，商业 MQ 供应商想要解决应用互通的问题，而不是去创建标准来实现不同的 MQ 产品间的互通，或者允许应用程序更改 MQ 平台。

为了打破这个壁垒，同时为了能够让消息在各个消息队列平台间互融互通，JMS（Java Message Service）应运而生。JMS 试图通过提供公共 Java API 的方式，隐藏单独 MQ 产品供应商提供的实际接口，从而跨越了壁垒，以及解决了互通问题。从技术上讲，Java 应用程序只需针对 JMS API 编程，选择合适的 MQ 驱动即可，JMS 会打理好其他部分。ActiveMQ 就是 JMS 的一种实现。不过尝试使用单独标准化接口来胶合众多不同的接口，最终会暴露出问题，使得应用程序变得更加脆弱。所以急需一种新的消息通信标准化方案。

在 2006 年 6 月，由 Cisco、Redhat、iMatix 等联合制定了 AMQP 的公开标准，由此 AMQP 登上了历史的舞台。它是应用层协议的一个开放标准，以解决众多消息中间件的需求和拓扑结构问题。它为面向消息的中间件设计，基于此协议的客户端与消息中间件可传递消息，并不受产品、开发语言等条件的限制。

RabbitMQ 最初版本实现了 AMQP 的一个关键特性：使用协议本身就可以对队列和交换器（Exchange）这样的资源进行配置。对于商业 MQ 供应商来说，资源配置需要通过管理终端的特定工具才能完成。RabbitMQ 的资源配置能力使其成为构建分布式应用的最完美的通信总线，特别有助于充分利用基于云的资源和进行快速开发。

RabbitMQ 是由 RabbitMQ Technologies Ltd 开发并且提供商业支持的。取 Rabbit 这样一个名字，是因为兔子行动非常迅速且繁殖起来非常疯狂，RabbitMQ 的开创者认为以此命名这个分布式软件再合适不过了。RabbitMQ Technologies Ltd 在 2010 年 4 月被 SpringSource（VMWare 的一个部门）收购，在 2013 年 5 月并入 Pivotal，其实 VMWare、Pivotal 和 EMC 本质上是一家。不同的是 VMWare 是独立上市子公司,而 Pivotal 是整合了 EMC 的某些资源，现在并没有上市。至今你也可以在 RabbitMQ 的官网[1]上的 Logo 旁看到"by Pivotal"的字样，如图 1-2 所示。

图 1-2　官网 Logo

---

[1] RabbitMQ 官网地址是 www.rabbitmq.com。Github 地址是 https://github.com/rabbitmq/rabbitmq-server。

RabbitMQ 发展到今天，被越来越多的人认可，这和它在易用性、扩展性、可靠性和高可用性等方面的卓著表现是分不开的。RabbitMQ 的具体特点可以概括为以下几点。

- 可靠性：RabbitMQ 使用一些机制来保证可靠性，如持久化、传输确认及发布确认等。
- 灵活的路由：在消息进入队列之前，通过交换器来路由消息。对于典型的路由功能，RabbitMQ 已经提供了一些内置的交换器来实现。针对更复杂的路由功能，可以将多个交换器绑定在一起，也可以通过插件机制来实现自己的交换器。
- 扩展性：多个 RabbitMQ 节点可以组成一个集群，也可以根据实际业务情况动态地扩展集群中节点。
- 高可用性：队列可以在集群中的机器上设置镜像，使得在部分节点出现问题的情况下队列仍然可用。
- 多种协议：RabbitMQ 除了原生支持 AMQP 协议，还支持 STOMP、MQTT 等多种消息中间件协议。
- 多语言客户端：RabbitMQ 几乎支持所有常用语言，比如 Java、Python、Ruby、PHP、C#、JavaScript 等。
- 管理界面：RabbitMQ 提供了一个易用的用户界面，使得用户可以监控和管理消息、集群中的节点等。
- 插件机制：RabbitMQ 提供了许多插件，以实现从多方面进行扩展，当然也可以编写自己的插件。

1.4 RabbitMQ 的安装及简单使用

这里首先介绍 RabbitMQ 的安装过程，然后演示发送和消费消息的具体实现，以期让读者对 RabbitMQ 有比较直观的感受。

前面提到了 RabbitMQ 是由 Erlang 语言编写的，也正因如此，在安装 RabbitMQ 之前需要安装 Erlang。建议采用较新版的 Erlang，这样可以获得较多更新和改进，可以到官网

(http://www.erlang.org/downloads）下载。截止本书撰稿，最新版本为 20.0，本书示例大多采用 19.x 的版本。

本书如无特指，所有程序都是在 Linux 下运行的，毕竟 RabbitMQ 大多部署在 Linux 操作系统之中。

1.4.1 安装 Erlang

下面首先演示 Erlang 的安装。第一步，解压安装包，并配置安装目录，这里我们预备安装到/opt/erlang 目录下：

```
[root@hidden ~]# tar zxvf otp_src_19.3.tar.gz
[root@hidden ~]# cd otp_src_19.3
[root@hidden otp_src_19.3]# ./configure --prefix=/opt/erlang
```

第二步，如果出现类似关键报错信息：No curses library functions found。那么此时需要安装 ncurses，安装步骤（遇到提示输入 y 后直接回车即可）如下：

```
[root@hidden otp_src_19.3]# yum install ncurses-devel
```

第三步，安装 Erlang：

```
[root@hidden otp_src_19.3]# make
[root@hidden otp_src_19.3]# make install
```

如果在安装的过程中出现类似 "No ***** found" 的提示，可根据提示信息安装相应的包，之后再执行第二或者第三步，直到提示安装完毕为止。

第四步，修改/etc/profile 配置文件，添加下面的环境变量：

```
ERLANG_HOME=/opt/erlang
export PATH=$PATH:$ERLANG_HOME/bin
export ERLANG_HOME
```

最后执行如下命令让配置文件生效：

```
[root@hidden otp_src_19.3]# source /etc/profile
```

可以输入 erl 命令来验证 Erlang 是否安装成功，如果出现类似以下的提示即表示安装成功：

```
[root@hidden ~]# erl
Erlang/OTP 19 [erts-8.1] [source] [64-bit] [smp:4:4] [async-threads:10] [hipe] [kernel-poll:false]
```

```
Eshell V8.1 (abort with ^G)
1>
```

1.4.2 RabbitMQ 的安装

RabbitMQ 的安装比 Erlang 的安装要简单，直接将下载的安装包解压到相应的目录下即可，官网下载地址：http://www.rabbitmq.com/releases/rabbitmq-server/。本书撰稿时的最新版本为 3.6.12，本书示例大多采用同一系列的 3.6.x 版本。

这里选择将 RabbitMQ 安装到与 Erlang 同一个目录（/opt）下面：

```
[root@hidden ~]# tar zvxf rabbitmq-server-generic-unix-3.6.10.tar.gz -C /opt
[root@hidden ~]# cd /opt
[root@hidden ~]# mv rabbitmq_server-3.6.10 rabbitmq
```

同样修改 /etc/profile 文件，添加下面的环境变量：

```
export PATH=$PATH:/opt/rabbitmq/sbin
export RABBITMQ_HOME=/opt/rabbitmq
```

之后执行 source /etc/profile 命令让配置文件生效。

1.4.3 RabbitMQ 的运行

在修改了 /etc/profile 配置文件之后，可以任意打开一个 Shell 窗口，输入如下命令以运行 RabbitMQ 服务：

```
rabbitmq-server -detached
```

在 rabbitmq-server 命令后面添加一个 "-detached" 参数是为了能够让 RabbitMQ 服务以守护进程的方式在后台运行，这样就不会因为当前 Shell 窗口的关闭而影响服务。

运行 rabbitmqctl status 命令查看 RabbitMQ 是否正常启动，示例如下：

```
[root@hidden ~]# rabbitmqctl status
Status of node rabbit@hidden
[{pid,6458},
 {running_applications,
     [{rabbitmq_management,"RabbitMQ Management Console","3.6.10"},
```

```
     {rabbitmq_management_agent,"RabbitMQ Management Agent","3.6.10"},
     {rabbitmq_web_dispatch,"RabbitMQ Web Dispatcher","3.6.10"},
     {rabbit,"RabbitMQ","3.6.10"},
     {mnesia,"MNESIA  CXC 138 12","4.14.1"},
     {amqp_client,"RabbitMQ AMQP Client","3.6.10"},
     {os_mon,"CPO  CXC 138 46","2.4.1"},
     {rabbit_common,
         "Modules shared by rabbitmq-server and rabbitmq-erlang-client",
         "3.6.10"},
     {compiler,"ERTS  CXC 138 10","7.0.2"},
     {inets,"INETS  CXC 138 49","6.3.3"},
     {cowboy,"Small, fast, modular HTTP server.","1.0.4"},
     {ranch,"Socket acceptor pool for TCP protocols.","1.3.0"},
     {ssl,"Erlang/OTP SSL application","8.0.2"},
     {public_key,"Public key infrastructure","1.2"},
     {cowlib,"Support library for manipulating Web protocols.","1.0.2"},
     {crypto,"CRYPTO","3.7.1"},
     {syntax_tools,"Syntax tools","2.1"},
     {asn1,"The Erlang ASN1 compiler version 4.0.4","4.0.4"},
     {xmerl,"XML parser","1.3.12"},
     {sasl,"SASL  CXC 138 11","3.0.1"},
     {stdlib,"ERTS  CXC 138 10","3.1"},
     {kernel,"ERTS  CXC 138 10","5.1"}]},
 {os,{unix,linux}},
 {erlang_version,
     "Erlang/OTP 19 [erts-8.1] [source] [64-bit] [smp:4:4]
[async-threads:64] [hipe] [kernel-poll:true]\n"},
 {memory,
     [{total,61061688},
      {connection_readers,0},
      {connection_writers,0},
      {connection_channels,0},
      {connection_other,2832},
      {queue_procs,2832},
      {queue_slave_procs,0},
      {plugins,487104},
      {other_proc,21896528},
      {mnesia,60800},
      {metrics,193616},
      {mgmt_db,137720},
      {msg_index,43392},
      {other_ets,2485240},
      {binary,132984},
      {code,24661210},
      {atom,1033401},
      {other_system,10114813}]},
 {alarms,[]},
 {listeners,[{clustering,25672,"::"},{amqp,5672,"::"},{http,15672,"::"}]},
 {vm_memory_high_watermark,0.4},
```

```
{vm_memory_limit,3301929779},
{disk_free_limit,50000000},
{disk_free,30244855808},
{file_descriptors,
    [{total_limit,924},{total_used,2},{sockets_limit,829},{sockets_used,0}]},
{processes,[{limit,1048576},{used,323}]},
{run_queue,0},
{uptime,11},
{kernel,{net_ticktime,60}}]
```

如果 RabbitMQ 正常启动，会输出如上所示的信息。当然也可以通过 `rabbitmqctl cluster_status` 命令来查看集群信息，目前只有一个 RabbitMQ 服务节点，可以看作单节点的集群：

```
[root@hidden ~]# rabbitmqctl cluster_status
Cluster status of node rabbit@hidden
[{nodes,[{disc,[rabbit@hidden]}]},
 {running_nodes,[rabbit@hidden]},
 {cluster_name,<<"rabbit@hidden">>},
 {partitions,[]},
 {alarms,[{rabbit@hidden,[]}]}]
```

在后面的 7.1 节中会对多节点的集群配置进行介绍。

1.4.4 生产和消费消息

本节将演示如何使用 RabbitMQ Java 客户端生产和消费消息。本书中如无特殊说明，示例都采用 Java 语言来演示，包括 RabbitMQ 官方文档基本上也是采用 Java 语言来进行演示的。当然如前面所提及的，RabbitMQ 客户端可以支持很多种语言。

目前最新的 RabbitMQ Java 客户端版本为 4.2.1，相应的 maven 构建文件如下：

```xml
<!-- https://mvnrepository.com/artifact/com.rabbitmq/amqp-client -->
<dependency>
    <groupId>com.rabbitmq</groupId>
    <artifactId>amqp-client</artifactId>
    <version>4.2.1</version>
</dependency>
```

读者可以根据项目的实际情况进行调节。

默认情况下，访问 RabbitMQ 服务的用户名和密码都是"guest"，这个账户有限制，默认只能通过本地网络（如 localhost）访问，远程网络访问受限，所以在实现生产和消费消息之前，需要另外添加一个用户，并设置相应的访问权限。

添加新用户，用户名为"root"，密码为"root123"：

```
[root@hidden ~]# rabbitmqctl add_user root root123
Creating user "root" ...
```

为 root 用户设置所有权限：

```
[root@hidden ~]# rabbitmqctl set_permissions -p / root ".*" ".*" ".*"
Setting permissions for user "root" in vhost "/" ...
```

设置 root 用户为管理员角色：

```
[root@hidden ~]# rabbitmqctl set_user_tags root administrator
Setting tags for user "root" to [administrator] …
```

如果读者在使用 RabbitMQ 的过程中遇到类似如下的报错，那么很可能就是账户管理的问题，需要根据上面的步骤进行设置，之后再运行程序。

```
Exception in thread "main" com.rabbitmq.client.AuthenticationFailureException:
ACCESS_REFUSED - Login was refused using authentication mechanism PLAIN. For details
see the broker logfile.
```

计算机的世界是从"Hello World!"开始的，这里我们也沿用惯例，首先生产者发送一条消息"Hello World!"至 RabbitMQ 中，之后由消费者消费。下面先演示生产者客户端的代码（代码清单 1-1），接着再演示消费者客户端的代码（代码清单 1-2）。

代码清单 1-1　生产者客户端代码

```java
package com.zzh.rabbitmq.demo;

import com.rabbitmq.client.Channel;
import com.rabbitmq.client.Connection;
import com.rabbitmq.client.ConnectionFactory;
import com.rabbitmq.client.MessageProperties;
import java.io.IOException;
import java.util.concurrent.TimeoutException;

public class RabbitProducer {
    private static final String EXCHANGE_NAME = "exchange_demo";
    private static final String ROUTING_KEY = "routingkey_demo";
    private static final String QUEUE_NAME = "queue_demo";
    private static final String IP_ADDRESS = "192.168.0.2";
    private static final int PORT = 5672;//RabbitMQ 服务端默认端口号为 5672
```

```java
    public static void main(String[] args) throws IOException,
            TimeoutException, InterruptedException {
        ConnectionFactory factory = new ConnectionFactory();
        factory.setHost(IP_ADDRESS);
        factory.setPort(PORT);
        factory.setUsername("root");
        factory.setPassword("root123");
        Connection connection = factory.newConnection();//创建连接
        Channel channel = connection.createChannel();//创建信道
        //创建一个type="direct"、持久化的、非自动删除的交换器
        channel.exchangeDeclare(EXCHANGE_NAME, "direct", true, false, null);
        //创建一个持久化、非排他的、非自动删除的队列
        channel.queueDeclare(QUEUE_NAME, true, false, false, null);
        //将交换器与队列通过路由键绑定
        channel.queueBind(QUEUE_NAME, EXCHANGE_NAME, ROUTING_KEY);
        //发送一条持久化的消息：hello world!
        String message = "Hello World!";
        channel.basicPublish(EXCHANGE_NAME, ROUTING_KEY,
                MessageProperties.PERSISTENT_TEXT_PLAIN,
                message.getBytes());
        //关闭资源
        channel.close();
        connection.close();
    }
}
```

为了方便初学者能够正确地运行本段代码，完成"新手上路"的任务，这里将一个完整的程序展示出来。在后面的章节中，如无特别需要，都只会展示出部分关键代码。

上面的生产者客户端的代码首先和 RabbitMQ 服务器建立一个连接（Connection），然后在这个连接之上创建一个信道（Channel）。之后创建一个交换器（Exchange）和一个队列（Queue），并通过路由键进行绑定（在 2.1 节中会有关于交换器、队列及路由键的详细解释）。然后发送一条消息，最后关闭资源。

代码清单 1-2　消费者客户端代码

```java
package com.zzh.rabbitmq.demo;

import com.rabbitmq.client.*;
import java.io.IOException;
import java.util.concurrent.TimeUnit;
import java.util.concurrent.TimeoutException;

public class RabbitConsumer {
    private static final String QUEUE_NAME = "queue_demo";
```

```java
private static final String IP_ADDRESS = "192.168.0.2";
private static final int PORT = 5672;

public static void main(String[] args) throws IOException,
        TimeoutException, InterruptedException {
    Address[] addresses = new Address[]{
            new Address(IP_ADDRESS, PORT)
    };
    ConnectionFactory factory = new ConnectionFactory();
    factory.setUsername("root");
    factory.setPassword("root123");
    //这里的连接方式与生产者的demo略有不同，注意辨别区别
    Connection connection = factory.newConnection(addresses);//创建连接
    final Channel channel = connection.createChannel();//创建信道
    channel.basicQos(64);//设置客户端最多接收未被ack的消息的个数
    Consumer consumer = new DefaultConsumer(channel) {
        @Override
        public void handleDelivery(String consumerTag,
                                   Envelope envelope,
                                   AMQP.BasicProperties properties,
                                   byte[] body)
                throws IOException {
            System.out.println("recv message: " + new String(body));
            try {
                TimeUnit.SECONDS.sleep(1);
            } catch (InterruptedException e) {
                e.printStackTrace();
            }
            channel.basicAck(envelope.getDeliveryTag(), false);
        }
    };
    channel.basicConsume(QUEUE_NAME,consumer);
    //等待回调函数执行完毕之后，关闭资源
    TimeUnit.SECONDS.sleep(5);
    channel.close();
    connection.close();
}
}
```

注意这里采用的是继承 `DefaultConsumer` 的方式来实现消费，有过 RabbitMQ 使用经验的读者也许会喜欢采用 `QueueingConsumer` 的方式来实现消费，但是我们并不推荐，使用 `QueueingConsumer` 会有一些隐患。同时，在 RabbitMQ Java 客户端 4.0.0 版本开始将 `QueueingConsumer` 标记为@Deprecated，在后面的大版本中会删除这个类，更多详细内容可以参考 4.9.3 节。

通过上面的演示，相信各位读者对 RabbitMQ 有了一个初步的认识。但是这也仅仅是个开始，路漫漫其修远兮，愿君能上下而求索。

1.5 小结

本章首先针对消息中间件做了一个摘要性的介绍，包括什么是消息中间件、消息中间件的作用及消息中间件的特点等。之后引入 RabbitMQ，对其历史做一个简单的阐述，比如 RabbitMQ 具备哪些特点。本章后面的篇幅介绍了 RabbitMQ 的安装及简单使用，通过演示生产者生产消息，以及消费者消费消息来给读者一个对于 RabbitMQ 的最初的印象，为后面的探索过程打下基础。

第 2 章
RabbitMQ 入门

第 1 章的内容让我们对消息中间件和 RabbitMQ 本身有了大致的印象，但这是最浅显的。为了能够撬开 RabbitMQ 的大门，还需要针对 RabbitMQ 本身及其所遵循的 AMQP 协议中的一些细节做进一步的探究。在阅读本章内容的时候可以带着这样的一些疑问：RabbitMQ 的模型架构是什么？AMQP 协议又是什么？这两者之间又有何种紧密的关系？消息从生产者发出到消费者消费这一过程中要经历一些什么？

2.1 相关概念介绍

RabbitMQ 整体上是一个生产者与消费者模型,主要负责接收、存储和转发消息。可以把消息传递的过程想象成:当你将一个包裹送到邮局,邮局会暂存并最终将邮件通过邮递员送到收件人的手上,RabbitMQ 就好比由邮局、邮箱和邮递员组成的一个系统。从计算机术语层面来说,RabbitMQ 模型更像是一种交换机模型。

RabbitMQ 的整体模型架构如图 2-1 所示。

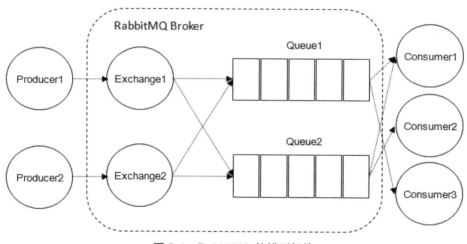

图 2-1　RabbitMQ 的模型架构

2.1.1 生产者和消费者

Producer:生产者,就是投递消息的一方。

生产者创建消息,然后发布到 RabbitMQ 中。消息一般可以包含 2 个部分:消息体和标签(Label)。消息体也可以称之为 payload,在实际应用中,消息体一般是一个带有业务逻辑结构的数据,比如一个 JSON 字符串。当然可以进一步对这个消息体进行序列化操作。消息的标签用来表述这条消息，比如一个交换器的名称和一个路由键。生产者把消息交由 RabbitMQ，RabbitMQ 之后会根据标签把消息发送给感兴趣的消费者（Consumer）。

Consumer：消费者，就是接收消息的一方。

消费者连接到 RabbitMQ 服务器，并订阅到队列上。当消费者消费一条消息时，只是消费消息的消息体（payload）。在消息路由的过程中，消息的标签会丢弃，存入到队列中的消息只有消息体，消费者也只会消费到消息体，也就不知道消息的生产者是谁，当然消费者也不需要知道。

Broker：消息中间件的服务节点。

对于 RabbitMQ 来说，一个 RabbitMQ Broker 可以简单地看作一个 RabbitMQ 服务节点，或者 RabbitMQ 服务实例。大多数情况下也可以将一个 RabbitMQ Broker 看作一台 RabbitMQ 服务器。

图 2-2 展示了生产者将消息存入 RabbitMQ Broker，以及消费者从 Broker 中消费数据的整个流程。

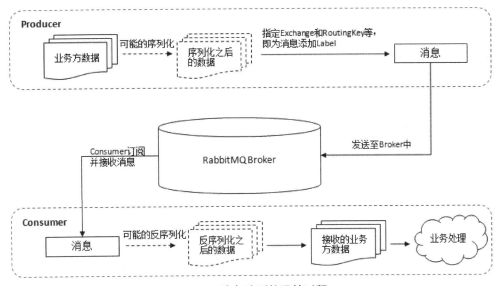

图 2-2　消息队列的运转过程

首先生产者将业务方数据进行可能的包装，之后封装成消息，发送（AMQP 协议里这个动作对应的命令为 `Basic.Publish`）到 Broker 中。消费者订阅并接收消息（AMQP 协议里这个动作对应的命令为 Basic.Consume 或者 Basic.Get），经过可能的解包处理得到原始的数据，之后再进行业务处理逻辑。这个业务处理逻辑并不一定需要和接收消息的逻辑使用同一个线程。消费者进程可以使用一个线程去接收消息，存入到内存中，比如使用 Java 中的 BlockingQueue。业务处理逻辑使用另一个线程从内存中读取数据，这样可以将应用进一步解耦，提高整个应用的处理效率。

2.1.2 队列

Queue：队列，是 RabbitMQ 的内部对象，用于存储消息。参考图 2-1，队列可以用图 2-3 表示。

图 2-3 队列

RabbitMQ 中消息都只能存储在队列中，这一点和 Kafka 这种消息中间件相反。Kafka 将消息存储在 topic（主题）这个逻辑层面，而相对应的队列逻辑只是 topic 实际存储文件中的位移标识。RabbitMQ 的生产者生产消息并最终投递到队列中，消费者可以从队列中获取消息并消费。

多个消费者可以订阅同一个队列，这时队列中的消息会被平均分摊（Round-Robin，即轮询）给多个消费者进行处理，而不是每个消费者都收到所有的消息并处理，如图 2-4 所示。

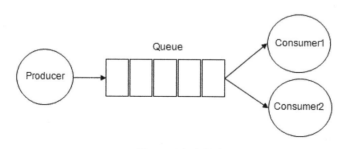

图 2-4 多个消费者

RabbitMQ 不支持队列层面的广播消费，如果需要广播消费，需要在其上进行二次开发，处理逻辑会变得异常复杂，同时也不建议这么做。

2.1.3 交换器、路由键、绑定

Exchange：交换器。在图 2-4 中我们暂时可以理解成生产者将消息投递到队列中，实际上这个在 RabbitMQ 中不会发生。真实情况是，生产者将消息发送到 Exchange（交换器，通常也可以用大写的"X"来表示），由交换器将消息路由到一个或者多个队列中。如果路由不到，或许会返回给生产者，或许直接丢弃。这里可以将 RabbitMQ 中的交换器看作一个简单的实体，更多的细节会在后面的章节中有所涉及。

交换器的具体示意图如图 2-5 所示。

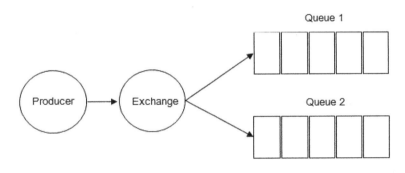

图 2-5　交换器

RabbitMQ 中的交换器有四种类型，不同的类型有着不同的路由策略，这将在下一节的交换器类型（Exchange Types）中介绍。

RoutingKey：路由键。生产者将消息发给交换器的时候，一般会指定一个 RoutingKey，用来指定这个消息的路由规则，而这个 Routing Key 需要与交换器类型和绑定键（BindingKey）联合使用才能最终生效。

在交换器类型和绑定键（BindingKey）固定的情况下，生产者可以在发送消息给交换器时，通过指定 RoutingKey 来决定消息流向哪里。

Binding：绑定。RabbitMQ 中通过绑定将交换器与队列关联起来，在绑定的时候一般会指定一个绑定键（BindingKey），这样 RabbitMQ 就知道如何正确地将消息路由到队列了，如图 2-6 所示。

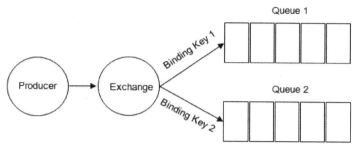

图 2-6　绑定

生产者将消息发送给交换器时，需要一个 RoutingKey，当 BindingKey 和 RoutingKey 相匹配时，消息会被路由到对应的队列中。在绑定多个队列到同一个交换器的时候，这些绑定允许使用相同的 BindingKey。BindingKey 并不是在所有的情况下都生效，它依赖于交换器类型，比如 fanout 类型的交换器就会无视 BindingKey，而是将消息路由到所有绑定到该交换器的队列中。

对于初学者来说，交换器、路由键、绑定这几个概念理解起来会有点晦涩，可以对照着代码清单 1-1 来加深理解。

沿用本章开头的比喻，交换器相当于投递包裹的邮箱，RoutingKey 相当于填写在包裹上的地址，BindingKey 相当于包裹的目的地，当填写在包裹上的地址和实际想要投递的地址相匹配时，那么这个包裹就会被正确投递到目的地，最后这个目的地的"主人"——队列可以保留这个包裹。如果填写的地址出错，邮递员不能正确投递到目的地，包裹可能会回退给寄件人，也有可能被丢弃。

有经验的读者可能会发现，在某些情形下，RoutingKey 与 BindingKey 可以看作同一个东西。代码清单 2-1 所展示的是代码清单 1-1 中的部分代码：

代码清单 2-1　RoutingKey 与 BindingKey

```
channel.exchangeDeclare(EXCHANGE_NAME, "direct", true, false, null);
channel.queueDeclare(QUEUE_NAME, true, false, false, null);
channel.queueBind(QUEUE_NAME, EXCHANGE_NAME, ROUTING_KEY);
String message = "Hello World!";
channel.basicPublish(EXCHANGE_NAME, ROUTING_KEY,
    MessageProperties.PERSISTENT_TEXT_PLAIN,
    message.getBytes());
```

以上代码声明了一个 direct 类型的交换器（交换器的类型在下一节会详细讲述），然后将交换器和队列绑定起来。注意这里使用的字样是"ROUTING_KEY"，在本该使用 BindingKey 的 channel.queueBind 方法中却和 channel.basicPublish 方法同样使用了 RoutingKey，这样做的潜台词是：这里的 RoutingKey 和 BindingKey 是同一个东西。在 direct 交换器类型下，RoutingKey 和 BindingKey 需要完全匹配才能使用，所以上面代码中采用了此种写法会显得方便许多。

但是在 topic 交换器类型下，RoutingKey 和 BindingKey 之间需要做模糊匹配，两者并不是相同的。

BindingKey 其实也属于路由键中的一种，官方解释为：*the routing key to use for the binding*。可以翻译为：在绑定的时候使用的路由键。大多数时候，包括官方文档和 RabbitMQ Java API 中都把 BindingKey 和 RoutingKey 看作 RoutingKey，为了避免混淆，可以这么理解：

- ◇ 在使用绑定的时候，其中需要的路由键是 BindingKey。涉及的客户端方法如：channel.exchangeBind、channel.queueBind，对应的 AMQP 命令（详情参见 2.2 节）为 Exchange.Bind、Queue.Bind。
- ◇ 在发送消息的时候，其中需要的路由键是 RoutingKey。涉及的客户端方法如 channel.basicPublish，对应的 AMQP 命令为 Basic.Publish。

由于某些历史的原因，包括现存能搜集到的资料显示：大多数情况下习惯性地将 BindingKey 写成 RoutingKey，尤其是在使用 direct 类型的交换器的时候。本文后面的篇幅中也会将两者合称为路由键，读者需要注意区分其中的不同，可以根据上面的辨别方法进行有效的区分。

2.1.4 交换器类型

RabbitMQ 常用的交换器类型有 fanout、direct、topic、headers 这四种。AMQP 协议里还提到另外两种类型：System 和自定义，这里不予描述。对于这四种类型下面一一阐述。

fanout

它会把所有发送到该交换器的消息路由到所有与该交换器绑定的队列中。

direct

direct 类型的交换器路由规则也很简单，它会把消息路由到那些 BindingKey 和 RoutingKey 完全匹配的队列中。

以图 2-7 为例，交换器的类型为 direct，如果我们发送一条消息，并在发送消息的时候设置路由键为"warning"，则消息会路由到 Queue1 和 Queue2，对应的示例代码如下：

```
channel.basicPublish(EXCHANGE_NAME, "warning",
        MessageProperties.PERSISTENT_TEXT_PLAIN,
        message.getBytes());
```

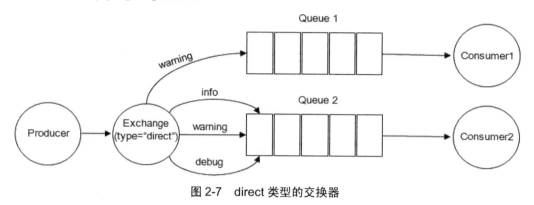

图 2-7　direct 类型的交换器

如果在发送消息的时候设置路由键为"info"或者"debug"，消息只会路由到 Queue2。如果以其他的路由键发送消息，则消息不会路由到这两个队列中。

topic

前面讲到 direct 类型的交换器路由规则是完全匹配 BindingKey 和 RoutingKey，但是这种严格的匹配方式在很多情况下不能满足实际业务的需求。topic 类型的交换器在匹配规则上进行了扩展，它与 direct 类型的交换器相似，也是将消息路由到 BindingKey 和 RoutingKey 相匹配的队列中，但这里的匹配规则有些不同，它约定：

- RoutingKey 为一个点号"."分隔的字符串（被点号"."分隔开的每一段独立的字符串称为一个单词），如"com.rabbitmq.client"、"java.util.concurrent"、"com.hidden.client"；
- BindingKey 和 RoutingKey 一样也是点号"."分隔的字符串；
- BindingKey 中可以存在两种特殊字符串"*"和"#"，用于做模糊匹配，其中"*"用于匹配一个单词,"#"用于匹配多规格单词(可以是零个)。

以图 2-8 中的配置为例:

- 路由键为"com.rabbitmq.client"的消息会同时路由到 Queue1 和 Queue2;
- 路由键为"com.hidden.client"的消息只会路由到 Queue2 中;
- 路由键为"com.hidden.demo"的消息只会路由到 Queue2 中;
- 路由键为"java.rabbitmq.demo"的消息只会路由到 Queue1 中;
- 路由键为"java.util.concurrent"的消息将会被丢弃或者返回给生产者(需要设置 mandatory 参数),因为它没有匹配任何路由键。

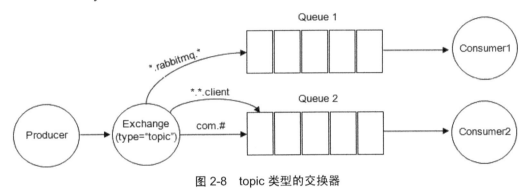

图 2-8 topic 类型的交换器

headers

headers 类型的交换器不依赖于路由键的匹配规则来路由消息,而是根据发送的消息内容中的 headers 属性进行匹配。在绑定队列和交换器时制定一组键值对,当发送消息到交换器时,RabbitMQ 会获取到该消息的 headers(也是一个键值对的形式),对比其中的键值对是否完全匹配队列和交换器绑定时指定的键值对,如果完全匹配则消息会路由到该队列,否则不会路由到该队列。headers 类型的交换器性能会很差,而且也不实用,基本上不会看到它的存在。

2.1.5 RabbitMQ 运转流程

了解了以上的 RabbitMQ 架构模型及相关术语,再来回顾整个消息队列的使用过程。在最初状态下，生产者发送消息的时候（可依照图 2-1）：

（1）生产者连接到 RabbitMQ Broker，建立一个连接（Connection），开启一个信道（Channel）（详细内容请参考 3.1 节）。

（2）生产者声明一个交换器，并设置相关属性，比如交换机类型、是否持久化等（详细内容请参考 3.2 节）。

（3）生产者声明一个队列并设置相关属性，比如是否排他、是否持久化、是否自动删除等（详细内容请参考 3.2 节）。

（4）生产者通过路由键将交换器和队列绑定起来（详细内容请参考 3.2 节）。

（5）生产者发送消息至 RabbitMQ Broker，其中包含路由键、交换器等信息（详细内容请参考 3.3 节）。

（6）相应的交换器根据接收到的路由键查找相匹配的队列。

（7）如果找到，则将从生产者发送过来的消息存入相应的队列中。

（8）如果没有找到，则根据生产者配置的属性选择丢弃还是回退给生产者（详细内容请参考 4.1 节）。

（9）关闭信道。

（10）关闭连接。

消费者接收消息的过程：

（1）消费者连接到 RabbitMQ Broker，建立一个连接（Connection），开启一个信道（Channel）。

（2）消费者向 RabbitMQ Broker 请求消费相应队列中的消息，可能会设置相应的回调函数，以及做一些准备工作（详细内容请参考 3.4 节）。

（3）等待 RabbitMQ Broker 回应并投递相应队列中的消息，消费者接收消息。

（4）消费者确认（ack）接收到的消息。

（5）RabbitMQ 从队列中删除相应已经被确认的消息。

（6）关闭信道。

（7）关闭连接。

如图 2-9 所示，我们又引入了两个新的概念：Connection 和 Channel。我们知道无论是生产者还是消费者，都需要和 RabbitMQ Broker 建立连接，这个连接就是一条 TCP 连接，也就是 Connection。一旦 TCP 连接建立起来，客户端紧接着可以创建一个 AMQP 信道（Channel），每个信道都会被指派一个唯一的 ID。信道是建立在 Connection 之上的虚拟连接，RabbitMQ 处理的每条 AMQP 指令都是通过信道完成的。

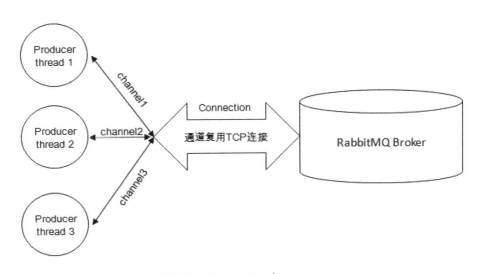

图 2-9　Connection 与 Channel

我们完全可以直接使用 Connection 就能完成信道的工作，为什么还要引入信道呢？试想这样一个场景，一个应用程序中有很多个线程需要从 RabbitMQ 中消费消息，或者生产消息，那么必然需要建立很多个 Connection，也就是许多个 TCP 连接。然而对于操作系统而言，建立和销毁 TCP 连接是非常昂贵的开销，如果遇到使用高峰，性能瓶颈也随之显现。RabbitMQ 采用类似 NIO[1]（Non-blocking I/O）的做法，选择 TCP 连接复用，不仅可以减少性能开销，同时也便于管理。

---

[1] NIO，也称非阻塞 I/O，包含三大核心部分：Channel（信道）、Buffer（缓冲区）和 Selector（选择器）。NIO 基于 Channel 和 Buffer 进行操作，数据总是从信道读取数据到缓冲区中，或者从缓冲区写入到信道中。Selector 用于监听多个信道的事件（比如连接打开，数据到达等）。因此，单线程可以监听多个数据的信道。NIO 中有一个很有名的 Reactor 模式，有兴趣的读者可以深入研究。

每个线程把持一个信道,所以信道复用了 Connection 的 TCP 连接。同时 RabbitMQ 可以确保每个线程的私密性,就像拥有独立的连接一样。当每个信道的流量不是很大时,复用单一的 Connection 可以在产生性能瓶颈的情况下有效地节省 TCP 连接资源。但是当信道本身的流量很大时,这时候多个信道复用一个 Connection 就会产生性能瓶颈,进而使整体的流量被限制了。此时就需要开辟多个 Connection,将这些信道均摊到这些 Connection 中,至于这些相关的调优策略需要根据业务自身的实际情况进行调节,更多内容可以参考第 9 章。

信道在 AMQP 中是一个很重要的概念,大多数操作都是在信道这个层面展开的。在代码清单 1-1 中也可以看出一些端倪,比如 `channel.exchangeDeclare`、`channel.queueDeclare`、`channel.basicPublish` 和 `channel.basicConsume` 等方法。RabbitMQ 相关的 API 与 AMQP 紧密相连,比如 `channel.basicPublish` 对应 AMQP 的 `Basic.Publish` 命令,在下面的小节中将会为大家一一展开。

2.2 AMQP 协议介绍

从前面的内容可以了解到 RabbitMQ 是遵从 AMQP 协议的,换句话说,RabbitMQ 就是 AMQP 协议的 Erlang 的实现(当然 RabbitMQ 还支持 STOMP[2]、MQTT[3] 等协议)。AMQP 的模型架构和 RabbitMQ 的模型架构是一样的,生产者将消息发送给交换器,交换器和队列绑定。当生产者发送消息时所携带的 RoutingKey 与绑定时的 BindingKey 相匹配时,消息即被存入相应的队列之中。消费者可以订阅相应的队列来获取消息。

RabbitMQ 中的交换器、交换器类型、队列、绑定、路由键等都是遵循的 AMQP 协议中相应的概念。目前 RabbitMQ 最新版本默认支持的是 AMQP 0-9-1。本书中如无特殊说明,都以 AQMP 0-9-1 为基准进行介绍。

---

[2] STOMP,即 Simple (or Streaming) Text Oriented Messaging Protocol,简单(流)文本面向消息协议,它提供了一个可互操作的连接格式,运行 STOMP 客户端与任意 STOMP 消息代理(Broker)进行交互。STOMP 协议由于设计简单,易于开发客户端,因此在多种语言和平台上得到广泛的应用。

[3] MQTT,即 Message Queuing Telemetry Transport,消息队列遥测传输,是 IBM 开发的一个即时通信协议,有可能成为物联网的重要组成部分。该协议支持所有平台,几乎可以把所有物联网和外部连接起来,被用来当作传感器和制动器的通信协议。

AMQP 协议本身包括三层：

- Module Layer：位于协议最高层，主要定义了一些供客户端调用的命令，客户端可以利用这些命令实现自己的业务逻辑。例如，客户端可以使用 `Queue.Declare` 命令声明一个队列或者使用 `Basic.Consume` 订阅消费一个队列中的消息。
- Session Layer：位于中间层，主要负责将客户端的命令发送给服务器，再将服务端的应答返回给客户端，主要为客户端与服务器之间的通信提供可靠性同步机制和错误处理。
- Transport Layer：位于最底层，主要传输二进制数据流，提供帧的处理、信道复用、错误检测和数据表示等。

AMQP 说到底还是一个通信协议，通信协议都会涉及报文交互，从 low-level 层面举例来说，AMQP 本身是应用层的协议，其填充于 TCP 协议层的数据部分。而从 high-level 层面来说，AMQP 是通过协议命令进行交互的。AMQP 协议可以看作一系列结构化命令的集合，这里的命令代表一种操作，类似于 HTTP 中的方法（GET、POST、PUT、DELETE 等）。

2.2.1　AMQP 生产者流转过程

为了形象地说明 AMQP 协议命令的流转过程，这里截取代码清单 1-1 中的关键代码，如代码清单 2-2 所示。

代码清单 2-2　简洁版生产者代码

```
Connection connection = factory.newConnection();//创建连接
Channel channel = connection.createChannel();//创建信道
String message = "Hello World!";
channel.basicPublish(EXCHANGE_NAME, ROUTING_KEY,
    MessageProperties.PERSISTENT_TEXT_PLAIN,
    message.getBytes());
//关闭资源
channel.close();
connection.close();
```

当客户端与 Broker 建立连接的时候，会调用 `factory.newConnection` 方法，这个方法会进一步封装成 Protocol Header 0-9-1 的报文头发送给 Broker，以此通知 Broker 本次交互采用的是 AMQP 0-9-1 协议，紧接着 Broker 返回 `Connection.Start` 来建立连接，在连接的过程中涉及 Connection.Start/.Start-OK、Connection.Tune/.Tune-Ok、Connection.Open/.Open-Ok 这 6 个命令的交互。

当客户端调用 connection.createChannel 方法准备开启信道的时候，其包装 Channel.Open 命令发送给 Broker，等待 Channel.Open-Ok 命令。

当客户端发送消息的时候，需要调用 channel.basicPublish 方法，对应的 AMQP 命令为 Basic.Publish，注意这个命令和前面涉及的命令略有不同，这个命令还包含了 Content Header 和 Content Body。Content Header 里面包含的是消息体的属性，例如，投递模式（可以参考 3.3 节）、优先级等，而 Content Body 包含消息体本身。

当客户端发送完消息需要关闭资源时，涉及 Channel.Close/.Close-Ok 与 Connection.Close/.Close-Ok 的命令交互。详细流转过程如图 2-10 所示。

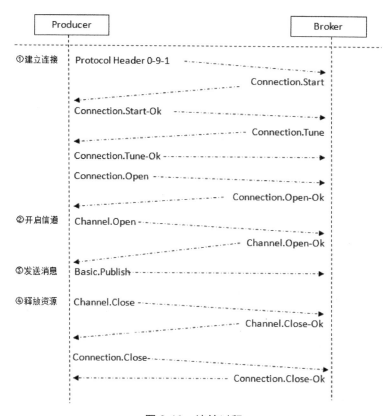

图 2-10　流转过程

2.2.2 AMQP 消费者流转过程

本节我们继续来看消费者的流转过程，参考代码清单 1-2，截取消费端的关键代码如代码清单 2-3 所示。

代码清单 2-3　简洁版消费者代码

```
Connection connection = factory.newConnection(addresses);//创建连接
final Channel channel = connection.createChannel();//创建信道
Consumer consumer = new DefaultConsumer(channel) {}//……省略实现
channel.basicQos(64);
channel.basicConsume(QUEUE_NAME,consumer);
//等待回调函数执行完毕之后，关闭资源
TimeUnit.SECONDS.sleep(5);
channel.close();
connection.close();
```

其详细流转过程如图 2-11 所示。

图 2-11　流转过程

消费者客户端同样需要与 Broker 建立连接，与生产者客户端一样，协议交互同样涉及 Connection.Start/.Start-Ok、Connection.Tune/.Tune-Ok 和 Connection.Open/.Open-Ok 等，图 2-11 中省略了这些步骤，可以参考图 2-10。

紧接着也少不了在 Connection 之上建立 Channel，和生产者客户端一样，协议涉及 Channel.Open/Open-Ok。

如果在消费之前调用了 channel.basicQos(int prefetchCount) 的方法来设置消费者客户端最大能"保持"的未确认的消息数（即预取个数），那么协议流转转会涉及 Basic.Qos/.Qos-Ok 这两个 AMQP 命令。

在真正消费之前，消费者客户端需要向 Broker 发送 Basic.Consume 命令（即调用 channel.basicConsume 方法）将 Channel 置为接收模式，之后 Broker 回执 Basic.Consume-Ok 以告诉消费者客户端准备好消费消息。紧接着 Broker 向消费者客户端推送（Push）消息，即 Basic.Deliver 命令，有意思的是这个和 Basic.Publish 命令一样会携带 Content Header 和 Content Body。

消费者接收到消息并正确消费之后，向 Broker 发送确认，即 Basic.Ack 命令。

在消费者停止消费的时候，主动关闭连接，这点和生产者一样，涉及 Channel.Close/.Close-Ok 和 Connection.Close/.Close-Ok。

2.2.3 AMQP 命令概览

AMQP 0-9-1 协议中的命令远远不止上面所涉及的这些，为了让读者在遇到其他命令的时候能够迅速查阅相关信息，下面列举了 AMQP 0-9-1 协议主要的命令，包含名称、是否包含内容体（Content Body）、对应客户端中相应的方法及简要描述等四个维度进行说明，具体如表 2-1 所示。

表 2-1　AMQP 命令

名　　称	是否包含内容体	对应客户端中的方法	简要描述
Connection.Start	否	factory.newConnection	建立连接相关
Connection.Start-Ok	否	同上	同上

续表

名　　称	是否包含内容体	对应客户端中的方法	简要描述
Connection.Tune	否	同上	同上
Connection.Tune-Ok	否	同上	同上
Connection.Open	否	同上	同上
Connection.Open-Ok	否	同上	同上
Connection.Close	否	connection.close	关闭连接
Connection.Close-Ok	否	同上	同上
Channel.Open	否	connection.openChannel	开启信道
Channel.Open-Ok	否	同上	同上
Channel.Close	否	channel.close	关闭信道
Channel.Close-Ok	否	同上	同上
Exchange.Declare	否	channel.exchangeDeclare	声明交换器
Exchange.Declare-Ok	否	同上	同上
Exchange.Delete	否	channel.exchangeDelete	删除交换器
Exchange.Delete-Ok	否	同上	同上
Exchange.Bind	否	channel.exchangeBind	交换器与交换器绑定
Exchange.Bind-Ok	否	同上	同上
Exchange.Unbind	否	channel.exchangeUnbind	交换器与交换器解绑
Exchange.Unbind-Ok	否	同上	同上
Queue.Declare	否	channel.queueDeclare	声明队列
Queue.Declare-Ok	否	同上	同上
Queue.Bind	否	channel.queueBind	队列与交换器绑定
Queue.Bind-Ok	否	同上	同上
Queue.Purge	否	channel.queuePurge	清除队列中的内容
Queue.Purge-Ok	否	同上	同上
Queue.Delete	否	channel.queueDelete	删除队列
Queue.Delete-Ok	否	同上	同上
Queue.Unbind	否	channel.queueUnbind	队列与交换器解绑
Queue.Unbind-Ok	否	同上	同上
Basic.Qos	否	channel.basicQos	设置未被确认消费的个数
Basic.Qos-Ok	否	同上	同上
Basic.Consume	否	channel.basicConsume	消费消息（推模式）
Basic.Consume-Ok	否	同上	同上
Basic.Cancel	否	channel.basicCancel	取消

续表

名　　称	是否包含内容体	对应客户端中的方法	简要描述
Basic.Cancel-Ok	否	同上	同上
Basic.Publish	是	channel.basicPublish	发送消息
Basic.Return	是	无	未能成功路由的消息返回
Basic.Deliver	是	无	Broker 推送消息
Basic.Get	否	channel.basicGet	消费消息（拉模式）
Basic.Get-Ok	是	同上	同上
Basic.Ack	否	channel.basicAck	确认
Basic.Reject	否	channel.basicReject	拒绝（单条拒绝）
Basic.Recover	否	channel.basicRecover	请求 Broker 重新发送未被确认的消息
Basic.Recover-Ok	否	同上	同上
Basic.Nack	否	channel.basicNack	拒绝（可批量拒绝）
Tx.Select	否	channel.txSelect	开启事务
Tx.Select-Ok	否	同上	同上
Tx.Commit	否	channel.txCommit	事务提交
Tx.Commit-Ok	否	同上	同上
Tx.Rollback	否	channel.txRollback	事务回滚
Tx.Rollback-Ok	否	同上	同上
Confirm.Select	否	channel.confirmSelect	开启发送端确认模式
Confirm.Select-Ok	否	同上	同上

2.3　小结

本章主要讲述的是 RabbitMQ 的入门知识，首先介绍了生产者（Producer）、消费者（Consumer）、队列（Queue）、交换器（Exchange）、路由键（RoutingKey）、绑定（Binding）、连接（Connection）和信道（Channel）等基本术语，还介绍了交换器的类型：fanout、direct、topic 和 headers。之后通过介绍 RabbitMQ 的运转流程来加深对基本术语的理解。

RabbitMQ 可以看作 AMQP 协议的具体实现，2.2 节还大致介绍了 AMQP 命令以及与 RabbitMQ 客户端中方法如何一一对应，包括对各个整个生产消费消息的 AMQP 命令的流程介绍。最后展示了 AMQP 0-9-1 中常用的命令与 RabbitMQ 客户端中方法的映射关系。

第 3 章
客户端开发向导

  RabbitMQ Java 客户端使用 com.rabbitmq.client 作为顶级包名,关键的 Class 和 Interface 有 Channel、Connection、ConnectionFactory、Consumer 等。AMQP 协议层面的操作通过 Channel 接口实现。Connection 是用来开启 Channel（信道）的,可以注册事件处理器,也可以在应用结束时关闭连接。与 RabbitMQ 相关的开发工作,基本上也是围绕 Connection 和 Channel 这两个类展开的。本章按照一个完整的运转流程进行讲解,详细内容有这几点：连接、交换器/队列的创建与绑定、发送消息、消费消息、消费消息的确认和关闭连接。

3.1 连接 RabbitMQ

下面的代码（代码清单 3-1）用来在给定的参数（IP 地址、端口号、用户名、密码等）下连接 RabbitMQ：

代码清单 3-1

```
ConnectionFactory factory = new ConnectionFactory();
factory.setUsername(USERNAME);
factory.setPassword(PASSWORD);
factory.setVirtualHost(virtualHost);
factory.setHost(IP_ADDRESS);
factory.setPort(PORT);
Connection conn = factory.newConnection();
```

也可以选择使用 URI 的方式来实现，示例如代码清单 3-2 所示。

代码清单 3-2

```
ConnectionFactory factory = new ConnectionFactory();
factory.setUri("amqp://userName:password@ipAddress:portNumber/virtualHost");
Connection conn = factory.newConnection();
```

Connection 接口被用来创建一个 Channel：

```
Channel channel = conn.createChannel();
```

在创建之后，Channel 可以用来发送或者接收消息了。

注意要点：

Connection 可以用来创建多个 Channel 实例，但是 Channel 实例不能在线程间共享，应用程序应该为每一个线程开辟一个 Channel。某些情况下 Channel 的操作可以并发运行，但是在其他情况下会导致在网络上出现错误的通信帧交错，同时也会影响发送方确认（publisher confirm）机制的运行（详细可以参考 4.8 节），所以多线程间共享 Channel 实例是非线程安全的。

Channel 或者 Connection 中有个 isOpen 方法可以用来检测其是否已处于开启状态（关于 Channel 或者 Connection 的状态可以参考 3.6 节）。但并不推荐在生产环境的代码上使用 isOpen 方法，这个方法的返回值依赖于 shutdownCause（参考下面的代码）的存在，有可能会产生竞争，代码清单 3-3 是 isOpen 方法的源码：

代码清单 3-3　isOpen 方法的源码

```
public boolean isOpen() {
    synchronized(this.monitor) {
        return this.shutdownCause == null;
    }
}
```

错误地使用 isOpen 方法示例代码如代码清单 3-4 所示。

代码清单 3-4　错误地使用 isOpen 方法

```
public void brokenMethod(Channel channel)
{
    if (channel.isOpen())
    {
        // The following code depends on the channel being in open state.
        // However there is a possibility of the change in the channel state
        // between isOpen() and basicQos(1) call
        ...
        channel.basicQos(1);
    }
}
```

通常情况下，在调用 createXXX 或者 newXXX 方法之后，我们可以简单地认为 Connection 或者 Channel 已经成功地处于开启状态，而并不会在代码中使用 isOpen 这个检测方法。如果在使用 Channel 的时候其已经处于关闭状态，那么程序会抛出一个 com.rabbitmq.client.ShutdownSignalException，我们只需捕获这个异常即可。当然同时也要试着捕获 IOException 或者 SocketException，以防 Connection 意外关闭。示例代码如代码清单 3-5 所示。

代码清单 3-5

```
public void validMethod(Channel channel)
{
    try {
        ...
        channel.basicQos(1);
    } catch (ShutdownSignalException sse) {
        // possibly check if channel was closed
        // by the time we started action and reasons for
        // closing it
        ...
```

```
        } catch (IOException ioe) {
            // check why connection was closed
            ...
        }
    }
```

3.2 使用交换器和队列

交换器和队列是 AMQP 中 high-level 层面的构建模块，应用程序需确保在使用它们的时候就已经存在了，在使用之前需要先声明（declare）它们。

代码清单 3-6 演示了如何声明一个交换器和队列：

代码清单 3-6

```
channel.exchangeDeclare(exchangeName, "direct", true);
String queueName = channel.queueDeclare().getQueue();
channel.queueBind(queueName, exchangeName, routingKey);
```

上面创建了一个持久化的、非自动删除的、绑定类型为 direct 的交换器，同时也创建了一个非持久化的、排他的、自动删除的队列（此队列的名称由 RabbitMQ 自动生成）。这里的交换器和队列也都没有设置特殊的参数。

上面的代码也展示了如何使用路由键将队列和交换器绑定起来。上面声明的队列具备如下特性：只对当前应用中同一个 Connection 层面可用，同一个 Connection 的不同 Channel 可共用，并且也会在应用连接断开时自动删除。

如果要在应用中共享一个队列，可以做如下声明，如代码清单 3-7 所示。

代码清单 3-7

```
channel.exchangeDeclare(exchangeName, "direct", true);
channel.queueDeclare(queueName, true, false, false, null);
channel.queueBind(queueName, exchangeName, routingKey);
```

这里的队列被声明为持久化的、非排他的、非自动删除的，而且也被分配另一个确定的已知的名称（由客户端分配而非 RabbitMQ 自动生成）。

注意：Channel 的 API 方法都是可以重载的，比如 exchangeDeclare、queueDeclare。

根据参数不同,可以有不同的重载形式,根据自身的需要进行调用。

生产者和消费者都可以声明一个交换器或者队列。如果尝试声明一个已经存在的交换器或者队列,只要声明的参数完全匹配现存的交换器或者队列,RabbitMQ 就可以什么都不做,并成功返回。如果声明的参数不匹配则会抛出异常。

3.2.1 exchangeDeclare 方法详解

exchangeDeclare 有多个重载方法,这些重载方法都是由下面这个方法中缺省的某些参数构成的。

```
Exchange.DeclareOk exchangeDeclare(String exchange,
        String type, boolean durable,
        boolean autoDelete, boolean internal,
        Map<String, Object> arguments) throws IOException;
```

这个方法的返回值是 Exchange.DeclareOK,用来标识成功声明了一个交换器。

各个参数详细说明如下所述。

- exchange:交换器的名称。
- type:交换器的类型,常见的如 fanout、direct、topic,详情参见 2.1.4 节。
- durable:设置是否持久化。durable 设置为 true 表示持久化,反之是非持久化。持久化可以将交换器存盘,在服务器重启的时候不会丢失相关信息。
- autoDelete:设置是否自动删除。autoDelete 设置为 true 则表示自动删除。自动删除的前提是至少有一个队列或者交换器与这个交换器绑定,之后所有与这个交换器绑定的队列或者交换器都与此解绑。注意不能错误地把这个参数理解为:"当与此交换器连接的客户端都断开时,RabbitMQ 会自动删除本交换器"。
- internal:设置是否是内置的。如果设置为 true,则表示是内置的交换器,客户端程序无法直接发送消息到这个交换器中,只能通过交换器路由到交换器这种方式。
- argument:其他一些结构化参数,比如 alternate-exchange(有关 alternate-exchange 的详情可以参考 4.1.3 节)。

exchangeDeclare 的其他重载方法如下：

(1) Exchange.DeclareOk exchangeDeclare(String exchange, String type) throws IOException;

(2) Exchange.DeclareOk exchangeDeclare(String exchange, String type, boolean durable) throws IOException;

(3) Exchange.DeclareOk exchangeDeclare(String exchange, String type, boolean durable, boolean autoDelete, Map<String, Object> arguments) throws IOException;

与此对应的，将第二个参数 String type 换成 BuiltInExchangeType type 对应的几个重载方法（不常用）：

(1) Exchange.DeclareOk exchangeDeclare(String exchange, BuiltinExchangeType type) throws IOException;

(2) Exchange.DeclareOk exchangeDeclare(String exchange, BuiltinExchangeType type, boolean durable) throws IOException;

(3) Exchange.DeclareOk exchangeDeclare(String exchange, BuiltinExchangeType type, boolean durable, boolean autoDelete, Map<String, Object> arguments) throws IOException;

(4) Exchange.DeclareOk exchangeDeclare(String exchange, BuiltinExchangeType type, boolean durable, boolean autoDelete, boolean internal, Map<String, Object> arguments) throws IOException;

与 exchangeDeclare 师出同门的还有几个方法，比如 exchangeDeclareNoWait 方法，具体定义如下（当然也有 BuiltExchangeType 版的，这里就不展开了）：

```
void exchangeDeclareNoWait(String exchange,
                    String type,
                    boolean durable,
                    boolean autoDelete,
                    boolean internal,
                    Map<String, Object> arguments) throws IOException;
```

这个 exchangeDeclareNoWait 比 exchangeDeclare 多设置了一个 nowait 参数，

这个 nowait 参数指的是 AMQP 中 Exchange.Declare 命令的参数，意思是不需要服务器返回，注意这个方法的返回值是 void，而普通的 exchangeDeclare 方法的返回值是 Exchange.DeclareOk，意思是在客户端声明了一个交换器之后，需要等待服务器的返回（服务器会返回 Exchange.Declare-Ok 这个 AMQP 命令）。

针对"exchangeDeclareNoWait 不需要服务器任何返回值"这一点，考虑这样一种情况，在声明完一个交换器之后（实际服务器还并未完成交换器的创建），那么此时客户端紧接着使用这个交换器，必然会发生异常。如果没有特殊的缘由和应用场景，并不建议使用这个方法。

这里还有师出同门的另一个方法 exchangeDeclarePassive，这个方法的定义如下：

Exchange.DeclareOk exchangeDeclarePassive(String name) throws IOException;

这个方法在实际应用过程中还是非常有用的，它主要用来检测相应的交换器是否存在。如果存在则正常返回；如果不存在则抛出异常：404 channel exception，同时 Channel 也会被关闭。

有声明创建交换器的方法，当然也有删除交换器的方法。相应的方法如下：

(1) Exchange.DeleteOk exchangeDelete(String exchange) throws IOException;

(2) void exchangeDeleteNoWait(String exchange, boolean ifUnused) throws IOException;

(3) Exchange.DeleteOk exchangeDelete(String exchange, boolean ifUnused) throws IOException;

其中 exchange 表示交换器的名称，而 ifUnused 用来设置是否在交换器没有被使用的情况下删除。如果 isUnused 设置为 true，则只有在此交换器没有被使用的情况下才会被删除；如果设置 false，则无论如何这个交换器都要被删除。

3.2.2 queueDeclare 方法详解

queueDeclare 相对于 exchangeDeclare 方法而言，重载方法的个数就少很多，它只有两个重载方法：

(1) Queue.DeclareOk queueDeclare() throws IOException;

(2) Queue.DeclareOk queueDeclare(String queue, boolean durable, boolean exclusive, boolean autoDelete, Map<String, Object> arguments) throws IOException;

不带任何参数的 queueDeclare 方法默认创建一个由 RabbitMQ 命名的（类似这种 amq.gen-LhQz1gv3GhDOv8PIDabOXA 名称，这种队列也称之为匿名队列）、排他的、自动删除的、非持久化的队列。

方法的参数详细说明如下所述。

- queue：队列的名称。

- durable：设置是否持久化。为 true 则设置队列为持久化。持久化的队列会存盘，在服务器重启的时候可以保证不丢失相关信息。

- exclusive：设置是否排他。为 true 则设置队列为排他的。如果一个队列被声明为排他队列，该队列仅对首次声明它的连接可见，并在连接断开时自动删除。这里需要注意三点：排他队列是基于连接（Connection）可见的，同一个连接的不同信道（Channel）是可以同时访问同一连接创建的排他队列；"首次"是指如果一个连接已经声明了一个排他队列，其他连接是不允许建立同名的排他队列的，这个与普通队列不同；即使该队列是持久化的，一旦连接关闭或者客户端退出，该排他队列都会被自动删除，这种队列适用于一个客户端同时发送和读取消息的应用场景。

- autoDelete：设置是否自动删除。为 true 则设置队列为自动删除。自动删除的前提是：至少有一个消费者连接到这个队列，之后所有与这个队列连接的消费者都断开时，才会自动删除。不能把这个参数错误地理解为："当连接到此队列的所有客户端断开时，这个队列自动删除"，因为生产者客户端创建这个队列，或者没有消费者客户端与这个队列连接时，都不会自动删除这个队列。

- arguments：设置队列的其他一些参数，如 x-message-ttl、x-expires、x-max-length、x-max-length-bytes、x-dead-letter-exchange、x-dead-letter-routing-key、x-max-priority 等。

注意要点：

生产者和消费者都能够使用 queueDeclare 来声明一个队列，但是如果消费者在同一个信道上订阅了另一个队列，就无法再声明队列了。必须先取消订阅，然后将信道置为"传输"

模式，之后才能声明队列。

对应于 exchangeDeclareNoWait 方法，这里也有一个 queueDeclareNoWait 方法：

```
void queueDeclareNoWait(String queue, boolean durable, boolean exclusive,
    boolean autoDelete, Map<String, Object> arguments) throws IOException;
```

方法的返回值也是 void，表示不需要服务端的任何返回。同样也需要注意，在调用完 queueDeclareNoWait 方法之后，紧接着使用声明的队列时有可能会发生异常情况。

同样这里还有一个 queueDeclarePassive 的方法，也比较常用。这个方法用来检测相应的队列是否存在。如果存在则正常返回，如果不存在则抛出异常：404 channel exception，同时 Channel 也会被关闭。方法定义如下：

`Queue.DeclareOk queueDeclarePassive(String queue) throws IOException;`

与交换器对应，关于队列也有删除的相应方法：

(1) `Queue.DeleteOk queueDelete(String queue) throws IOException;`

(2) `Queue.DeleteOk queueDelete(String queue, boolean ifUnused, boolean ifEmpty) throws IOException;`

(3) `void queueDeleteNoWait(String queue, boolean ifUnused, boolean ifEmpty) throws IOException;`

其中 queue 表示队列的名称，ifUnused 可以参考上一小节的交换器。ifEmpty 设置为 true 表示在队列为空（队列里面没有任何消息堆积）的情况下才能够删除。

与队列相关的还有一个有意思的方法——queuePurge，区别于 queueDelete，这个方法用来清空队列中的内容，而不删除队列本身，具体定义如下：

`Queue.PurgeOk queuePurge(String queue) throws IOException;`

3.2.3　queueBind 方法详解

将队列和交换器绑定的方法如下，可以与前两节中的方法定义进行类比。

(1) `Queue.BindOk queueBind(String queue, String exchange, String routingKey)`

throws IOException;

(2) Queue.BindOk queueBind(String queue, String exchange, String routingKey, Map<String, Object> arguments) throws IOException;

(3) void queueBindNoWait(String queue, String exchange, String routingKey, Map<String, Object> arguments) throws IOException;

方法中涉及的参数详解。

- queue：队列名称；
- exchange：交换器的名称；
- routingKey：用来绑定队列和交换器的路由键；
- argument：定义绑定的一些参数。

不仅可以将队列和交换器绑定起来，也可以将已经被绑定的队列和交换器进行解绑。具体方法可以参考如下（具体的参数解释可以参考前面的内容，这里不再赘述）：

(1) Queue.UnbindOk queueUnbind(String queue, String exchange, String routingKey) throws IOException;

(2) Queue.UnbindOk queueUnbind(String queue, String exchange, String routingKey, Map<String, Object> arguments) throws IOException;

3.2.4　exchangeBind 方法详解

我们不仅可以将交换器与队列绑定，也可以将交换器与交换器绑定，后者和前者的用法如出一辙，相应的方法如下：

(1) Exchange.BindOk exchangeBind(String destination, String source, String routingKey) throws IOException;

(2) Exchange.BindOk exchangeBind(String destination, String source, String routingKey, Map<String, Object> arguments) throws IOException;

(3) void exchangeBindNoWait(String destination, String source, String routingKey, Map<String, Object> arguments) throws IOException;

方法中的参数可以参考 3.2.1 节的 exchangeDeclare 方法。绑定之后，消息从 source 交换器转发到 destination 交换器，某种程度上来说 destination 交换器可以看作一个队列。示例代码如代码清单 3-8 所示。

代码清单 3-8

```
channel.exchangeDeclare("source", "direct", false, true, null);
channel.exchangeDeclare("destination", "fanout", false, true, null);
channel.exchangeBind("destination", "source", "exKey");
channel.queueDeclare("queue", false, false, true, null);
channel.queueBind("queue", "destination", "");
channel.basicPublish("source", "exKey", null, "exToExDemo".getBytes());
```

生产者发送消息至交换器 source 中，交换器 source 根据路由键找到与其匹配的另一个交换器 destination，并把消息转发到 destination 中，进而存储在 destination 绑定的队列 queue 中，可参考图 3-1。

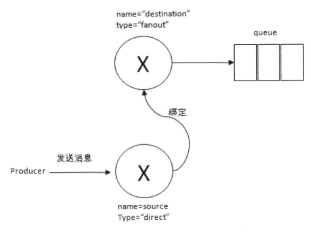

图 3-1　交换器与交换器绑定

3.2.5　何时创建

RabbitMQ 的消息存储在队列中，交换器的使用并不真正耗费服务器的性能，而队列会。如果要衡量 RabbitMQ 当前的 QPS[1] 只需看队列的即可。在实际业务应用中，需要对所创建的队列的流量、内存占用及网卡占用有一个清晰的认知，预估其平均值和峰值，以便在固定硬件资源的情况下能够进行合理有效的分配。

按照 RabbitMQ 官方建议，生产者和消费者都应该尝试创建（这里指声明操作）队列。这是一个很好的建议，但不适用于所有的情况。如果业务本身在架构设计之初已经充分地预估了队列的使用情况，完全可以在业务程序上线之前在服务器上创建好（比如通过页面管理、RabbitMQ 命令或者更好的是从配置中心下发），这样业务程序也可以免去声明的过程，直接使用即可。

预先创建好资源还有一个好处是，可以确保交换器和队列之间正确地绑定匹配。很多时候，由于人为因素、代码缺陷等，发送消息的交换器并没有绑定任何队列，那么消息将会丢失；或者交换器绑定了某个队列，但是发送消息时的路由键无法与现存的队列匹配，那么消息也会丢失。当然可以配合 mandatory 参数或者备份交换器（详细可参考 4.1 节）来提高程序的健壮性。

与此同时，预估好队列的使用情况非常重要，如果在后期运行过程中超过预定的阈值，可以根据实际情况对当前集群进行扩容或者将相应的队列迁移到其他集群。迁移的过程也可以对业务程序完全透明。此种方法也更有利于开发和运维分工，便于相应资源的管理。

如果集群资源充足，而即将使用的队列所占用的资源又在可控的范围之内，为了增加业务程序的灵活性，也完全可以在业务程序中声明队列。

至于是使用预先分配创建资源的静态方式还是动态的创建方式，需要从业务逻辑本身、公司运维体系和公司硬件资源等方面考虑。

3.3 发送消息

如果要发送一个消息，可以使用 `Channel` 类的 `basicPublish` 方法，比如发送一条内容为 "Hello World!" 的消息，参考如下：

```
byte[] messageBodyBytes = "Hello, world!".getBytes();
channel.basicPublish(exchangeName, routingKey, null, messageBodyBytes);
```

---

[1] QPS，即每秒查询率，是对一个特定的查询服务器在规定时间内所处理流量多少的衡量标准。

为了更好地控制发送，可以使用 mandatory 这个参数，或者可以发送一些特定属性的信息：

```
channel.basicPublish(exchangeName, routingKey, mandatory,
            MessageProperties.PERSISTENT_TEXT_PLAIN,
            messageBodyBytes);
```

上面这行代码发送了一条消息，这条消息的投递模式（delivery mode）设置为2，即消息会被持久化（即存入磁盘）在服务器中。同时这条消息的优先级（priority）设置为1，content-type为"text/plain"。可以自己设定消息的属性：

```
channel.basicPublish(exchangeName, routingKey,
            new AMQP.BasicProperties.Builder()
                .contentType("text/plain")
                .deliveryMode(2)
                .priority(1)
                .userId("hidden")
                .build(),
            messageBodyBytes);
```

也可以发送一条带有 headers 的消息：

```
Map<String, Object> headers = new HashMap<String, Object>();
headers.put("location", "here");
headers.put("time","today");
channel.basicPublish(exchangeName, routingKey,
            new AMQP.BasicProperties.Builder()
                .headers(headers)
                .build(),
            messageBodyBytes);
```

还可以发送一条带有过期时间（expiration）的消息：

```
channel.basicPublish(exchangeName, routingKey,
            new AMQP.BasicProperties.Builder()
                .expiration("60000")
                .build(),
            messageBodyBytes);
```

以上只是举例，由于篇幅关系，这里就不一一列举所有的可能情形了。对于 basicPublish 而言，有几个重载方法：

(1) void basicPublish(String exchange, String routingKey, BasicProperties props, byte[] body) throws IOException;

(2) void basicPublish(String exchange, String routingKey, boolean mandatory,

```
BasicProperties props, byte[] body) throws IOException;
```

(3) `void basicPublish(String exchange, String routingKey, boolean mandatory, boolean immediate, BasicProperties props, byte[] body) throws IOException;`

对应的具体参数解释如下所述。

- `exchange`：交换器的名称，指明消息需要发送到哪个交换器中。如果设置为空字符串，则消息会被发送到 RabbitMQ 默认的交换器中。
- `routingKey`：路由键，交换器根据路由键将消息存储到相应的队列之中。
- `props`：消息的基本属性集，其包含 14 个属性成员，分别有 `contentType`、`contentEncoding`、`headers(Map<String,Object>)`、`deliveryMode`、`priority`、`correlationId`、`replyTo`、`expiration`、`messageId`、`timestamp`、`type`、`userId`、`appId`、`clusterId`。其中常用的几种都在上面的示例中进行了演示。
- `byte[] body`：消息体（payload），真正需要发送的消息。
- `mandatory` 和 `immediate` 的详细内容请参考 4.1 节。

3.4 消费消息

RabbitMQ 的消费模式分两种：推（Push）模式和拉（Pull）模式。推模式采用 `Basic.Consume` 进行消费，而拉模式则是调用 `Basic.Get` 进行消费。

3.4.1 推模式

在推模式中，可以通过持续订阅的方式来消费消息，使用到的相关类有：

```
import com.rabbitmq.client.Consumer;
import com.rabbitmq.client.DefaultConsumer;
```

接收消息一般通过实现 `Consumer` 接口或者继承 `DefaultConsumer` 类来实现。当调用与 Consumer 相关的 API 方法时，不同的订阅采用不同的消费者标签（consumerTag）来区分彼此，在同一个 Channel 中的消费者也需要通过唯一的消费者标签以作区分，关键消费代码如代码清单 3-9 所示。

代码清单 3-9

```
boolean autoAck = false;
channel.basicQos(64);
channel.basicConsume(queueName, autoAck, "myConsumerTag",
    new DefaultConsumer(channel) {
        @Override
        public void handleDelivery(String consumerTag,
                                   Envelope envelope,
                                   AMQP.BasicProperties properties,
                                   byte[] body)
            throws IOException
        {
            String routingKey = envelope.getRoutingKey();
            String contentType = properties.getContentType();
            long deliveryTag = envelope.getDeliveryTag();
            // (process the message components here ...)
            channel.basicAck(deliveryTag, false);
        }
    });
```

注意，上面代码中显式地设置 autoAck 为 false，然后在接收到消息之后进行显式 ack 操作（channel.basicAck），对于消费者来说这个设置是非常必要的，可以防止消息不必要地丢失。

Channel 类中 basicConsume 方法有如下几种形式：

(1) String basicConsume(String queue, Consumer callback) throws IOexception;

(2) String basicConsume(String queue, boolean autoAck, Consumer callback) throws IOexception;

(3) String basicConsume(String queue, boolean autoAck, Map<String, Object> arguments, Consumer callback) throws IOException;

(4) String basicConsume(String queue, boolean autoAck, String consumerTag, Consumer callback) throws IOException;

(5) String basicConsume(String queue, boolean autoAck, String consumerTag, boolean noLocal, boolean exclusive, Map<String, Object> arguments, Consumer callback) throws IOException;

其对应的参数说明如下所述。

- queue：队列的名称；
- autoAck：设置是否自动确认。建议设成 false，即不自动确认；
- consumerTag：消费者标签，用来区分多个消费者；
- noLocal：设置为 true 则表示不能将同一个 Connection 中生产者发送的消息传送给这个 Connection 中的消费者；
- exclusive：设置是否排他；
- arguments：设置消费者的其他参数；
- callback：设置消费者的回调函数。用来处理 RabbitMQ 推送过来的消息，比如 DefaultConsumer，使用时需要客户端重写（override）其中的方法。

对于消费者客户端来说重写 handleDelivery 方法是十分方便的。更复杂的消费者客户端会重写更多的方法，具体如下：

```
void handleConsumeOk(String consumerTag);
void handleCancelOk(String consumerTag);
void handleCancel(String consumerTag) throws IOException;
void handleShutdownSignal(String consumerTag, ShutdownSignalException sig);
void handleRecoverOk(String consumerTag);
```

比如 handleShutdownSignal 方法，当 Channel 或者 Connection 关闭的时候会调用。再者，handleConsumeOk 方法会在其他方法之前调用，返回消费者标签。

重写 handleCancelOk 和 handleCancel 方法，这样消费端可以在显式地或者隐式地取消订阅的时候调用。也可以通过 channel.basicCancel 方法来显式地取消一个消费者的订阅：

```
channel.basicCancel(consumerTag);
```

注意上面这行代码会首先触发 handleConsumerOk 方法，之后触发 handleDelivery 方法，最后才触发 handleCancelOk 方法。

和生产者一样，消费者客户端同样需要考虑线程安全的问题。消费者客户端的这些 callback 会被分配到与 Channel 不同的线程池上，这意味着消费者客户端可以安全地调用这些阻塞方法，比如 channel.queueDeclare、channel.basicCancel 等。

每个 Channel 都拥有自己独立的线程。最常用的做法是一个 Channel 对应一个消费者，也就是意味着消费者彼此之间没有任何关联。当然也可以在一个 Channel 中维持多个消费者，但是要注意一个问题，如果 Channel 中的一个消费者一直在运行，那么其他消费者的 callback 会被"耽搁"。

3.4.2 拉模式

这里讲一下拉模式的消费方式。通过 channel.basicGet 方法可以单条地获取消息，其返回值是 GetRespone。Channel 类的 basicGet 方法没有其他重载方法，只有：

```
GetResponse basicGet(String queue, boolean autoAck) throws IOException;
```

其中 queue 代表队列的名称，如果设置 autoAck 为 false，那么同样需要调用 channel.basicAck 来确认消息已被成功接收。

拉模式的关键代码如代码清单 3-10 所示。

代码清单 3-10

```
GetResponse response = channel.basicGet(QUEUE_NAME, false);
System.out.println(new String(response.getBody()));
channel.basicAck(response.getEnvelope().getDeliveryTag(),false);
```

2.2.2 节中的消费者流传过程指的是推模式，这里采用的拉模式的消费方式如图 3-2 所示（只展示消费的部分）。

注意要点：

Basic.Consume 将信道（Channel）置为投递模式，直到取消队列的订阅为止。在投递模式期间，RabbitMQ 会不断地推送消息给消费者，当然推送消息的个数还是会受到 Basic.Qos 的限制。如果只想从队列获得单条消息而不是持续订阅，建议还是使用 Basic.Get 进行消费。但是不能将 Basic.Get 放在一个循环里来代替 Basic.Consume，这样做会严重影响 RabbitMQ 的性能。如果要实现高吞吐量，消费者理应使用 Basic.Consume 方法。

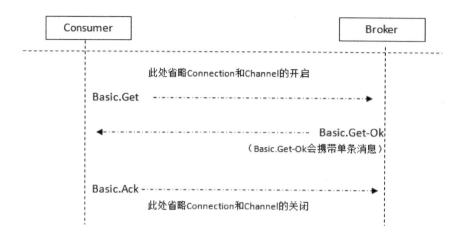

图 3-2　拉模式

3.5　消费端的确认与拒绝

为了保证消息从队列可靠地达到消费者，RabbitMQ 提供了消息确认机制（message acknowledgement）。消费者在订阅队列时，可以指定 autoAck 参数，当 autoAck 等于 false 时，RabbitMQ 会等待消费者显式地回复确认信号后才从内存（或者磁盘）中移去消息（实质上是先打上删除标记，之后再删除）。当 autoAck 等于 true 时，RabbitMQ 会自动把发送出去的消息置为确认，然后从内存（或者磁盘）中删除，而不管消费者是否真正地消费到了这些消息。

采用消息确认机制后，只要设置 autoAck 参数为 false，消费者就有足够的时间处理消息（任务），不用担心处理消息过程中消费者进程挂掉后消息丢失的问题，因为 RabbitMQ 会一直等待持有消息直到消费者显式调用 Basic.Ack 命令为止。

当 autoAck 参数置为 false，对于 RabbitMQ 服务端而言，队列中的消息分成了两个部分：一部分是等待投递给消费者的消息；一部分是已经投递给消费者，但是还没有收到消费者确认信号的消息。如果 RabbitMQ 一直没有收到消费者的确认信号，并且消费此消息的消费者已经断开连接，则 RabbitMQ 会安排该消息重新进入队列，等待投递给下一个消费者，当然也有可能还是原来的那个消费者。

RabbitMQ 不会为未确认的消息设置过期时间,它判断此消息是否需要重新投递给消费者的唯一依据是消费该消息的消费者连接是否已经断开,这么设计的原因是 RabbitMQ 允许消费者消费一条消息的时间可以很久很久。

RabbtiMQ 的 Web 管理平台(详细参考第 5.3 节)上可以看到当前队列中的"Ready"状态和"Unacknowledged"状态的消息数,分别对应上文中的等待投递给消费者的消息数和已经投递给消费者但是未收到确认信号的消息数,参考图 3-3。

Overview				Messages			Message rates		
Name	Node	Features	State	Ready	Unacked	Total	incoming	deliver / get	ack
queue	zhuzhonghua2-fqawb	AD	idle	1	0	1	0.00/s		
queue_demo	zhuzhonghua2-fqawb	D	idle	0	0	0			

图 3-3　Web 管理页面中的消息信息

也可以通过相应的命令来查看上述信息:

```
[root@zhuzhonghua2-fqawb ~]# rabbitmqctl list_queues name messages_ready messages_unacknowledged
Listing queues ...
queue           1   0
queue_demo 0       0
```

在消费者接收到消息后,如果想明确拒绝当前的消息而不是确认,那么应该怎么做呢?RabbitMQ 在 2.0.0 版本开始引入了 Basic.Reject 这个命令,消费者客户端可以调用与其对应的 channel.basicReject 方法来告诉 RabbitMQ 拒绝这个消息。

Channel 类中的 basicReject 方法定义如下:

void basicReject(long deliveryTag, boolean requeue) throws IOException;

其中 deliveryTag 可以看作消息的编号,它是一个 64 位的长整型值,最大值是 9223372036854775807。如果 requeue 参数设置为 true,则 RabbitMQ 会重新将这条消息存入队列,以便可以发送给下一个订阅的消费者;如果 requeue 参数设置为 false,则 RabbitMQ 立即会把消息从队列中移除,而不会把它发送给新的消费者。

Basic.Reject 命令一次只能拒绝一条消息,如果想要批量拒绝消息,则可以使用 Basic.Nack 这个命令。消费者客户端可以调用 channel.basicNack 方法来实现,方法定义如下:

void basicNack(long deliveryTag, boolean multiple, boolean requeue) throws

IOException;

其中 deliveryTag 和 requeue 的含义可以参考 basicReject 方法。multiple 参数设置为 false 则表示拒绝编号为 deliveryTag 的这一条消息,这时候 basicNack 和 basicReject 方法一样; multiple 参数设置为 true 则表示拒绝 deliveryTag 编号之前所有未被当前消费者确认的消息。

注意要点:

将 channel.basicReject 或者 channel.basicNack 中的 requeue 设置为 false,可以启用"死信队列"的功能。死信队列可以通过检测被拒绝或者未送达的消息来追踪问题。详细内容可以参考 4.3 节。

对于 requeue,AMQP 中还有一个命令 Basic.Recover 具备可重入队列的特性。其对应的客户端方法为:

(1) Basic.RecoverOk basicRecover() throws IOException;

(2) Basic.RecoverOk basicRecover(boolean requeue) throws IOException;

这个 channel.basicRecover 方法用来请求 RabbitMQ 重新发送还未被确认的消息。如果 requeue 参数设置为 true,则未被确认的消息会被重新加入到队列中,这样对于同一条消息来说,可能会被分配给与之前不同的消费者。如果 requeue 参数设置为 false,那么同一条消息会被分配给与之前相同的消费者。默认情况下,如果不设置 requeue 这个参数,相当于 channel.basicRecover(true),即 requeue 默认为 true。

3.6 关闭连接

在应用程序使用完之后,需要关闭连接,释放资源:

```
channel.close();
conn.close();
```

显式地关闭 Channel 是个好习惯,但这不是必须的,在 Connection 关闭的时候,Channel 也会自动关闭。

AMQP 协议中的 Connection 和 Channel 采用同样的方式来管理网络失败、内部错误和显式地关闭连接。Connection 和 Channel 所具备的生命周期如下所述。

- Open：开启状态，代表当前对象可以使用。
- Closing：正在关闭状态。当前对象被显式地通知调用关闭方法（shutdown），这样就产生了一个关闭请求让其内部对象进行相应的操作，并等待这些关闭操作的完成。
- Closed：已经关闭状态。当前对象已经接收到所有的内部对象已完成关闭动作的通知，并且其也关闭了自身。

Connection 和 Channel 最终都是会成为 Closed 的状态，不论是程序正常调用的关闭方法，或者是客户端的异常，再或者是发生了网络异常。

在 Connection 和 Channel 中，与关闭相关的方法有 addShutdownListener (ShutdownListener listener) 和 removeShutdownListener (ShutdownListner listener)。当 Connection 或者 Channel 的状态转变为 Closed 的时候会调用 ShutdownListener。而且如果将一个 ShutdownListener 注册到一个已经处于 Closed 状态的对象（这里特指 Connection 和 Channel 对象）时，会立刻调用 ShutdownListener。

getCloseReason 方法可以让你知道对象关闭的原因；isOpen 方法检测对象当前是否处于开启状态；close(int closeCode, String closeMessage) 方法显式地通知当前对象执行关闭操作。

有关 ShutdownListener 的使用可以参考代码清单 3-11。

代码清单 3-11

```
import com.rabbitmq.client.ShutdownSignalException;
import com.rabbitmq.client.ShutdownListener;

connection.addShutdownListener(new ShutdownListener() {
    public void shutdownCompleted(ShutdownSignalException cause)
    {
        ...
    }
});
```

当触发 ShutdownListener 的时候，就可以获取到 ShutdownSignalException，这个 ShutdownSignalException 包含了关闭的原因，这里原因也可以通过调用前面所提

及的 `getCloseReason` 方法获取。

`ShutdownSignalException` 提供了多个方法来分析关闭的原因。`isHardError` 方法可以知道是 `Connection` 的还是 `Channel` 的错误；`getReason` 方法可以获取 cause 相关的信息，相关示例可以参考代码清单 3-12。

代码清单 3-12

```
public void shutdownCompleted(ShutdownSignalException cause)
{
  if (cause.isHardError())
  {
    Connection conn = (Connection)cause.getReference();
    if (!cause.isInitiatedByApplication())
    {
      Method reason = cause.getReason();
      ...
    }
    ...
  } else {
    Channel ch = (Channel)cause.getReference();
    ...
  }
}
```

3.7 小结

本章主要介绍 RabbitMQ 客户端开发的简单使用，按照一个生命周期的维度对连接、创建、生产、消费和关闭等几个方面进行笼统的介绍，读者学习完本章的内容之后，就能够有效地进行与 RabbitMQ 相关的开发工作。知是行之始，行是知之成，不如现在动手编写几个程序来实践一下吧。

第 4 章
RabbitMQ 进阶

前一章中所讲述的是一些基础的概念及使用方法，比如创建交换器、队列和绑定关系等。但是其中有许多细节并未陈述，对使用过程中的一些"坑"也并未提及，一些高级用法也并未展现，所以本章的内容就是要弥补这些缺憾。本章以 RabbitMQ 基础使用知识为前提，阐述一些更具特色的细节及功能，为读者更进一步地掌握 RabbitMQ 提供基准。

4.1 消息何去何从

mandatory 和 immediate 是 channel.basicPublish 方法中的两个参数，它们都有当消息传递过程中不可达目的地时将消息返回给生产者的功能。RabbitMQ 提供的备份交换器（Alternate Exchange）可以将未能被交换器路由的消息（没有绑定队列或者没有匹配的绑定）存储起来，而不用返回给客户端。

对于初学者来说，特别容易将 mandatory 和 immediate 这两个参数混淆，而对于备份交换器更是一筹莫展，本章对此一一展开探讨。

4.1.1 mandatory 参数

当 mandatory 参数设为 true 时，交换器无法根据自身的类型和路由键找到一个符合条件的队列，那么 RabbitMQ 会调用 Basic.Return 命令将消息返回给生产者。当 mandatory 参数设置为 false 时，出现上述情形，则消息直接被丢弃。

那么生产者如何获取到没有被正确路由到合适队列的消息呢？这时候可以通过调用 channel.addReturnListener 来添加 ReturnListener 监听器实现。

使用 mandatory 参数的关键代码如代码清单 4-1 所示。

代码清单 4-1

```
channel.basicPublish(EXCHANGE_NAME, "", true,
        MessageProperties.PERSISTENT_TEXT_PLAIN,
        "mandatory test".getBytes());
channel.addReturnListener(new ReturnListener() {
    public void handleReturn(int replyCode, String replyText,
                    String exchange, String routingKey,
                    AMQP.BasicProperties basicProperties,
                    byte[] body) throws IOException {
        String message = new String(body);
        System.out.println("Basic.Return 返回的结果是："+message);
    }
});
```

上面代码中生产者没有成功地将消息路由到队列，此时 RabbitMQ 会通过 `Basic.Return` 返回"mandatory test"这条消息，之后生产者客户端通过 `ReturnListener` 监听到了这个事件，上面代码的最后输出应该是"Basic.Return 返回的结果是：mandatory test"。

从 AMQP 协议层面来说，其对应的流转过程如图 4-1 所示。

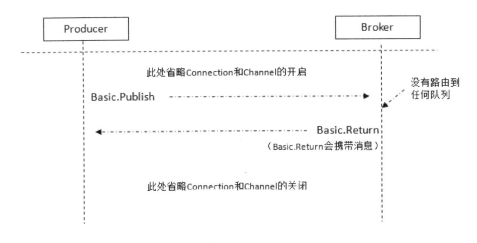

图 4-1　mandatory 参数

4.1.2　immediate 参数

当 `immediate` 参数设为 true 时，如果交换器在将消息路由到队列时发现队列上并不存在任何消费者，那么这条消息将不会存入队列中。当与路由键匹配的所有队列都没有消费者时，该消息会通过 `Basic.Return` 返回至生产者。

概括来说，`mandatory` 参数告诉服务器至少将该消息路由到一个队列中，否则将消息返回给生产者。`immediate` 参数告诉服务器，如果该消息关联的队列上有消费者，则立刻投递；如果所有匹配的队列上都没有消费者，则直接将消息返还给生产者，不用将消息存入队列而等待消费者了。

RabbitMQ 3.0 版本开始去掉了对 `immediate` 参数的支持，对此 RabbitMQ 官方解释是：`immediate` 参数会影响镜像队列的性能，增加了代码复杂性，建议采用 TTL 和 DLX 的方法替代。(有关 TTL 和 DLX 的介绍请分别参考 4.2 节和 4.3 节。)

发送带 immediate 参数（immediate 参数设置为 true）的 Basic.Publish 客户端会报如下异常：

```
[WARN] - [An unexpected connection driver error occured (Exception message:
Connection reset)] - [com.rabbitmq.client.impl.ForgivingExceptionHandler:120]
```

RabbitMQ 服务端会报如下异常（查看 RabbitMQ 的运行日志，默认日志路径为 $RABBITMQ_HOME/var/log/rabbitmq/rabbit@$HOSTNAME.log）：

```
=ERROR REPORT==== 25-May-2017::15:10:25 ===
Error on AMQP connection <0.25319.2> (192.168.0.2:55254->192.168.0.3:5672, vhost:
'/', user: 'root', state: running), channel 1:{amqp_error,not_implemented,"
immediate=true",'basic.publish'}
```

4.1.3 备份交换器

备份交换器，英文名称为 Alternate Exchange，简称 AE，或者更直白地称之为"备胎交换器"。生产者在发送消息的时候如果不设置 mandatory 参数，那么消息在未被路由的情况下将会丢失；如果设置了 mandatory 参数，那么需要添加 ReturnListener 的编程逻辑，生产者的代码将变得复杂。如果既不想复杂化生产者的编程逻辑，又不想消息丢失，那么可以使用备份交换器，这样可以将未被路由的消息存储在 RabbitMQ 中，再在需要的时候去处理这些消息。

可以通过在声明交换器（调用 channel.exchangeDeclare 方法）的时候添加 alternate-exchange 参数来实现，也可以通过策略（Policy，详细参考 6.3 节）的方式实现。如果两者同时使用，则前者的优先级更高，会覆盖掉 Policy 的设置。

使用参数设置的关键代码如代码清单 4-2 所示。

代码清单 4-2

```
Map<String, Object> args = new HashMap<String, Object>();
args.put("alternate-exchange", "myAe");
channel.exchangeDeclare("normalExchange", "direct", true, false, args);
channel.exchangeDeclare("myAe", "fanout", true, false, null);
channel.queueDeclare("normalQueue", true, false, false, null);
channel.queueBind("normalQueue", "normalExchange", "normalKey");
channel.queueDeclare("unroutedQueue", true, false, false, null);
```

```
channel.queueBind("unroutedQueue", "myAe", "");
```

上面的代码中声明了两个交换器 normalExchange 和 myAe，分别绑定了 normalQueue 和 unroutedQueue 这两个队列，同时将 myAe 设置为 normalExchange 的备份交换器。注意 myAe 的交换器类型为 fanout。

参考图 4-2，如果此时发送一条消息到 normalExchange 上，当路由键等于"normalKey"的时候，消息能正确路由到 normalQueue 这个队列中。如果路由键设为其他值，比如"errorKey"，即消息不能被正确地路由到与 normalExchange 绑定的任何队列上，此时就会发送给 myAe，进而发送到 unroutedQueue 这个队列。

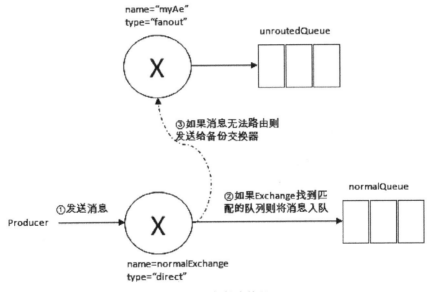

图 4-2　备份交换器

同样，如果采用 Policy 的方式来设置备份交换器，可以参考如下：

```
rabbitmqctl set_policy AE "^normalExchange$" '{"alternate-exchange": "myAE"}'
```

备份交换器其实和普通的交换器没有太大的区别，为了方便使用，建议设置为 fanout 类型，如若读者想设置为 direct 或者 topic 的类型也没有什么不妥。需要注意的是，消息被重新发送到备份交换器时的路由键和从生产者发出的路由键是一样的。

考虑这样一种情况，如果备份交换器的类型是 direct，并且有一个与其绑定的队列，假设绑定的路由键是 key1，当某条携带路由键为 key2 的消息被转发到这个备份交换器的时候，备份交换器没有匹配到合适的队列，则消息丢失。如果消息携带的路由键为 key1，则可以存储到队列中。

对于备份交换器，总结了以下几种特殊情况：

- ✧ 如果设置的备份交换器不存在，客户端和 RabbitMQ 服务端都不会有异常出现，此时消息会丢失。
- ✧ 如果备份交换器没有绑定任何队列，客户端和 RabbitMQ 服务端都不会有异常出现，此时消息会丢失。
- ✧ 如果备份交换器没有任何匹配的队列，客户端和 RabbitMQ 服务端都不会有异常出现，此时消息会丢失。
- ✧ 如果备份交换器和 `mandatory` 参数一起使用，那么 `mandatory` 参数无效。

4.2 过期时间（TTL）

TTL，Time to Live 的简称，即过期时间。RabbitMQ 可以对消息和队列设置 TTL。

4.2.1 设置消息的 TTL

目前有两种方法可以设置消息的 TTL。第一种方法是通过队列属性设置，队列中所有消息都有相同的过期时间。第二种方法是对消息本身进行单独设置，每条消息的 TTL 可以不同。如果两种方法一起使用，则消息的 TTL 以两者之间较小的那个数值为准。消息在队列中的生存时间一旦超过设置的 TTL 值时，就会变成"死信"（Dead Message），消费者将无法再收到该消息（这点不是绝对的，可以参考 4.3 节）。

通过队列属性设置消息 TTL 的方法是在 `channel.queueDeclare` 方法中加入 `x-message-ttl` 参数实现的，这个参数的单位是毫秒。

示例代码如代码清单 4-3 所示。

第 4 章 RabbitMQ 进阶

代码清单 4-3

```
Map<String, Object> argss = new HashMap<String, Object>();
argss.put("x-message-ttl",6000);
channel.queueDeclare(queueName, durable, exclusive, autoDelete, argss);
```

同时也可以通过 Policy 的方式来设置 TTL，示例如下：

```
rabbitmqctl set_policy TTL ".*" '{"message-ttl":60000}' --apply-to queues
```

还可以通过调用 HTTP API 接口设置：

```
$ curl -i -u root:root -H "content-type:application/json"-X PUT
-d'{"auto_delete":false,"durable":true,"arguments":{"x-message-ttl": 60000}}'
 http://localhost:15672/api/queues/{vhost}/{queuename}
```

如果不设置 TTL，则表示此消息不会过期；如果将 TTL 设置为 0，则表示除非此时可以直接将消息投递到消费者，否则该消息会被立即丢弃，这个特性可以部分替代 RabbitMQ 3.0 版本之前的 immediate 参数，之所以部分代替，是因为 immediate 参数在投递失败时会用 Basic.Return 将消息返回（这个功能可以用死信队列来实现，详细参考 4.3 节）。

针对每条消息设置 TTL 的方法是在 channel.basicPublish 方法中加入 expiration 的属性参数，单位为毫秒。

关键代码如代码清单 4-4 所示。

代码清单 4-4

```
AMQP.BasicProperties.Builder builder = new AMQP.BasicProperties.Builder();
builder.deliveryMode(2);//持久化消息
builder.expiration("60000");//设置 TTL=60000ms
AMQP.BasicProperties properties = builder.build();
channel.basicPublish(exchangeName,routingKey,mandatory,properties,
    "ttlTestMessage".getBytes());
```

也可以使用如代码清单 4-5 所示的方式：

代码清单 4-5

```
AMQP.BasicProperties properties = new AMQP.BasicProperties();
Properties.setDeliveryMode(2);
properties.setExpiration("60000");
channel.basicPublish(exchangeName,routingKey,mandatory,properties,
    "ttlTestMessage".getBytes());
```

还可以通过 HTTP API 接口设置：

```
$ curl -i -u root:root -H "content-type:application/json"  -X POST -d
'{"properties":{"expiration":"60000"},"routing_key":"routingkey",
"payload":"my body",
"payload_encoding":"string"}'
http://localhost:15672/api/exchanges/{vhost}/{exchangename}/publish
```

对于第一种设置队列 TTL 属性的方法，一旦消息过期，就会从队列中抹去，而在第二种方法中，即使消息过期，也不会马上从队列中抹去，因为每条消息是否过期是在即将投递到消费者之前判定的。

为什么这两种方法处理的方式不一样？因为第一种方法里，队列中已过期的消息肯定在队列头部，RabbitMQ 只要定期从队头开始扫描是否有过期的消息即可。而第二种方法里，每条消息的过期时间不同，如果要删除所有过期消息势必要扫描整个队列，所以不如等到此消息即将被消费时再判定是否过期，如果过期再进行删除即可。

4.2.2 设置队列的 TTL

通过 `channel.queueDeclare` 方法中的 `x-expires` 参数可以控制队列被自动删除前处于未使用状态的时间。未使用的意思是队列上没有任何的消费者，队列也没有被重新声明，并且在过期时间段内也未调用过 `Basic.Get` 命令。

设置队列里的 TTL 可以应用于类似 RPC 方式的回复队列，在 RPC 中，许多队列会被创建出来，但是却是未被使用的。

RabbitMQ 会确保在过期时间到达后将队列删除，但是不保障删除的动作有多及时。在 RabbitMQ 重启后，持久化的队列的过期时间会被重新计算。

用于表示过期时间的 `x-expires` 参数以毫秒为单位，并且服从和 `x-message-ttl` 一样的约束条件，不过不能设置为 0。比如该参数设置为 1000，则表示该队列如果在 1 秒钟之内未使用则会被删除。

代码清单 4-6 演示了创建一个过期时间为 30 分钟的队列：

代码清单 4-6

```
Map<String, Object> args = new HashMap<String, Object>();
args.put("x-expires", 1800000);
```

```
channel.queueDeclare("myqueue", false, false, false, args);
```

4.3 死信队列

DLX，全称为 Dead-Letter-Exchange，可以称之为死信交换器，也有人称之为死信邮箱。当消息在一个队列中变成死信（dead message）之后，它能被重新被发送到另一个交换器中，这个交换器就是 DLX，绑定 DLX 的队列就称之为死信队列。

消息变成死信一般是由于以下几种情况：

- 消息被拒绝（`Basic.Reject`/`Basic.Nack`），并且设置 requeue 参数为 false；
- 消息过期；
- 队列达到最大长度。

DLX 也是一个正常的交换器，和一般的交换器没有区别，它能在任何的队列上被指定，实际上就是设置某个队列的属性。当这个队列中存在死信时，RabbitMQ 就会自动地将这个消息重新发布到设置的 DLX 上去，进而被路由到另一个队列，即死信队列。可以监听这个队列中的消息以进行相应的处理，这个特性与将消息的 TTL 设置为 0 配合使用可以弥补 immediate 参数的功能。

通过在 `channel.queueDeclare` 方法中设置 `x-dead-letter-exchange` 参数来为这个队列添加 DLX（代码清单 4-7 中的 `dlx_exchange`）：

代码清单 4-7

```
channel.exchangeDeclare("dlx_exchange", "direct");//创建DLX: dlx_exchange
Map<String, Object> args = new HashMap<String, Object>();
args.put("x-dead-letter-exchange", "dlx_exchange");
//为队列myqueue添加DLX
channel.queueDeclare("myqueue", false, false, false, args);
```

也可以为这个 DLX 指定路由键，如果没有特殊指定，则使用原队列的路由键：

```
args.put("x-dead-letter-routing-key", "dlx-routing-key");
```

当然这里也可以通过 Policy 的方式设置：

```
rabbitmqctl set_policy DLX ".*" '{"dead-letter-exchange":" dlx_exchange "}'
--apply-to queues
```

下面创建一个队列，为其设置 TTL 和 DLX 等，如代码清单 4-8 所示。

代码清单 4-8

```
channel.exchangeDeclare("exchange.dlx", "direct", true);
channel.exchangeDeclare("exchange.normal", "fanout", true);
Map<String, Object> args = new HashMap<String, Object>();
args.put("x-message-ttl", 10000);
args.put("x-dead-letter-exchange", "exchange.dlx");
args.put("x-dead-letter-routing-key", "routingkey");
channel.queueDeclare("queue.normal", true, false, false, args);
channel.queueBind("queue.normal", "exchange.normal", "");
channel.queueDeclare("queue.dlx", true, false, false, null);
channel.queueBind("queue.dlx", "exchange.dlx", "routingkey");
channel.basicPublish("exchange.normal", "rk",
    MessageProperties.PERSISTENT_TEXT_PLAIN, "dlx".getBytes());
```

这里创建了两个交换器 exchange.normal 和 exchange.dlx，分别绑定两个队列 queue.normal 和 queue.dlx。

由 Web 管理页面（图 4-3）可以看出，两个队列都被标记了"D"，这个是 durable 的缩写，即设置了队列持久化。queue.normal 这个队列还配置了 TTL、DLX 和 DLK，其中 DLK 指的是 x-dead-letter-routing-key 这个属性。

Name	Overview Features	State	Messages Ready	Unacked	Total	Message rates incoming	deliver / get	ack
queue.dlx	D	idle	1	0	1			
queue.normal	D TTL DLX DLK	idle	0	0	0	0.00/s		

图 4-3 队列的属性展示

参考图 4-4，生产者首先发送一条携带路由键为"rk"的消息，然后经过交换器 exchange.normal 顺利地存储到队列 queue.normal 中。由于队列 queue.normal 设置了过期时间为 10s，在这 10s 内没有消费者消费这条消息，那么判定这条消息为过期。由于设置了 DLX，过期之时，消息被丢给交换器 exchange.dlx 中，这时找到与 exchange.dlx 匹配的队列 queue.dlx，最后消息被存储在 queue.dlx 这个死信队列中。

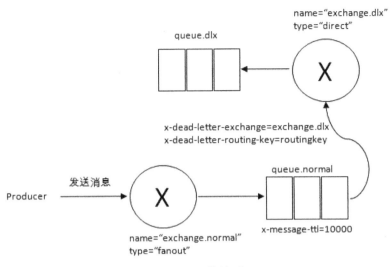

图 4-4 死信队列

对于 RabbitMQ 来说，DLX 是一个非常有用的特性。它可以处理异常情况下，消息不能够被消费者正确消费（消费者调用了 `Basic.Nack` 或者 `Basic.Reject`）而被置入死信队列中的情况，后续分析程序可以通过消费这个死信队列中的内容来分析当时所遇到的异常情况，进而可以改善和优化系统。DLX 配合 TTL 使用还可以实现延迟队列的功能，详细请看下一节。

4.4 延迟队列

延迟队列存储的对象是对应的延迟消息，所谓"延迟消息"是指当消息被发送以后，并不想让消费者立刻拿到消息，而是等待特定时间后，消费者才能拿到这个消息进行消费。

延迟队列的使用场景有很多，比如：

- 在订单系统中，一个用户下单之后通常有 30 分钟的时间进行支付，如果 30 分钟之内没有支付成功，那么这个订单将进行异常处理，这时就可以使用延迟队列来处理这些订单了。
- 用户希望通过手机远程遥控家里的智能设备在指定的时间进行工作。这时候就可以将用户指令发送到延迟队列，当指令设定的时间到了再将指令推送到智能设备。

在 AMQP 协议中，或者 RabbitMQ 本身没有直接支持延迟队列的功能，但是可以通过前面所介绍的 DLX 和 TTL 模拟出延迟队列的功能。

在图 4-4 中，不仅展示的是死信队列的用法，也是延迟队列的用法，对于 queue.dlx 这个死信队列来说，同样可以看作延迟队列。假设一个应用中需要将每条消息都设置为 10 秒的延迟，生产者通过 exchange.normal 这个交换器将发送的消息存储在 queue.normal 这个队列中。消费者订阅的并非是 queue.normal 这个队列，而是 queue.dlx 这个队列。当消息从 queue.normal 这个队列中过期之后被存入 queue.dlx 这个队列中，消费者就恰巧消费到了延迟 10 秒的这条消息。

在真实应用中，对于延迟队列可以根据延迟时间的长短分为多个等级，一般分为 5 秒、10 秒、30 秒、1 分钟、5 分钟、10 分钟、30 分钟、1 小时这几个维度，当然也可以再细化一下。

参考图 4-5，为了简化说明，这里只设置了 5 秒、10 秒、30 秒、1 分钟这四个等级。根据应用需求的不同，生产者在发送消息的时候通过设置不同的路由键，以此将消息发送到与交换器绑定的不同的队列中。这里队列分别设置了过期时间为 5 秒、10 秒、30 秒、1 分钟，同时也分别配置了 DLX 和相应的死信队列。当相应的消息过期时，就会转存到相应的死信队列（即延迟队列）中，这样消费者根据业务自身的情况，分别选择不同延迟等级的延迟队列进行消费。

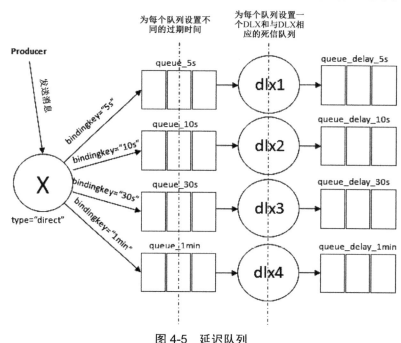

图 4-5 延迟队列

4.5 优先级队列

优先级队列，顾名思义，具有高优先级的队列具有高的优先权，优先级高的消息具备优先被消费的特权。

可以通过设置队列的 `x-max-priority` 参数来实现。示例代码如代码清单 4-9 所示。

代码清单 4-9

```
Map<String, Object> args = new HashMap<String, Object>();
args.put("x-max-priority", 10);
channel.queueDeclare("queue.priority", true, false, false, args);
```

通过 Web 管理页面可以看到"Pri"的标识，如图 4-6 所示。

Overview			Messages			Message rates		
Name	Features	State	Ready	Unacked	Total	incoming	deliver / get	ack
queue.priority	D Pri	idle	0	0	0			

图 4-6 优先级队列的属性展示

上面的代码演示的是如何配置一个队列的最大优先级。在此之后，需要在发送时在消息中设置消息当前的优先级。示例代码如代码清单 4-10 所示。

代码清单 4-10

```
AMQP.BasicProperties.Builder builder = new AMQP.BasicProperties.Builder();
builder.priority(5);
AMQP.BasicProperties properties = builder.build();
channel.basicPublish("exchange_priority","rk_priority",properties,("messages
").getBytes());
```

上面的代码中设置消息的优先级为 5。默认最低为 0，最高为队列设置的最大优先级。优先级高的消息可以被优先消费，这个也是有前提的：如果在消费者的消费速度大于生产者的速度且 Broker 中没有消息堆积的情况下，对发送的消息设置优先级也就没有什么实际意义。因为生产者刚发送完一条消息就被消费者消费了，那么就相当于 Broker 中至多只有一条消息，对于单条消息来说优先级是没有什么意义的。

4.6 RPC 实现

RPC,是 Remote Procedure Call 的简称,即远程过程调用。它是一种通过网络从远程计算机上请求服务,而不需要了解底层网络的技术。RPC 的主要功用是让构建分布式计算更容易,在提供强大的远程调用能力时不损失本地调用的语义简洁性。

通俗点来说,假设有两台服务器 A 和 B,一个应用部署在 A 服务器上,想要调用 B 服务器上应用提供的函数或者方法,由于不在同一个内存空间,不能直接调用,需要通过网络来表达调用的语义和传达调用的数据。

RPC 的协议有很多,比如最早的 CORBA、Java RMI、WebService 的 RPC 风格、Hessian、Thrift 甚至还有 Restful API。

一般在 RabbitMQ 中进行 RPC 是很简单。客户端发送请求消息,服务端回复响应的消息。为了接收响应的消息,我们需要在请求消息中发送一个回调队列(参考下面代码中的 replyTo)。可以使用默认的队列,具体示例代码如代码清单 4-11 所示。

代码清单 4-11

```
String callbackQueueName = channel.queueDeclare().getQueue();
BasicProperties props = new
    BasicProperties.Builder().replyTo(callbackQueueName).build();
channel.basicPublish("", "rpc_queue",props,message.getBytes());
// then code to read a response message from the callback_queue...
```

对于代码中涉及的 BasicProperties 这个类,在 3.3 节中我们在阐述发送消息的时候讲解过,其包含 14 个属性,这里就用到两个属性。

- replyTo:通常用来设置一个回调队列。

- correlationId:用来关联请求(request)和其调用 RPC 之后的回复(response)。

如果像上面的代码中一样,为每个 RPC 请求创建一个回调队列,则是非常低效的。但是幸运的是这里有一个通用的解决方案——可以为每个客户端创建一个单一的回调队列。

这样就产生了一个新的问题,对于回调队列而言,在其接收到一条回复的消息之后,它并不知道这条消息应该和哪一个请求匹配。这里就用到 correlationId 这个属性了，我们应该为每一个请求设置一个唯一的 correlationId。之后在回调队列接收到回复的消息时，可以根据这个属性匹配到相应的请求。如果回调队列接收到一条未知 correlationId 的回复消息，可以简单地将其丢弃。

你有可能会问，为什么要将回调队列中的未知消息丢弃而不是仅仅将其看作失败？这样可以针对这个失败做一些弥补措施。参考图 4-7，考虑这样一种情况，RPC 服务器可能在发送给回调队列（amq.gen-LhQz1gv3GhDOv8PIDabOXA）并且在确认接收到请求的消息（rpc_queue 中的消息）之后挂掉了，那么只需重启下 RPC 服务器即可，RPC 服务会重新消费 rpc_queue 队列中的请求，这样就不会出现 RPC 服务端未处理请求的情况。这里的回调队列可能会收到重复消息的情况，这需要客户端能够优雅地处理这种情况，并且 RPC 请求也需要保证其本身是幂等的（补充：根据 3.5 节的介绍，消费者消费消息一般是先处理业务逻辑，再使用 Basic.Ack 确认已接收到消息以防止消息不必要地丢失）。

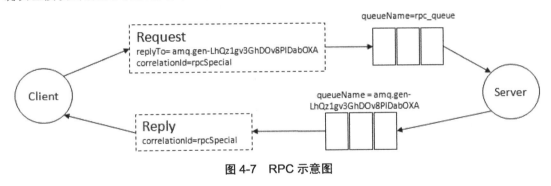

图 4-7　RPC 示意图

根据图 4-7 所示，RPC 的处理流程如下：

（1）当客户端启动时，创建一个匿名的回调队列（名称由 RabbitMQ 自动创建，图 4-7 中的回调队列为 amq.gen-LhQz1gv3GhDOv8PIDabOXA）。

（2）客户端为 RPC 请求设置 2 个属性：replyTo 用来告知 RPC 服务端回复请求时的目的队列，即回调队列；correlationId 用来标记一个请求。

（3）请求被发送到 rpc_queue 队列中。

（4）RPC 服务端监听 rpc_queue 队列中的请求，当请求到来时，服务端会处理并且把带有结果的消息发送给客户端。接收的队列就是 replyTo 设定的回调队列。

（5）客户端监听回调队列，当有消息时，检查 `correlationId` 属性，如果与请求匹配，那就是结果了。

下面沿用 RabbitMQ 官方网站的一个例子来做说明，RPC 客户端通过 RPC 来调用服务端的方法以便得到相应的斐波那契值。

首先是服务端的关键代码，代码清单 4-12 所示。

代码清单 4-12

```java
public class RPCServer {
    private static final String RPC_QUEUE_NAME = "rpc_queue";

    public static void main(String args[]) throws Exception {
        //省略了创建 Connection 和 Channel 的过程，具体可以参考 1.4.4 节
        channel.queueDeclare(RPC_QUEUE_NAME, false, false, false, null);
        channel.basicQos(1);
        System.out.println(" [x] Awaiting RPC requests");

        Consumer consumer = new DefaultConsumer(channel) {
            @Override
            public void handleDelivery(String consumerTag,
                                      Envelope envelope,
                                      AMQP.BasicProperties properties,
                                      byte[] body) throws IOException {
                AMQP.BasicProperties replyProps = new AMQP.BasicProperties
                    .Builder()
                    .correlationId(properties.getCorrelationId())
                    .build();
                String response = "";
                try {
                    String message = new String(body, "UTF-8");
                    int n = Integer.parseInt(message);
                    System.out.println(" [.] fib(" + message + ")");
                    response += fib(n);
                } catch (RuntimeException e) {
                    System.out.println(" [.] " + e.toString());
                } finally {
                    channel.basicPublish("", properties.getReplyTo(),
                        replyProps, response.getBytes("UTF-8"));
                    channel.basicAck(envelope.getDeliveryTag(), false);
                }
            }
        };
        channel.basicConsume(RPC_QUEUE_NAME, false, consumer);
```

```
    }
    private static int fib(int n){
        if (n == 0) return 0;
        if (n == 1) return 1;
        return fib(n - 1) + fib(n - 2);
    }
}
```

RPC 客户端的关键代码如代码清单 4-13 所示。

代码清单 4-13

```
public class RPCClient {
    private Connection connection;
    private Channel channel;
    private String requestQueueName = "rpc_queue";
    private String replyQueueName;
    private QueueingConsumer consumer;

    public RPCClient() throws IOException, TimeoutException {
        //省略了创建 Connection 和 Channel 的过程，具体可以参考 1.4.4 节
        replyQueueName = channel.queueDeclare().getQueue();
        consumer = new QueueingConsumer(channel);
        channel.basicConsume(replyQueueName, true,consumer);
    }

    public String call(String message) throws IOException,
            ShutdownSignalException, ConsumerCancelledException,
            InterruptedException {
        String response = null;
        String corrId = UUID.randomUUID().toString();

        BasicProperties props = new BasicProperties.Builder()
                .correlationId(corrId)
                .replyTo(replyQueueName)
                .build();
        channel.basicPublish("", requestQueueName, props, message.getBytes());

        while(true){
            QueueingConsumer.Delivery delivery = consumer.nextDelivery();
            if(delivery.getProperties().getCorrelationId().equals(corrId)){
                response = new String(delivery.getBody());
                break;
            }
        }
```

```
        return response;
    }
    public void close() throws Exception{
        connection.close();
    }
    public static void main(String args[]) throws Exception{
        RPCClient fibRpc = new RPCClient();
        System.out.println(" [x] Requesting fib(30)");
        String response = fibRpc.call("30");
        System.out.println(" [.] Got '"+response+"'");
        fibRpc.close();
    }
}
```

4.7 持久化

"持久化"这个词汇在前面的篇幅中有多次提及,持久化可以提高 RabbitMQ 的可靠性,以防在异常情况(重启、关闭、宕机等)下的数据丢失。本节针对这个概念做一个总结。RabbitMQ 的持久化分为三个部分:交换器的持久化、队列的持久化和消息的持久化。

交换器的持久化是通过在声明交换器时将 `durable` 参数置为 `true` 实现的,详细可以参考 3.2.1 节。如果交换器不设置持久化,那么在 RabbitMQ 服务重启之后,相关的交换器元数据会丢失,不过消息不会丢失,只是不能将消息发送到这个交换器中了。对一个长期使用的交换器来说,建议将其置为持久化的。

队列的持久化是通过在声明队列时将 `durable` 参数置为 `true` 实现的,详细内容可以参考 3.2.2 节。如果队列不设置持久化,那么在 RabbitMQ 服务重启之后,相关队列的元数据会丢失,此时数据也会丢失。正所谓"皮之不存,毛将焉附",队列都没有了,消息又能存在哪里呢?

队列的持久化能保证其本身的元数据不会因异常情况而丢失,但是并不能保证内部所存储的消息不会丢失。要确保消息不会丢失,需要将其设置为持久化。通过将消息的投递模式(`BasicProperties` 中的 `deliveryMode` 属性)设置为 2 即可实现消息的持久化。前面示例中多次提及的 `MessageProperties.PERSISTENT_TEXT_PLAIN` 实际上是封装了这个属性:

```
public static final BasicProperties PERSISTENT_TEXT_PLAIN =
    new BasicProperties("text/plain",
                        null,
                        null,
                        2,//deliveryMode
                        0, null, null, null,
                        null, null, null, null,
                        null, null);
```

更多发送消息的详细内容可以参考 3.3 节。

设置了队列和消息的持久化,当 RabbitMQ 服务重启之后,消息依旧存在。单单只设置队列持久化,重启之后消息会丢失;单单只设置消息的持久化,重启之后队列消失,继而消息也丢失。单单设置消息持久化而不设置队列的持久化显得毫无意义。

注意要点:

可以将所有的消息都设置为持久化,但是这样会严重影响 RabbitMQ 的性能。(随机)写入磁盘的速度比写入内存的速度慢得不只一点点。对于可靠性不是那么高的消息可以不采用持久化处理以提高整体的吞吐量。在选择是否要将消息持久化时,需要在可靠性和吞吐量之间做一个权衡。

将交换器、队列、消息都设置了持久化之后就能百分之百保证数据不丢失了吗?答案是否定的。

首先从消费者来说,如果在订阅消费队列时将 autoAck 参数设置为 true,那么当消费者接收到相关消息之后,还没来得及处理就宕机了,这样也算数据丢失。这种情况很好解决,将 autoAck 参数设置为 false,并进行手动确认,详细可以参考 3.5 节。

其次,在持久化的消息正确存入 RabbitMQ 之后,还需要有一段时间(虽然很短,但是不可忽视)才能存入磁盘之中。RabbitMQ 并不会为每条消息都进行同步存盘(调用内核的 fsync[1] 方法)的处理,可能仅仅保存到操作系统缓存之中而不是物理磁盘之中。如果在这段时间内 RabbitMQ 服务节点发生了宕机、重启等异常情况,消息保存还没来得及落盘,那么这些消息将

---

[1] fsync 在 Linux 中的意义在于同步数据到存储设备上。大多数块设备的数据都是通过缓存进行的,将数据写到文件上通常将该数据由内核复制到缓存中,如果缓存尚未写满,则不将其排入输出队列上,而是等待其写满或者当内核需要重用该缓存时,再将该缓存排入输出队列,进而同步到设备上。这种策略的好处是减少了磁盘读写次数,不足的地方是降低了文件内容的更新速度,使其不能时刻同步到存储设备上,当系统发生故障时,这种机制很有可能导致了文件内容的丢失。因此,内核提供了 fsync 接口,用户可以根据自己的需要通过此接口更新数据到存储设备上。

会丢失。

这个问题怎么解决呢？这里可以引入 RabbitMQ 的镜像队列机制（详细参考 9.4 节），相当于配置了副本，如果主节点（master）在此特殊时间内挂掉，可以自动切换到从节点（slave），这样有效地保证了高可用性，除非整个集群都挂掉。虽然这样也不能完全保证 RabbitMQ 消息不丢失，但是配置了镜像队列要比没有配置镜像队列的可靠性要高很多，在实际生产环境中的关键业务队列一般都会设置镜像队列。

还可以在发送端引入事务机制或者发送方确认机制来保证消息已经正确地发送并存储至 RabbitMQ 中，前提还要保证在调用 channel.basicPublish 方法的时候交换器能够将消息正确路由到相应的队列之中。详细可以参考下一节。

4.8 生产者确认

在使用 RabbitMQ 的时候，可以通过消息持久化操作来解决因为服务器的异常崩溃而导致的消息丢失，除此之外，我们还会遇到一个问题，当消息的生产者将消息发送出去之后，消息到底有没有正确地到达服务器呢？如果不进行特殊配置，默认情况下发送消息的操作是不会返回任何信息给生产者的，也就是默认情况下生产者是不知道消息有没有正确地到达服务器。如果在消息到达服务器之前已经丢失，持久化操作也解决不了这个问题，因为消息根本没有到达服务器，何谈持久化？

RabbitMQ 针对这个问题，提供了两种解决方式：

- 通过事务机制实现；
- 通过发送方确认（publisher confirm）机制实现。

4.8.1 事务机制

RabbitMQ 客户端中与事务机制相关的方法有三个：channel.txSelect、channel.txCommit 和 channel.txRollback。channel.txSelect 用于将当前的信道

设置成事务模式，channel.txCommit 用于提交事务，channel.txRollback 用于事务回滚。在通过 channel.txSelect 方法开启事务之后，我们便可以发布消息给 RabbitMQ 了，如果事务提交成功，则消息一定到达了 RabbitMQ 中，如果在事务提交执行之前由于 RabbitMQ 异常崩溃或者其他原因抛出异常，这个时候我们便可以将其捕获，进而通过执行 channel.txRollback 方法来实现事务回滚。注意这里的 RabbitMQ 中的事务机制与大多数数据库中的事务概念并不相同，需要注意区分。

关键示例代码如代码清单 4-14 所示。

代码清单 4-14

```
channel.txSelect();
channel.basicPublish(EXCHANGE_NAME,ROUTING_KEY,
    MessageProperties.PERSISTENT_TEXT_PLAIN,
    "transaction messages".getBytes());
channel.txCommit();
```

上面代码对应的 AMQP 协议流转过程如图 4-8 所示。

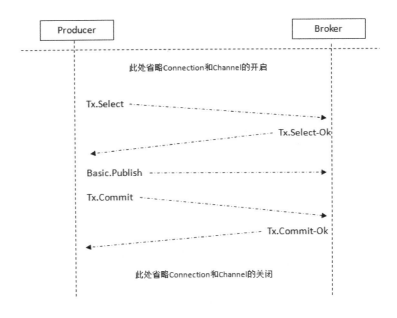

图 4-8　AMQP 协议流转过程

可以发现开启事务机制与不开启（参考图 2-10）相比多了四个步骤：

- 客户端发送 Tx.Select，将信道置为事务模式；
- Broker 回复 Tx.Select-Ok，确认已将信道置为事务模式；
- 在发送完消息之后，客户端发送 Tx.Commit 提交事务；
- Broker 回复 Tx.Commit-Ok，确认事务提交。

上面所陈述的是正常的情况下的事务机制运转过程，而事务回滚是什么样子呢？我们先来参考下面一段示例代码（代码清单 4-15），来看看怎么使用事务回滚。

代码清单 4-15

```
try {
    channel.txSelect();
    channel.basicPublish(exchange, routingKey,
    MessageProperties.PERSISTENT_TEXT_PLAIN, msg.getBytes());
    int result = 1 / 0;
    channel.txCommit();
} catch (Exception e) {
    e.printStackTrace();
    channel.txRollback();
}
```

上面代码中很明显有一个 java.lang.ArithmeticException，在事务提交之前捕获到异常，之后显式地提交事务回滚，其 AMQP 协议流转过程如图 4-9 所示。

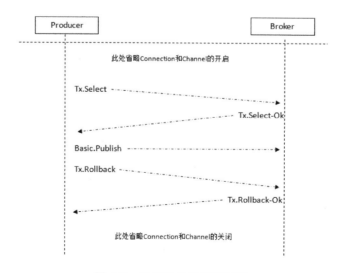

图 4-9　AMQP 协议流转过程

如果要发送多条消息,则将 `channel.basicPublish` 和 `channel.txCommit` 等方法包裹进循环内即可,可以参考如下示例代码,(代码清单 4-16)。

代码清单 4-16

```
channel.txSelect();
for(int i=0;i<LOOP_TIMES;i++) {
    try {
        channel.basicPublish("exchange", "routingKey", null,
            ("messages" + i).getBytes());
        channel.txCommit();
    } catch (IOException e) {
        e.printStackTrace();
        channel.txRollback();
    }
}
```

事务确实能够解决消息发送方和 RabbitMQ 之间消息确认的问题,只有消息成功被 RabbitMQ 接收,事务才能提交成功,否则便可在捕获异常之后进行事务回滚,与此同时可以进行消息重发。但是使用事务机制会"吸干"RabbitMQ 的性能,那么有没有更好的方法既能保证消息发送方确认消息已经正确送达,又能基本上不带来性能上的损失呢?从 AMQP 协议层面来看并没有更好的办法,但是 RabbitMQ 提供了一个改进方案,即发送方确认机制,详情请看下一节的介绍。

4.8.2 发送方确认机制

前面介绍了 RabbitMQ 可能会遇到的一个问题,即消息发送方(生产者)并不知道消息是否真正地到达了 RabbitMQ。随后了解到在 AMQP 协议层面提供了事务机制来解决这个问题,但是采用事务机制实现会严重降低 RabbitMQ 的消息吞吐量,这里就引入了一种轻量级的方式——发送方确认(publisher confirm)机制。

生产者将信道设置成 confirm(确认)模式,一旦信道进入 confirm 模式,所有在该信道上面发布的消息都会被指派一个唯一的 ID(从 1 开始),一旦消息被投递到所有匹配的队列之后,RabbitMQ 就会发送一个确认(`Basic.Ack`)给生产者(包含消息的唯一 ID),这就使得生产者知晓消息已经正确到达了目的地了。如果消息和队列是持久化的,那么确认消息会在消息写入磁盘之后发出。RabbitMQ 回传给生产者的确认消息中的 `deliveryTag` 包含了确认消息的序号，此外 RabbitMQ 也可以设置 `channel.basicAck` 方法中的 `multiple` 参数，表示到这个序号之前的所有消息都已经得到了处理，可以参考图 4-10。注意辨别这里的确认和消费时候的确认之间的异同。

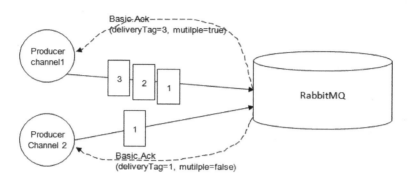

图 4-10　发送方确认机制

事务机制在一条消息发送之后会使发送端阻塞，以等待 RabbitMQ 的回应，之后才能继续发送下一条消息。相比之下，发送方确认机制最大的好处在于它是异步的，一旦发布一条消息，生产者应用程序就可以在等信道返回确认的同时继续发送下一条消息，当消息最终得到确认之后，生产者应用程序便可以通过回调方法来处理该确认消息，如果 RabbitMQ 因为自身内部错误导致消息丢失，就会发送一条 nack（`Basic.Nack`）命令，生产者应用程序同样可以在回调方法中处理该 nack 命令。

生产者通过调用 `channel.confirmSelect` 方法（即 `Confirm.Select` 命令）将信道设置为 confirm 模式，之后 RabbitMQ 会返回 `Confirm.Select-Ok` 命令表示同意生产者将当前信道设置为 confirm 模式。所有被发送的后续消息都被 ack 或者 nack 一次，不会出现一条消息既被 ack 又被 nack 的情况，并且 RabbitMQ 也并没有对消息被 confirm 的快慢做任何保证。

下面看一下 publisher confirm 机制怎么运作，简要代码如代码清单 4-17 所示。

代码清单 4-17

```
try {
    channel.confirmSelect();//将信道置为publisher confirm模式
    //之后正常发送消息
    channel.basicPublish("exchange", "routingKey", null,
        "publisher confirm test".getBytes());
    if (!channel.waitForConfirms()) {
```

```
            System.out.println("send message failed");
            // do something else....
        }
    } catch (InterruptedException e) {
        e.printStackTrace();
    }
}
```

如果发送多条消息，只需要将 `channel.basicPublish` 和 `channel.waitFor Confirms` 方法包裹在循环里面即可，可以参考事务机制，不过不需要把 `channel.confirmSelect` 方法包裹在循环内部。

在 publisher confirm 模式下发送多条消息的 AMQP 协议流转过程可以参考图 4-11。

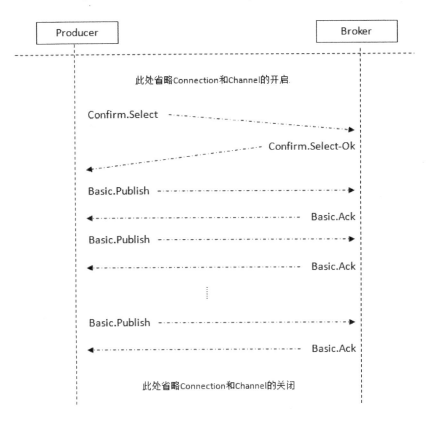

图 4-11 发送多条消息的 AMQP 协议流转过程

对于 `channel.waitForConfirms` 而言，在 RabbitMQ 客户端中它有 4 个同类的方法：

(1) `boolean waitForConfirms() throws InterruptedException;`

(2) boolean waitForConfirms(long timeout) throws InterruptedException, TimeoutException;

(3) void waitForConfirmsOrDie() throws IOException, InterruptedException;

(4) void waitForConfirmsOrDie(long timeout) throws IOException, InterruptedException, TimeoutException;

如果信道没有开启publisher confirm模式，则调用任何waitForConfirms方法都会报出java.lang.IllegalStateException。对于没有参数的waitForConfirms方法来说，其返回的条件是客户端收到了相应的Basic.Ack/.Nack或者被中断。参数timeout表示超时时间，一旦等待RabbitMQ回应超时就会抛出java.util.concurrent.TimeoutException的异常。两个waitForConfirmsOrDie方法在接收到RabbitMQ返回的Basic.Nack之后会抛出java.io.IOException。业务代码可以根据自身的特性灵活地运用这四种方法来保障消息的可靠发送。

前面提到过RabbitMQ引入了publisher confirm机制来弥补事务机制的缺陷，提高了整体的吞吐量，那么我们来对比下两者之间的QPS，测试代码可以参考上面的示例代码。

测试环境：客户端和Broker机器配置——CPU为24核、主频为2600Hz、内存为64GB、硬盘为1TB。客户端发送的消息体大小为10B，单线程发送，并且消息都进行持久化处理。

测试结果如图4-12所示。

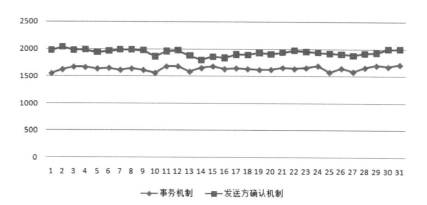

图4-12 事务机制与发送方确认机制的QPS对比

图 4-12 中的横坐标表示测试的次数，纵坐标表示 QPS。可以发现 publisher confirm 与事务机制相比，QPS 并没有提高多少，难道是 RabbitMQ 欺骗了我们？

我们再来回顾下前面的示例代码，可以发现 publisher confirm 模式是每发送一条消息后就调用 channel.waitForConfirms 方法，之后等待服务端的确认，这实际上是一种串行同步等待的方式。事务机制和它一样，发送消息之后等待服务端确认，之后再发送消息。两者的存储确认原理相同，尤其对于持久化的消息来说，两者都需要等待消息确认落盘之后才会返回（调用 Linux 内核的 fsync 方法）。在同步等待的方式下，publisher confirm 机制发送一条消息需要通信交互的命令是 2 条：`Basic.Publish` 和 `Basic.Ack`；事务机制是 3 条：`Basic.Publish`、`Tx.Commmit/.Commit-Ok`（或者 `Tx.Rollback/.Rollback-Ok`），事务机制多了一个命令帧报文的交互，所以 QPS 会略微下降。

注意要点：

（1）事务机制和 publisher confirm 机制两者是互斥的，不能共存。如果企图将已开启事务模式的信道再设置为 publisher confirm 模式，RabbitMQ 会报错：`{amqp_error, precondition_failed, "cannot switch from tx to confirm mode", 'confirm.select'}`；或者如果企图将已开启 publisher confirm 模式的信道再设置为事务模式，RabbitMQ 也会报错：`{amqp_error, precondition_failed, "cannot switch from confirm to tx mode", 'tx.select' }`。

（2）事务机制和 publisher confirm 机制确保的是消息能够正确地发送至 RabbitMQ，这里的"发送至 RabbitMQ"的含义是指消息被正确地发往至 RabbitMQ 的交换器，如果此交换器没有匹配的队列，那么消息也会丢失。所以在使用这两种机制的时候要确保所涉及的交换器能够有匹配的队列。更进一步地讲，发送方要配合 `mandatory` 参数或者备份交换器一起使用来提高消息传输的可靠性。

publisher confirm 的优势在于并不一定需要同步确认。这里我们改进了一下使用方式，总结有如下两种：

- 批量 confirm 方法：每发送一批消息后，调用 `channel.waitForConfirms` 方法，等待服务器的确认返回。
- 异步 confirm 方法：提供一个回调方法，服务端确认了一条或者多条消息后客户端会回调这个方法进行处理。

在批量 confirm 方法中，客户端程序需要定期或者定量（达到多少条），亦或者两者结合起来调用 channel.waitForConfirms 来等待 RabbitMQ 的确认返回。相比于前面示例中的普通 confirm 方法，批量极大地提升了 confirm 的效率，但是问题在于出现返回 Basic.Nack 或者超时情况时，客户端需要将这一批次的消息全部重发，这会带来明显的重复消息数量，并且当消息经常丢失时，批量 confirm 的性能应该是不升反降的。

批量 confirm 方法的示例代码如代码清单 4-18 所示。

代码清单 4-18

```
try {
    channel.confirmSelect();
    int MsgCount = 0;
    while (true) {
        channel.basicPublish("exchange", "routingKey",
                null, "batch confirm test".getBytes());
        //将发送出去的消息存入缓存中，缓存可以是
        // 一个 ArrayList 或者 BlockingQueue 之类的
        if (++MsgCount >= BATCH_COUNT) {
            MsgCount = 0;
            try {
                if (channel.waitForConfirms()) {
                    //将缓存中的消息清空
                    continue;
                }
                //将缓存中的消息重新发送
            } catch (InterruptedException e) {
                e.printStackTrace();
                //将缓存中的消息重新发送
            }
        }
    }
} catch (IOException e) {
    e.printStackTrace();
}
```

异步 confirm 方法的编程实现最为复杂。在客户端 Channel 接口中提供的 addConfirmListener 方法可以添加 ConfirmListener 这个回调接口，这个 ConfirmListener 接口包含两个方法：handleAck 和 handleNack，分别用来处理 RabbitMQ 回传的 Basic.Ack 和 Basic.Nack。在这两个方法中都包含有一个参数

deliveryTag（在 publisher confirm 模式下用来标记消息的唯一有序序号）。我们需要为每一个信道维护一个"unconfirm"的消息序号集合，每发送一条消息，集合中的元素加 1。每当调用 ConfirmListener 中的 handleAck 方法时，"unconfirm"集合中删掉相应的一条（multiple 设置为 false）或者多条（multiple 设置为 true）记录。从程序运行效率上来看，这个"unconfirm"集合最好采用有序集合 SortedSet 的存储结构。事实上，Java 客户端 SDK 中的 waitForConfirms 方法也是通过 SortedSet 维护消息序号的。代码清单 4-19 为我们演示了异步 confirm 的编码实现，其中的 confirmSet 就是一个 SortedSet 类型的集合。

代码清单 4-19

```
channel.confirmSelect();
channel.addConfirmListener(new ConfirmListener() {
    public void handleAck(long deliveryTag, boolean multiple)
            throws IOException {
        System.out.println("Nack, SeqNo: " + deliveryTag
                + ", multiple: " + multiple);
        if (multiple) {
            confirmSet.headSet(deliveryTag + 1).clear();
        } else {
            confirmSet.remove(deliveryTag);
        }
    }
    public void handleNack(long deliveryTag, boolean multiple)
            throws IOException {
        if (multiple) {
            confirmSet.headSet(deliveryTag + 1).clear();
        } else {
            confirmSet.remove(deliveryTag);
        }
        //注意这里需要添加处理消息重发的场景
    }
});
//下面是演示一直发送消息的场景
while (true) {
    long nextSeqNo = channel.getNextPublishSeqNo();
    channel.basicPublish(ConfirmConfig.exchangeName, ConfirmConfig.routingKey,
        MessageProperties.PERSISTENT_TEXT_PLAIN,
        ConfirmConfig.msg_10B.getBytes());
    confirmSet.add(nextSeqNo);
}
```

最后我们将事务、普通 confirm、批量 confirm 和异步 confirm 这 4 种方式放到一起来比较一下彼此的 QPS。测试环境和数据和图 4-12 中的测试相同，具体测试对比如图 4-13 所示。

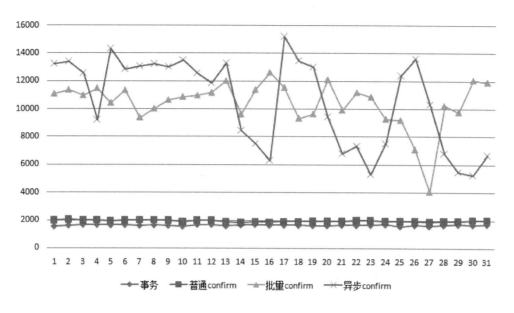

图 4-13　4 种方式的 QPS 对比

可以看到批量 confirm 和异步 confirm 这两种方式所呈现的性能要比其余两种好得多。事务机制和普通 confirm 的方式吞吐量很低，但是编程方式简单，不需要在客户端维护状态（这里指的是维护 deliveryTag 及缓存未确认的消息）。批量 confirm 方式的问题在于遇到 RabbitMQ 服务端返回 Basic.Nack 需要重发批量消息而导致的性能降低。异步 confirm 方式编程模型最为复杂，而且和批量 confirm 方式一样需要在客户端维护状态。在实际生产环境中采用何种方式，这里就仁者见仁智者见智了，不过笔者还是推荐使用异步或者批量 confirm 的方式。

4.9　消费端要点介绍

3.4 节和 3.5 节介绍了如何正确地消费消息。消费者客户端可以通过推模式或者拉模式的方式来获取并消费消息，当消费者处理完业务逻辑需要手动确认消息已被接收，这样 RabbitMQ 才能把当前消息从队列中标记清除。当然如果消费者由于某些原因无法处理当前接收到的消息，可以通过 channel.basicNack 或者 channel.basicReject 来拒绝掉。

这里对于 RabbitMQ 消费端来说，还有几点需要注意：

- 消息分发;
- 消息顺序性;
- 弃用 `QueueingConsumer`。

4.9.1 消息分发

当 RabbitMQ 队列拥有多个消费者时,队列收到的消息将以轮询(round-robin)的分发方式发送给消费者。每条消息只会发送给订阅列表里的一个消费者。这种方式非常适合扩展,而且它是专门为并发程序设计的。如果现在负载加重,那么只需要创建更多的消费者来消费处理消息即可。

很多时候轮询的分发机制也不是那么优雅。默认情况下,如果有 n 个消费者,那么 RabbitMQ 会将第 m 条消息分发给第 $m\%n$(取余的方式)个消费者,RabbitMQ 不管消费者是否消费并已经确认(`Basic.Ack`)了消息。试想一下,如果某些消费者任务繁重,来不及消费那么多的消息,而某些其他消费者由于某些原因(比如业务逻辑简单、机器性能卓越等)很快地处理完了所分配到的消息,进而进程空闲,这样就会造成整体应用吞吐量的下降。

那么该如何处理这种情况呢?这里就要用到 `channel.basicQos(int prefetchCount)` 这个方法,如前面章节所述,`channel.basicQos` 方法允许限制信道上的消费者所能保持的最大未确认消息的数量。

举例说明,在订阅消费队列之前,消费端程序调用了 `channel.basicQos(5)`,之后订阅了某个队列进行消费。RabbitMQ 会保存一个消费者的列表,每发送一条消息都会为对应的消费者计数,如果达到了所设定的上限,那么 RabbitMQ 就不会向这个消费者再发送任何消息。直到消费者确认了某条消息之后,RabbitMQ 将相应的计数减 1,之后消费者可以继续接收消息,直到再次到达计数上限。这种机制可以类比于 TCP/IP 中的"滑动窗口"。

注意要点:

`Basic.Qos` 的使用对于拉模式的消费方式无效。

`channel.basicQos` 有三种类型的重载方法:

```
(1) void basicQos(int prefetchCount) throws IOException;
(2) void basicQos(int prefetchCount, boolean global) throws IOException;
(3) void basicQos(int prefetchSize, int prefetchCount, boolean global) throws
IOException;
```

前面介绍的都只用到了预取个数 prefetchCount 这个参数,当 prefetchCount 设置为 0 则表示没有上限。还有 prefetchSize 这个参数表示消费者所能接收未确认消息的总体大小的上限,单位为 B,设置为 0 则表示没有上限。

对于一个信道来说,它可以同时消费多个队列,当设置了 prefetchCount 大于 0 时,这个信道需要和各个队列协调以确保发送的消息都没有超过所限定的 prefetchCount 的值,这样会使 RabbitMQ 的性能降低,尤其是这些队列分散在集群中的多个 Broker 节点之中。RabbitMQ 为了提升相关的性能,在 AMQP 0-9-1 协议之上重新定义了 global 这个参数,对比如表 4-1 所示。

表 4-1 global 参数的对比

global 参数	AMQP 0-9-1	RabbitMQ
false	信道上所有的消费者都需要遵从 prefetchCount 的限定值	信道上新的消费者需要遵从 prefetchCount 的限定值
true	当前通信链路(Connection)上所有的消费者都需要遵从 prefetchCount 的限定值	信道上所有的消费者都需要遵从 prefetchCount 的限定值

前面章节中的 channel.basicQos 方法的示例都是针对单个消费者的,而对于同一个信道上的多个消费者而言,如果设置了 prefetchCount 的值,那么都会生效。代码清单 4-20 示例中有两个消费者,各自的能接收到的未确认消息的上限都为 10。

代码清单 4-20

```
Channel channel = ...;
Consumer consumer1 = ...;
Consumer consumer2 = ...;
channel.basicQos(10); // Per consumer limit
channel.basicConsume("my-queue1", false, consumer1);
channel.basicConsume("my-queue2", false, consumer2);
```

如果在订阅消息之前,既设置了 global 为 true 的限制,又设置了 global 为 false 的限制,那么哪个会生效呢?RabbitMQ 会确保两者都会生效。举例说明,当前有两个队列 queue1 和 queue2:queue1 有 10 条消息,分别为 1 到 10;queue2 也有 10 条消息,分别为 11 到 20。有两个消费者分别消费这两个队列,如代码清单 4-21 所示。

代码清单 4-21

```
Channel channel = ...;
Consumer consumer1 = ...;
Consumer consumer2 = ...;
channel.basicQos(3, false); // Per consumer limit
channel.basicQos(5, true); // Per channel limit
channel.basicConsume("queue1", false, consumer1);
channel.basicConsume("queue2", false, consumer2);
```

那么这里每个消费者最多只能收到 3 个未确认的消息，两个消费者能收到的未确认的消息个数之和的上限为 5。在未确认消息的情况下，如果 consumer1 接收到了消息 1、2 和 3，那么 consumer2 至多只能收到 l1 和 l2。如果像这样同时使用两种 global 的模式，则会增加 RabbitMQ 的负载，因为 RabbitMQ 需要更多的资源来协调完成这些限制。如无特殊需要，最好只使用 global 为 false 的设置，这也是默认的设置。

4.9.2 消息顺序性

消息的顺序性是指消费者消费到的消息和发送者发布的消息的顺序是一致的。举个例子，不考虑消息重复的情况，如果生产者发布的消息分别为 msg1、msg2、msg3，那么消费者必然也是按照 msg1、msg2、msg3 的顺序进行消费的。

目前很多资料显示 RabbitMQ 的消息能够保障顺序性，这是不正确的，或者说这个观点有很大的局限性。在不使用任何 RabbitMQ 的高级特性，也没有消息丢失、网络故障之类异常的情况发生，并且只有一个消费者的情况下，最好也只有一个生产者的情况下可以保证消息的顺序性。如果有多个生产者同时发送消息，无法确定消息到达 Broker 的前后顺序，也就无法验证消息的顺序性。

那么哪些情况下 RabbitMQ 的消息顺序性会被打破呢？下面介绍几种常见的情形。

如果生产者使用了事务机制，在发送消息之后遇到异常进行了事务回滚，那么需要重新补偿发送这条消息，如果补偿发送是在另一个线程实现的，那么消息在生产者这个源头就出现了错序。同样，如果启用 publisher confirm 时，在发生超时、中断，又或者是收到 RabbitMQ 的 Basic.Nack 命令时，那么同样需要补偿发送，结果与事务机制一样会错序。或者这种说法有些牵强，我们可以固执地认为消息的顺序性保障是从存入队列之后开始的，而不是在发送的时候开始的。

考虑另一种情形，如果生产者发送的消息设置了不同的超时时间，并且也设置了死信队列，整体上来说相当于一个延迟队列，那么消费者在消费这个延迟队列的时候，消息的顺序必然不会和生产者发送消息的顺序一致。

再考虑一种情形，如果消息设置了优先级，那么消费者消费到的消息也必然不是顺序性的。

如果一个队列按照前后顺序分有 msg1、msg2、msg3、msg4 这 4 个消息，同时有 ConsumerA 和 ConsumerB 这两个消费者同时订阅了这个队列。队列中的消息轮询分发到各个消费者之中，ConsumerA 中的消息为 msg1 和 msg3，ConsumerB 中的消息为 msg2、msg4。ConsumerA 收到消息 msg1 之后并不想处理而调用了 `Basic.Nack/.Reject` 将消息拒绝，与此同时将 `requeue` 设置为 true，这样这条消息就可以重新存入队列中。消息 msg1 之后被发送到了 ConsumerB 中，此时 ConsumerB 已经消费了 msg2、msg4，之后再消费 msg1，这样消息顺序性也就错乱了。或者消息 msg1 又重新发往 ConsumerA 中，此时 ConsumerA 已经消费了 msg3，那么再消费 msg1，消息顺序性也无法得到保障。同样可以用在 `Basic.Recover` 这个 AMQP 命令中。

包括但不仅限于以上几种情形会使 RabbitMQ 消息错序。如果要保证消息的顺序性，需要业务方使用 RabbitMQ 之后做进一步的处理，比如在消息体内添加全局有序标识（类似 Sequence ID）来实现。

4.9.3　弃用 QueueingConsumer

在前面的章节中所介绍的订阅消费的方式都是通过继承 `DefaultConsumer` 类来实现的。在 1.4.4 节提及了 `QueueingConsumer` 这个类，并且建议不要使用这个类来实现订阅消费。`QueueingConsumer` 在 RabbitMQ 客户端 3.x 版本中用得如火如荼，但是在 4.x 版本开始就被标记为 `@Deprecated`，想必这个类中有些无法弥补的缺陷。

不妨先看一下 `QueueingConsumer` 的用法，示例代码如代码清单 4-22 所示。

代码清单 4-22

```
QueueingConsumer consumer = new QueueingConsumer(channel);
//channel.basicQos(64);//使用 QueueingConsumer 的时候一定要添加！
channel.basicConsume(QUEUE_NAME, false, "consumer_zzh",consumer);
```

```
while (true) {
    QueueingConsumer.Delivery delivery = consumer.nextDelivery();
    String message = new String(delivery.getBody());
    System.out.println(" [X] Received '" + message + "'");
    channel.basicAck(delivery.getEnvelope().getDeliveryTag(),false);
}
```

乍一看也没什么问题，而且实际生产环境中如果不是太"傲娇"地使用也不会造成什么大问题。QueueingConsumer 本身有几个大缺陷，需要读者在使用时特别注意。首当其冲的就是内存溢出的问题，如果由于某些原因，队列之中堆积了比较多的消息，就可能导致消费者客户端内存溢出假死，于是发生恶性循环，队列消息不断堆积而得不到消化。

采用代码清单 4-22 中的代码进行演示，首先向一个队列发送 200 多 MB 的消息，然后进行消费。在客户端调用 channel.basicConsume 方法订阅队列的时候，RabbitMQ 会持续地将消息发往 QueueingConsumer 中，QueueingConsumer 内部使用 LinkedBlockingQueue 来缓存这些消息。通过 JVisualVM 可以看到堆内存的变化，如图 4-14 所示。

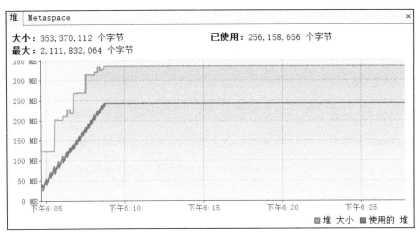

图 4-14 堆内存的变化

由图 4-14 可以看到堆内存一直在增加，这里只测试了发送 200MB 左右的消息，如果发送更多的消息，那么这个堆内存会变得更大，直到出现 java.lang.OutOfMemoryError 的报错。

这个内存溢出的问题可以使用 Basic.Qos 来得到有效的解决，Basic.Qos 可以限制某个消费者所保持未确认消息的数量，也就是间接地限制了 QueueingConsumer 中的 LinkedBlockingQueue 的大小。注意一定要在调用 Basic.Consume 之前调用 Basic.Qos

才能生效。

`QueueingConsumer` 还包含（但不仅限于）以下一些缺陷：

- `QueueingConsumer` 会拖累同一个 `Connection` 下的所有信道，使其性能降低；
- 同步递归调用 `QueueingConsumer` 会产生死锁；
- RabbitMQ 的自动连接恢复机制（automatic connection recovery）不支持 `QueueingConsumer` 的这种形式；
- `QueueingConsumer` 不是事件驱动的。

为了避免不必要的麻烦，建议在消费的时候尽量使用继承 `DefaultConsumer` 的方式，具体使用方式可以参考代码清单 1-2 和代码清单 3-9。

4.10 消息传输保障

消息可靠传输一般是业务系统接入消息中间件时首要考虑的问题，一般消息中间件的消息传输保障分为三个层级。

- At most once：最多一次。消息可能会丢失，但绝不会重复传输。
- At least once：最少一次。消息绝不会丢失，但可能会重复传输。
- Exactly once：恰好一次。每条消息肯定会被传输一次且仅传输一次。

RabbitMQ 支持其中的"最多一次"和"最少一次"。其中"最少一次"投递实现需要考虑以下这个几个方面的内容：

（1）消息生产者需要开启事务机制或者 publisher confirm 机制，以确保消息可以可靠地传输到 RabbitMQ 中。

（2）消息生产者需要配合使用 `mandatory` 参数或者备份交换器来确保消息能够从交换器路由到队列中，进而能够保存下来而不会被丢弃。

（3）消息和队列都需要进行持久化处理，以确保 RabbitMQ 服务器在遇到异常情况时不会造成消息丢失。

（4）消费者在消费消息的同时需要将 `autoAck` 设置为 false，然后通过手动确认的方式去确认已经正确消费的消息，以避免在消费端引起不必要的消息丢失。

"最多一次"的方式就无须考虑以上那些方面，生产者随意发送，消费者随意消费，不过这样很难确保消息不会丢失。

"恰好一次"是 RabbitMQ 目前无法保障的。考虑这样一种情况，消费者在消费完一条消息之后向 RabbitMQ 发送确认 `Basic.Ack` 命令，此时由于网络断开或者其他原因造成 RabbitMQ 并没有收到这个确认命令，那么 RabbitMQ 不会将此条消息标记删除。在重新建立连接之后，消费者还是会消费到这一条消息，这就造成了重复消费。再考虑一种情况，生产者在使用 publisher confirm 机制的时候，发送完一条消息等待 RabbitMQ 返回确认通知，此时网络断开，生产者捕获到异常情况，为了确保消息可靠性选择重新发送，这样 RabbitMQ 中就有两条同样的消息，在消费的时候，消费者就会重复消费。

那么 RabbitMQ 有没有去重的机制来保证"恰好一次"呢？答案是并没有，不仅是 RabbitMQ，目前大多数主流的消息中间件都没有消息去重机制，也不保障"恰好一次"。去重处理一般是在业务客户端实现，比如引入 GUID（Globally Unique Identifier）的概念。针对 GUID，如果从客户端的角度去重，那么需要引入集中式缓存，必然会增加依赖复杂度，另外缓存的大小也难以界定。建议在实际生产环境中，业务方根据自身的业务特性进行去重，比如业务消息本身具备幂等性，或者借助 Redis 等其他产品进行去重处理。

4.11 小结

提升数据可靠性有以下一些途径：设置 `mandatory` 参数或者备份交换器（`immediate` 参数已被淘汰）；设置 publisher confirm 机制或者事务机制；设置交换器、队列和消息都为持久化；设置消费端对应的 `autoAck` 参数为 false 并在消费完消息之后再进行消息确认。本章不仅介绍了数据可靠性的一些细节，还展示了 RabbitMQ 的几种已具备或者衍生的高级特性，包括 TTL、死信队列、延迟队列、优先级队列、RPC 功能等，这些功能在实际使用中可以让相应应用的实现变得事半功倍。

第 5 章
RabbitMQ 管理

到目前为止，我们可以熟练地使用客户端程序来发送和消费消息，但是距离掌控 RabbitMQ 还有一段距离。本章会从服务端的角度介绍 RabbitMQ 的一些工具应用，包括 `rabbitmqctl` 工具和 `rabbitmq_management` 插件。`rabbitmqctl` 工具是一个系列的工具，运用这个工具可以执行大部分的 RabbitMQ 的管理操作。而 `rabbitmq_management` 插件是 RabbitMQ 提供的一个管理插件，让用户可以通过图形化的方式来管理 RabbitMQ，但是它的功能却远不仅于此，读者不妨逐一翻阅本章的内容来寻找答案。

5.1 多租户与权限

每一个 RabbitMQ 服务器都能创建虚拟的消息服务器，我们称之为虚拟主机（virtual host），简称为 vhost。每一个 vhost 本质上是一个独立的小型 RabbitMQ 服务器，拥有自己独立的队列、交换器及绑定关系等，并且它拥有自己独立的权限。vhost 就像是虚拟机与物理服务器一样，它们在各个实例间提供逻辑上的分离，为不同程序安全保密地运行数据，它既能将同一个 RabbitMQ 中的众多客户区分开，又可以避免队列和交换器等命名冲突。vhost 之间是绝对隔离的，无法将 vhost1 中的交换器与 vhost2 中的队列进行绑定，这样既保证了安全性，又可以确保可移植性。如果在使用 RabbitMQ 达到一定规模的时候，建议用户对业务功能、场景进行归类区分，并为之分配独立的 vhost。

vhost 是 AMQP 概念的基础，客户端在连接的时候必须制定一个 vhost。RabbitMQ 默认创建的 vhost 为 "/"，如果不需要多个 vhost 或者对 vhost 的概念不是很理解，那么用这个默认的 vhost 也是非常合理的，使用默认的用户名 guest 和密码 guest 就可以访问它。但是为了安全和方便，建议重新建立一个新的用户来访问它。

可以使用 `rabbitmqctl add_vhost {vhost}` 命令创建一个新的 vhost，大括号里的参数表示 vhost 的名称。

示例如下：

```
[root@node1 ~]# rabbitmqctl add_vhost vhost1
Creating vhost "vhost1"
```

可以使用 `rabbitmqctl list_vhosts [vhostinfoitem...]` 来罗列当前 vhost 的相关信息。目前 vhostinfoitem 的取值有 2 个。

- `name`：表示 vhost 的名称。
- `tracing`：表示是否使用了 RabbitMQ 的 trace 功能。有关 trace 功能，详细可以参考 11.1 节。

示例如下：

```
[root@node1 ~]# rabbitmqctl list_vhosts name tracing
Listing vhosts
vhost1  false
/       false
[root@node1 ~]# rabbitmqctl trace_on
Starting tracing for vhost "/"
[root@node1 ~]# rabbitmqctl list_vhosts name tracing
Listing vhosts
vhost1  false
/       true
```

对应的删除 vhost 的命令是：rabbitmqctl delete_vhost {vhost}，其中大括号里面的参数表示 vhost 的名称。删除一个 vhost 同时也会删除其下所有的队列、交换器、绑定关系、用户权限、参数和策略等信息。

示例如下：

```
[root@node1 ~]# rabbitmqctl delete_vhost vhost1
Deleting vhost "vhost1"
[root@node1 ~]# rabbitmqctl list_vhosts
Listing vhosts
```

AMQP 协议中并没有指定权限在 vhost 级别还是在服务器级别实现，由具体的应用自定义。在 RabbitMQ 中，权限控制则是以 vhost 为单位的。当创建一个用户时，用户通常会被指派给至少一个 vhost，并且只能访问被指派的 vhost 内的队列、交换器和绑定关系等。因此，RabbitMQ 中的授予权限是指在 vhost 级别对用户而言的权限授予。

相关的授予权限命令为：rabbitmqctl set_permissions [-p vhost] {user} {conf} {write} {read}。其中各个参数的含义如下所述。

- vhost：授予用户访问权限的 vhost 名称，可以设置为默认值，即 vhost 为 "/"。
- user：可以访问指定 vhost 的用户名。
- conf：一个用于匹配用户在哪些资源上拥有可配置权限的正则表达式。
- write：一个用于匹配用户在哪些资源上拥有可写权限的正则表达式。
- read：一个用于匹配用户在哪些资源上拥有可读权限的正则表达式。

注：可配置指的是队列和交换器的创建及删除之类的操作；可写指的是发布消息；可读指与消息有关的操作，包括读取消息及清空整个队列等。

表 5-1 中展示了不同 AMQP 命令的列表和对应的权限。

表 5-1 AMQP 命令与权限的映射关系

AMQP 命令	可配置	可写	可读
Exchange.Declare	exchange		
Exchange.Declare (with AE)	exchange	exchange(AE)	exchange
Exchange.Delete	exchange		
Queue.Declare	queue		
Queue.Declare (with DLX)	queue	exchange (DLX)	queue
Queue.Delete	queue		
Exchange.Bind		exchange (destination)	exchange (source)
Exchange.Unbind		exchange (destination)	exchange (source)
Queue.Bind		queue	exchange
Queue.Unbind		queue	exchange
Basic.Publish		exchange	
Basic.Get			queue
Basic.Consume			queue
Queue.Purge			queue

授予 root 用户可访问虚拟主机 vhost1，并在所有资源上都具备可配置、可写及可读的权限，示例如下：

```
[root@node1 ~]# rabbitmqctl set_permissions -p vhost1 root ".*" ".*" ".*"
Setting permissions for user "root" in vhost "vhost1"
```

授予 root 用户可访问虚拟主机 vhost2，在以"queue"开头的资源上具备可配置权限，并在所有资源上拥有可写、可读的权限，示例如下：

```
[root@node1 ~]# rabbitmqctl set_permissions -p vhost2 root "^queue.*" ".*" ".*"
Setting permissions for user "root" in vhost "vhost2"
```

清除权限也是在 vhost 级别对用户而言的。清除权限的命令为 `rabbitmqctl clear_permissions [-p vhost] {username}`。其中 vhost 用于设置禁止用户访问的虚拟主机的名称，默认为"/"；username 表示禁止访问特定虚拟主机的用户名称。

示例如下：

```
[root@node1 ~]# rabbitmqctl clear_permissions -p vhost1 root
Clearing permissions for user "root" in vhost "vhost1"
```

在 RabbitMQ 中有两个 Shell 命令可以列举权限信息。第一个命令是 `rabbitmqctl`

list_permissions [-p vhost]，用来显示虚拟主机上的权限；第二个命令是 rabbitmqctl list_user_permissions {username}，用来显示用户的权限。

示例如下：
```
[root@node1 ~]# rabbitmqctl list_permissions -p vhost1
Listing permissions in vhost "vhost1"
root    .*  .*  .*
[root@node1 ~]# rabbitmqctl list_user_permissions root
Listing permissions for user "root"
/       .*  .*  .*
vhost1  .*  .*  .*
```

细心的读者可能会注意到本节中用到的所有命令都是 rabbitmqctl 工具的扩展命令，rabbitmqctl 工具是用来管理 RabbitMQ 中间件的命令行工具，它通过连接各个 RabbitMQ 节点来执行所有操作。如果有节点没有运行，将显示诊断信息：不能到达或因不匹配的 Erlang cookie（有关 Erlang cookie 的细节可以参考 7.1 节）而拒绝连接。

rabbitmqctl 工具的标准语法如下（[]表示可选参数，{}表示必选参数）：
rabbitmqctl [-n node] [-t timeout] [-q] {command} [command options...]

[-n node]

默认节点是"rabbit@hostname"，此处的 hostname 是主机名称。在一个名为"node.hidden.com"的主机上，RabbitMQ 节点的名称通常是 rabbit@node（除非 RABBITMQ_NODENAME 参数在启动时被设置成了非默认值）。hostname -s 命令的输出通常是"@"标志后的东西。

[-q]

使用-q 标志来启用 quiet 模式，这样可以屏蔽一些消息的输出。默认不开启 quiet 模式。

[-t timeout]

操作超时时间（秒为单位），只适用于"list_xxx"类型的命令，默认是无穷大。

下面来演示[-q]和[-t timeout]参数的用法和效果：
```
[root@node1 ~]# rabbitmqctl list_vhosts
Listing vhosts
/
[root@node1 ~]# rabbitmqctl list_vhosts -q
/
[root@node1 ~]# rabbitmqctl list_vhosts -q -t 1
/
```

```
[root@node1 ~]# rabbitmqctl list_vhosts -q -t 0
Error: {timeout,0.0}
```

5.2 用户管理

在 RabbitMQ 中，用户是访问控制（Access Control）的基本单元，且单个用户可以跨越多个 vhost 进行授权。针对一至多个 vhost，用户可以被赋予不同级别的访问权限，并使用标准的用户名和密码来认证用户。

创建用户的命令为 `rabbitmqctl add_user {username} {password}`。其中 `username` 表示要创建的用户名称；`password` 表示创建用户登录的密码。

具体创建一个用户名为 root、密码为 root123 的用户：

```
[root@node1 ~]# rabbitmqctl add_user root root123
Creating user "root"
```

可以通过 `rabbitmqctl change_password {username} {newpassword}` 命令来更改指定用户的密码，其中 `username` 表示要变更密码的用户名称，`newpassword` 表示要变更的新的密码。

举例，将 root 用户的密码变更为 root321：

```
[root@node1 ~]# rabbitmqctl change_password root root321
Changing password for user "root"
```

同样可以清除密码，这样用户就不能使用密码登录了，对应的操作命令为 `rabbitmqctl clear_password {username}`，其中 `username` 表示要清除密码的用户名称。

使用 `rabbitmqctl authenticate_user {username} {password}` 可以通过密码来验证用户，其中 `username` 表示需要被验证的用户名称，`password` 表示密码。

下面示例中分别采用 root321 和 root322 来验证 root 用户：

```
[root@node1 ~]# rabbitmqctl authenticate_user root root321
Authenticating user "root"
Success
[root@node1 ~]# rabbitmqctl authenticate_user root root322
Authenticating user "root"
```

```
Error: failed to authenticate user "root"
```

删除用户的命令是 rabbitmqctl delete_user {username}，其中 username 表示要删除的用户名称。

删除 root 用户的示例如下：

```
[root@node1 ~]# rabbitmqctl delete_user root
Deleting user "root"
```

rabbitmqctl list_users 命令可以用来罗列当前的所有用户。每个结果行都包含用户名称，其后紧跟用户的角色（tags）。

示例如下：

```
[root@node1 ~]# rabbitmqctl list_users
Listing users
guest   [administrator]
root    []
```

用户的角色分为 5 种类型。

- none：无任何角色。新创建的用户的角色默认为 none。

- management：可以访问 Web 管理页面。Web 管理页面在 5.3 节中会有详细介绍。

- policymaker：包含 management 的所有权限，并且可以管理策略（Policy）和参数（Parameter）。详细内容可参考 6.3 节。

- monitoring：包含 management 的所有权限，并且可以看到所有连接、信道及节点相关的信息。

- administrator：包含 monitoring 的所有权限，并且可以管理用户、虚拟主机、权限、策略、参数等。administrator 代表了最高的权限。

用户的角色可以通过 rabbitmqctl set_user_tags {username} {tag ...} 命令设置。其中 username 参数表示需要设置角色的用户名称；tag 参数用于设置 0 个、1 个或者多个的角色，设置之后任何之前现有的身份都会被删除。

示例如下：

```
[root@node1 ~]# rabbitmqctl set_user_tags root monitoring
Setting tags for user "root" to [monitoring]
[root@node1 ~]# rabbitmqctl list_users -q
```

```
guest   [administrator]
root    [monitoring]
[root@node1 ~]# rabbitmqctl set_user_tags root policymaker -q
[root@node1 ~]# rabbitmqctl list_users -q
guest   [administrator]
root    [policymaker]
[root@node1 ~]# rabbitmqctl set_user_tags root
Setting tags for user "root" to []
[root@node1 ~]# rabbitmqctl list_users -q
guest   [administrator]
root    []
[root@node1 ~]# rabbitmqctl set_user_tags root policymaker,management
Setting tags for user "root" to ['policymaker,management']
[root@node1 ~]# rabbitmqctl list_users -q
guest   [administrator]
root    [policymaker,management]
```

5.3 Web 端管理

前面讲述的都是使用 rabbitmqctl 工具来管理 RabbitMQ，有些时候是否会觉得这种方式是不是不太友好？而且为了能够运行 rabbitmqctl 工具，当前的用户需要拥有访问 Erlang cookie 的权限，由于服务器可能是以 guest 或者 root 用户身份来运行的，因此你需要获得这些文件的访问权限，这样就引申出来一些权限管理的问题。

RabbitMQ 的开发团队也考虑到了这种情况，并且开发了 RabbitMQ management 插件。RabbitMQ management 插件同样是由 Erlang 语言编写的，并且和 RabbitMQ 服务运行在同一个 Erlang 虚拟机中。

RabbitMQ management 插件可以提供 Web 管理界面用来管理如前面所述的虚拟主机、用户等，也可以用来管理队列、交换器、绑定关系、策略、参数等，还可以用来监控 RabbitMQ 服务的状态及一些数据统计类信息，可谓是功能强大，基本上能够涵盖所有 RabbitMQ 管理的功能。

在使用 Web 管理界面之前需要先启用 RabbitMQ management 插件。RabbitMQ 提供了很多的插件，默认存放在$RABBITMQ_HOME/plugins 目录下，如下所示。

```
[root@node1 plugins]# ls -al
```

```
-rw-r--r-- 1 root root 270985   Oct 25 19:45 amqp_client-3.6.10.ez
-rw-r--r-- 1 root root 225671   Oct 25 19:45 cowboy-1.0.4.ez
-rw-r--r-- 1 root root 125492   Oct 25 19:45 cowlib-1.0.2.ez
-rw-r--r-- 1 root root 841106   Oct 25 19:45 rabbit_common-3.6.10.ez
-rw-r--r-- 1 root root 211224   Oct 25 19:45 rabbitmq_amqp1_0-3.6.10.ez
-rw-r--r-- 1 root root 34374    Oct 25 19:45 rabbitmq_auth_backend_ldap-3.6.10.ez
-rw-r--r-- 1 root root 13065    Oct 25 19:45 rabbitmq_auth_mechanism_ssl-3.6.10.ez
-rw-r--r-- 1 root root 14641    Oct 25 19:45 rabbitmq_consistent_hash_exchange-3.6.10.ez
-rw-r--r-- 1 root root 11436    Oct 25 19:45 rabbitmq_event_exchange-3.6.10.ez
-rw-r--r-- 1 root root 162570   Oct 25 19:45 rabbitmq_federation-3.6.10.ez
-rw-r--r-- 1 root root 13796    Oct 25 19:45 rabbitmq_federation_management-3.6.10.ez
-rw-r--r-- 1 root root 22414    Oct 25 19:45 rabbitmq_jms_topic_exchange-3.6.10.ez
-rw-r--r-- 1 root root 744360   Oct 25 19:45 rabbitmq_management-3.6.10.ez
-rw-r--r-- 1 root root 149205   Oct 25 19:45 rabbitmq_management_agent-3.6.10.ez
-rw-r--r-- 1 root root 41421    Oct 25 19:45 rabbitmq_management_visualiser-3.6.10.ez
-rw-r--r-- 1 root root 105776   Oct 25 19:45 rabbitmq_mqtt-3.6.10.ez
-rw-r--r-- 1 root root 14640    Oct 25 19:45 rabbitmq_recent_history_exchange-3.6.10.ez
-rw-r--r-- 1 root root 34012    Oct 25 19:45 rabbitmq_sharding-3.6.10.ez
-rw-r--r-- 1 root root 80928    Oct 25 19:45 rabbitmq_shovel-3.6.10.ez
-rw-r--r-- 1 root root 18951    Oct 25 19:45 rabbitmq_shovel_management-3.6.10.ez
-rw-r--r-- 1 root root 109686   Oct 25 19:45 rabbitmq_stomp-3.6.10.ez
-rw-r--r-- 1 root root 51694    Oct 25 19:45 rabbitmq_top-3.6.10.ez
-rw-r--r-- 1 root root 49713    Oct 25 19:45 rabbitmq_tracing-3.6.10.ez
-rw-r--r-- 1 root root 50890    Oct 25 19:45 rabbitmq_trust_store-3.6.10.ez
-rw-r--r-- 1 root root 40220    Oct 25 19:45 rabbitmq_web_dispatch-3.6.10.ez
-rw-r--r-- 1 root root 24659    Oct 25 19:45 rabbitmq_web_mqtt-3.6.10.ez
-rw-r--r-- 1 root root 66233    Oct 25 19:45 rabbitmq_web_mqtt_examples-3.6.10.ez
-rw-r--r-- 1 root root 37637    Oct 25 19:45 rabbitmq_web_stomp-3.6.10.ez
-rw-r--r-- 1 root root 52177    Oct 25 19:45 rabbitmq_web_stomp_examples-3.6.10.ez
-rw-r--r-- 1 root root 57792    Oct 25 19:45 ranch-1.3.0.ez
-rw-r--r-- 1 root root 59       Oct 25 19:45 README
-rw-r--r-- 1 root root 100807   Oct 25 19:45 sockjs-0.3.4.ez
```

其中以 .ez 扩展名称结尾的文件就是 RabbitMQ 的插件，上面文件中的 rabbitmq_management-3.6.10.ez 就是指 RabbitMQ Management 插件。启动插件的命令不是使用 rabbitmqctl 工具，而是使用 rabbitmq-plugins，其语法格式为：

rabbitmq-plugins [-n node] {command} [command options...]。启动插件是使用 rabbitmq-plugins enable [plugin-name]，关闭插件的命令是 rabbitmq-plugins disable [plugin-name]。

执行 rabbitmq-plugins enable rabbitmq_management 命令来开启 RabbitMQ managmenet 插件：

```
[root@node1 ~]# rabbitmq-plugins enable rabbitmq_management
The following plugins have been enabled:
amqp_client
cowlib
cowboy
rabbitmq_web_dispatch
rabbitmq_management_agent
rabbitmq_management
Applying plugin configuration to rabbit@node1... started 6 plugins.
```

可以通过 rabbitmq-plugins list 命令来查看当前插件的使用情况，如下所示。其中标记为 [E*] 的为显式启动，而 [e*] 为隐式启动，如显式启动 rabbitmq_management 插件会同时隐式启动 amqp_client、cowboy、cowlib、rabbitmq_management_agent、rabbitmq_web_dispatch 等另外 5 个插件。

```
[root@node1 ~]# rabbitmq-plugins list
Configured: E = explicitly enabled; e = implicitly enabled
| Status: * = running on rabbit@node1
|/
[e*] amqp_client                       3.6.10
[e*] cowboy                            1.0.4
[e*] cowlib                            1.0.2
[ ]  rabbitmq_amqp1_0                  3.6.10
[ ]  rabbitmq_event_exchange           3.6.10
[ ]  rabbitmq_federation               3.6.10
[ ]  rabbitmq_federation_management    3.6.10
[ ]  rabbitmq_jms_topic_exchange       3.6.10
[E*] rabbitmq_management               3.6.10
[e*] rabbitmq_management_agent         3.6.10
[ ]  rabbitmq_management_visualiser    3.6.10
[ ]  rabbitmq_sharding                 3.6.10
[ ]  rabbitmq_shovel                   3.6.10
[ ]  rabbitmq_shovel_management        3.6.10
[ ]  rabbitmq_stomp                    3.6.10
[ ]  rabbitmq_top                      3.6.10
[ ]  rabbitmq_tracing                  3.6.10
[e*] rabbitmq_web_dispatch             3.6.10
```

(省略若干项…)

开启 rabbitmq_management 插件之后还需要重启 RabbitMQ 服务才能使其正式生效。之后就可以通过浏览器访问 http://localhost:15672/，这样会出现一个认证登录的界面，可以通过默认的 guest/guest 的用户名和密码来登录。如果访问的 IP 地址不是本地地址，比如在 192.168.0.2 的主机上访问 http://192.168.0.3:15672 的 Web 管理页面，使用默认的 guest 账户是访问不了的。在之前比较古老的版本中可以访问，但是出于安全性方面的考虑，在最近的一些版本中需要使用一个具有非 none 的用户角色的非 guest 账户来访问 Web 管理页面。

顺利登录之后，可以看到 Web 管理的主界面如图 5-1 所示。

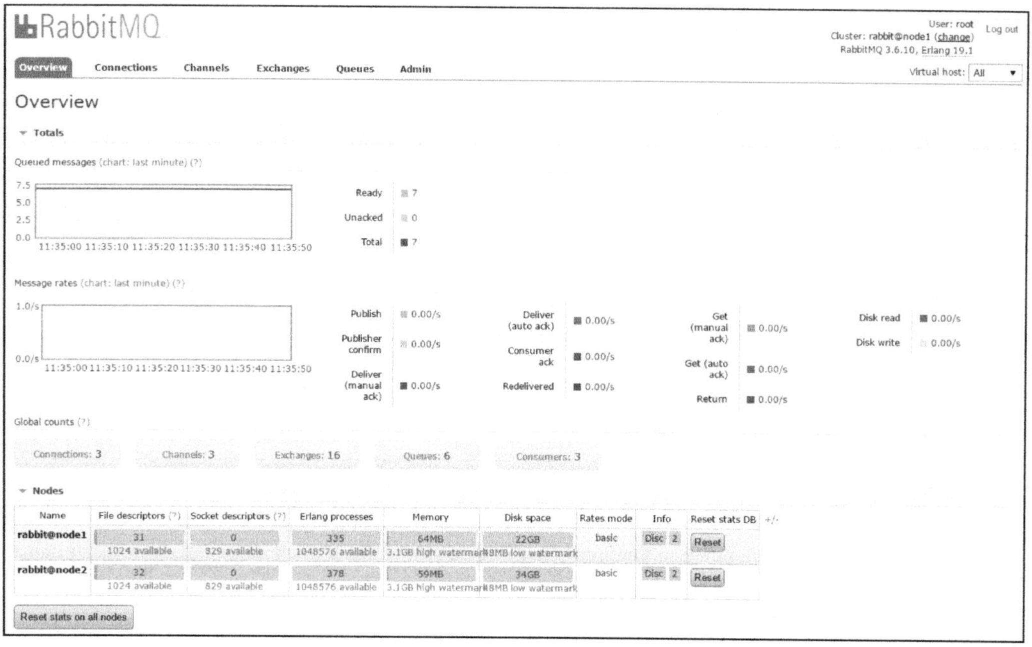

图 5-1　主界面

5.2 节中介绍了如何新增、删除、查看用户等管理功能，那么通过 Web 管理界面同样可以做到，具体如图 5-2 所示。

在图 5-2 中可以看到当前的用户为 guest 和 root，都被赋予了 administrator 的权限，在页面的下方可以添加用户。点击任意用户可以进入相关的详细页面如图 5-3 所示，在此页面中可以为用户设置权限和清除权限，也可以删除或者更新用户，更新用户是指更新用户的密码和角色。

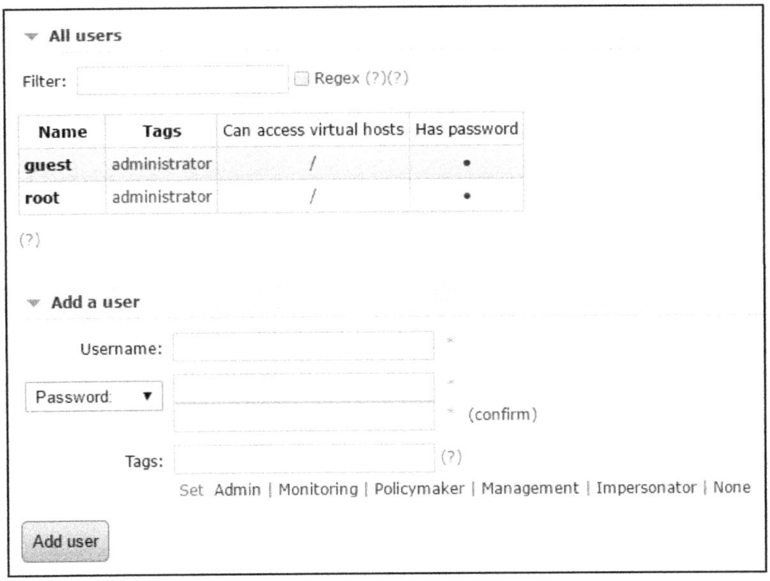

图 5-2　用户管理界面

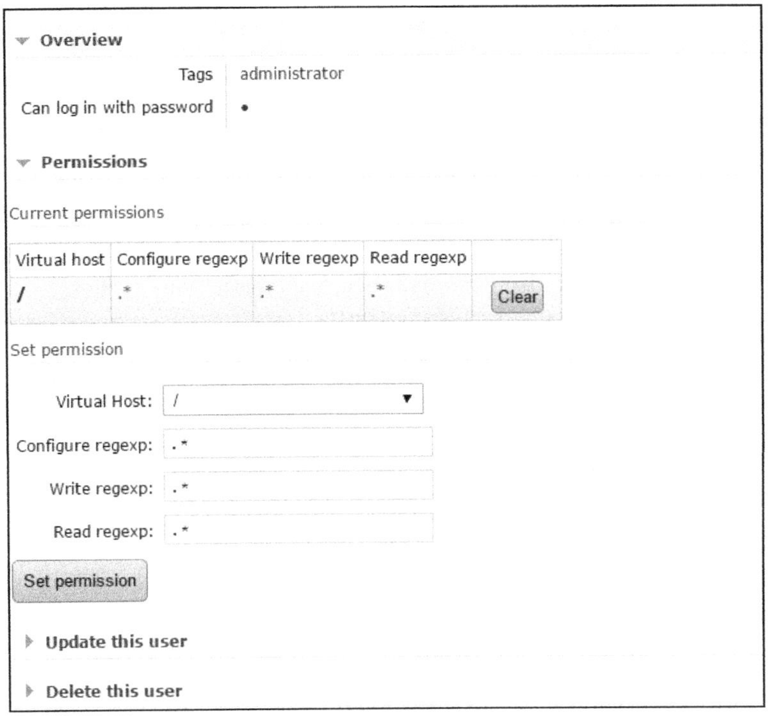

图 5-3　详细页面

5.1 节中提及了关于多租户的概念及相应的管理操作，同样如图 5-4 所示，在此页面中可以添加相应的虚拟主机。

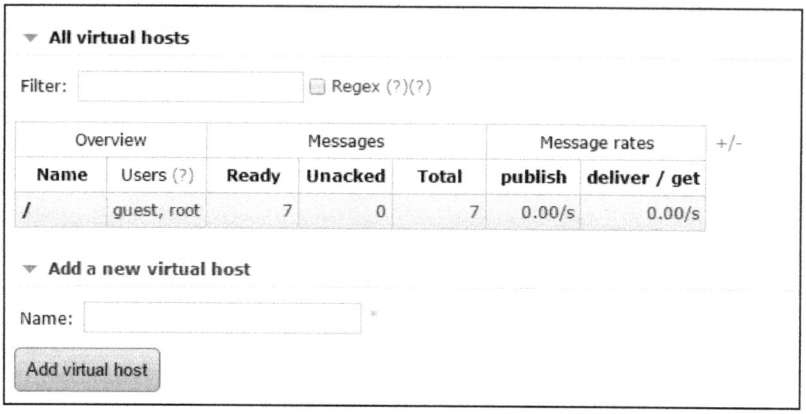

图 5-4　虚拟主机

点击列表中的虚拟主机也可以进入相对应的虚拟主机的详细页面，在此详细页面中可以查看队列、消息的详细统计信息，也可以对用户和权限进行管理操作，还可以删除当前的虚拟主机。

对于 Web 管理页面的其他功能，比如创建和删除队列、交换器、绑定关系、参数和策略等操作会在后面的介绍中提及。

最后补充一下与开启 rabbitmq_management 插件对应的关闭命令是 rabbitmq-pluginsdisable rabbitmq_management，示例参考如下：

```
[root@node1 ~]# rabbitmq-plugins disable rabbitmq_management
The following plugins have been disabled:
amqp_client
cowlib
cowboy
rabbitmq_web_dispatch
rabbitmq_management_agent
rabbitmq_management
Applying plugin configuration to rabbit@node1... stopped 6 plugins.
```

某些情况下，登录 Web 管理界面会出现如图 5-5 中的情形——用户能够正确登录，但是除了页面头部和尾部没有任何其它内容呈现。此时清空下浏览器的缓存即可。

图 5-5　异常情况处理

5.4 应用与集群管理

本节主要阐述应用与集群相关的一些操作管理命令，包括关闭、重置、开启服务，还有建立集群的一些信息。有关集群搭建更多的信息可以参考 7.1 节。

5.4.1 应用管理

rabbitmqctl stop [pid_file]

用于停止运行 RabbitMQ 的 Erlang 虚拟机和 RabbitMQ 服务应用。如果指定了 `pid_file`，还需要等待指定进程的结束。其中 `pid_file` 是通过调用 `rabbitmq-server` 命令启动 RabbitMQ 服务时创建的，默认情况下存放于 Mnesia 目录中，可以通过 `RABBITMQ_PID_FILE` 这个环境变量来改变存放路径。注意，如果使用 `rabbitmq-server -detach` 这个带有 `-detach` 后缀的命令来启动 RabbitMQ 服务则不会生成 `pid_file` 文件。

示例如下：

```
[root@node1 ~]# rabbitmqctl stop
     /opt/rabbitmq/var/lib/rabbitmq/mnesia/rabbit\@node1.pid
Stopping and halting node rabbit@node1
[root@node1 ~]# rabbitmqctl stop
Stopping and halting node rabbit@node1
```

rabbitmqctl shutdown

用于停止运行 RabbitMQ 的 Erlang 虚拟机和 RabbitMQ 服务应用。执行这个命令会阻塞直到 Erlang 虚拟机进程退出。如果 RabbitMQ 没有成功关闭，则会返回一个非零值。这个命令和

rabbitmqctl stop 不同的是，它不需要指定 pid_file 而可以阻塞等待指定进程的关闭。

示例如下：

```
[root@node1 ~]# rabbitmqctl shutdown
Shutting down RabbitMQ node rabbit@node1 running at PID 1706
Waiting for PID 1706 to terminate
RabbitMQ node rabbit@node1 running at PID 1706 successfully shut down
```

rabbitmqctl stop_app

停止 RabbitMQ 服务应用，但是 Erlang 虚拟机还是处于运行状态。此命令的执行优先于其他管理操作（这些管理操作需要先停止 RabbitMQ 应用），比如 rabbitmqctl reset。

示例如下：

```
[root@node1 ~]# rabbitmqctl stop_app
Stopping rabbit application on node rabbit@node1
```

rabbitmqctl start_app

启动 RabbitMQ 应用。此命令典型的用途是在执行了其他管理操作之后，重新启动之前停止的 RabbitMQ 应用，比如 rabbitmqctl reset。

示例如下：

```
[root@node1 ~]# rabbitmqctl start_app
Starting node rabbit@node1
```

rabbitmqctl wait [pid_file]

等待 RabbitMQ 应用的启动。它会等到 pid_file 的创建，然后等待 pid_file 中所代表的进程启动。当指定的进程没有启动 RabbitMQ 应用而关闭时将会返回失败。

示例如下：

```
[root@node1 ~]# rabbitmqctl wait
      /opt/rabbitmq/var/lib/rabbitmq/mnesia/rabbit\@node1.pid
Waiting for rabbit@node1
pid is 3468
[root@node1 ~]# rabbitmqctl wait
      /opt/rabbitmq/var/lib/rabbitmq/mnesia/rabbit\@node1.pid
Waiting for rabbit@node1
pid is 3468
Error: process_not_running
```

rabbitmqctl reset

将 RabbitMQ 节点重置还原到最初状态。包括从原来所在的集群中删除此节点，从管理数据库中删除所有的配置数据，如已配置的用户、vhost 等，以及删除所有的持久化消息。执行 rabbitmqctl reset 命令前必须停止 RabbitMQ 应用（比如先执行 rabbitmqctl stop_app）。

示例如下：

```
[root@node1 ~]# rabbitmqctl stop_app
Stopping rabbit application on node rabbit@node1
[root@node1 ~]# rabbitmqctl reset
Resetting node rabbit@node
```

rabbitmqctl force_reset

强制将 RabbitMQ 节点重置还原到最初状态。不同于 rabbitmqctl reset 命令，rabbitmqctl force_reset 命令不论当前管理数据库的状态和集群配置是什么，都会无条件地重置节点。它只能在数据库或集群配置已损坏的情况下使用。与 rabbitmqctl reset 命令一样，执行 rabbitmqctl force_reset 命令前必须先停止 RabbitMQ 应用。

示例如下：

```
[root@node1 ~]# rabbitmqctl stop_app
Stopping rabbit application on node rabbit@node1
[root@node1 ~]# rabbitmqctl force_reset
Forcefully resetting node rabbit@node1
```

rabbitmqctl rotate_logs {suffix}

指示 RabbitMQ 节点轮换日志文件。RabbitMQ 节点会将原来的日志文件中的内容追加到"原始名称+后缀"的日志文件中，然后再将新的日志内容记录到新创建的日志中（与原日志文件同名）。当目标文件不存在时，会重新创建。如果不指定后缀 suffix，则日志文件只是重新打开而不会进行轮换。

示例如下所示，原日志文件为 rabbit@node1.log 和 rabbit@node1-sasl.log，轮换日志之后，原日志文件中的内容就被追加到 rabbit@node1.log.1 和 rabbit@node1-sasl.log.1 日志中，之后重新建立 rabbit@node1.log 和 rabbit@node1-sasl.log 文件用来接收新的日志。

```
[root@node1 rabbitmq]# pwd
/opt/rabbitmq/var/log/rabbitmq
[root@node1 rabbitmq]# ll
```

```
-rw-r--r-- 1 root root 1024127 Oct 18 11:56 rabbit@node1.log
-rw-r--r-- 1 root root  720553 Oct 17 19:16 rabbit@node1-sasl.log
[root@node1 rabbitmq]# rabbitmqctl rotate_logs .1
Rotating logs to files with suffix ".1"
[root@node1 rabbitmq]# ll
-rw-r--r-- 1 root root       0 Oct 18 12:05 rabbit@node1.log
-rw-r--r-- 1 root root 1024202 Oct 18 12:05 rabbit@node1.log.1
-rw-r--r-- 1 root root       0 Oct 18 12:05 rabbit@node1-sasl.log
-rw-r--r-- 1 root root  720553 Oct 18 12:05 rabbit@node1-sasl.log.1
```

rabbitmqctl hipe_compile {directory}

将部分 RabbitMQ 代码用 HiPE（HiPE 是指 High Performance Erlang，是 Erlang 版的 JIT）编译，并且将编译后的.beam 文件（beam 文件是 Erlang 编译器生成的文件格式，可以直接加载到 Erlang 虚拟机中运行的文件格式）保存到指定的文件目录中。如果这个目录不存在则会自行创建。如果这个目录中原本有任何.beam 文件，则会在执行编译前被删除。如果要使用预编译的这些文件，则需要设置 RABBITMQ_SERVER_CODE_PATH 这个环境变量来指定 hipe_compile 调用的路径。

示例如下：

```
[root@node1 rabbitmq]# rabbitmqctl hipe_compile
    /opt/rabbitmq/tmp/rabbit-hipe/ebin
HiPE compiling:  |-----------------------------------------------|
                 |###############################################|
Compiled 57 modules in 55s
```

5.4.2 集群管理

rabbitmqctl join_cluster {cluster_node} [--ram]

将节点加入指定集群中。在这个命令执行前需要停止 RabbitMQ 应用并重置节点。更多详细内容请参考 7.1 节。

rabbitmqctl cluster_status

显示集群的状态。更多详细内容请参考 7.1 节。

rabbitmqctl change_cluster_node_type {disc|ram}

修改集群节点的类型。在这个命令执行前需要停止 RabbitMQ 应用。更多详细内容可参考 7.1 节。

rabbitmqctl forget_cluster_node [--offline]

将节点从集群中删除，允许离线执行。更多详细内容请参考 7.1 节。

rabbitmqctl update_cluster_nodes {clusternode}

在集群中的节点应用启动前咨询 `clusternode` 节点的最新信息，并更新相应的集群信息。这个和 `join_cluster` 不同，它不加入集群。考虑这样一种情况，节点 A 和节点 B 都在集群中，当节点 A 离线了，节点 C 又和节点 B 组成了一个集群，然后节点 B 又离开了集群，当 A 醒来的时候，它会尝试联系节点 B，但是这样会失败，因为节点 B 已经不在集群中了。`Rabbitmqctl update_cluster_nodes -n A C` 可以解决这种场景下出现的问题。

示例如下：

```
##假设已有 node1 和 node 组成的集群
##1.初始状态
[root@node1 ~]# rabbitmqctl cluster_status
Cluster status of node rabbit@node1
[{nodes,[{disc,[rabbit@node1,rabbit@node2]}]},
 {running_nodes,[rabbit@node2,rabbit@node1]},
 {cluster_name,<<"rabbit@node1">>},
 {partitions,[]},
 {alarms,[{rabbit@node2,[]},{rabbit@node1,[]}]}]
##2.关闭 node1 节点的应用
[root@node1 ~]# rabbitmqctl stop_app
Stopping rabbit application on node rabbit@node1
##3.之后将 node3 加入到集群中（rabbitmqctl join_cluster rabbit@node2）
##4.再将 node2 节点的应用关闭
##5.最后启动 node1 节点的应用,此时会报错
[root@node1 ~]# rabbitmqctl start_app
Starting node rabbit@node1
BOOT FAILED
===========
Timeout contacting cluster nodes: [rabbit@node2].
……(省略)
##6.如果在启动 node1 节点的应用之前咨询 node3 并更新相关集群信息则可以解决这个问题
[root@node1 ~]# rabbitmqctl update_cluster_nodes rabbit@node3
Updating cluster nodes for rabbit@node1 from rabbit@node3
[root@node1 ~]# rabbitmqctl start_app
Starting node rabbit@node1
```

##7.最终集群状态

```
[root@node1 ~]# rabbitmqctl cluster_status
Cluster status of node rabbit@node1
[{nodes,[{disc,[rabbit@node1,rabbit@node3]}]},
 {running_nodes,[rabbit@node3,rabbit@node1]},
 {cluster_name,<<"rabbit@node1">>},
 {partitions,[]},
 {alarms,[{rabbit@node3,[]},{rabbit@node1,[]}]}]
```

rabbitmqctl force_boot

确保节点可以启动,即使它不是最后一个关闭的节点。通常情况下,当关闭整个 RabbitMQ 集群时,重启的第一个节点应该是最后关闭的节点,因为它可以看到其他节点所看不到的事情。但是有时会有一些异常情况出现,比如整个集群都掉电而所有节点都认为它不是最后一个关闭的。在这种情况下,可以调用 `rabbitmqctl force_boot` 命令,这就告诉节点可以无条件地启动节点。在此节点关闭后,集群的任何变化,它都会丢失。如果最后一个关闭的节点永久丢失了,那么需要优先使用 `rabbitmqctl forget_cluster_node --offline` 命令,因为它可以确保镜像队列的正常运转。

示例如下:

```
[root@node2 ~]# rabbitmqctl force_boot
Forcing boot for Mnesia dir /opt/rabbitmq/var/lib/rabbitmq/mnesia/rabbit@node2
[root@node2 ~]# rabbitmq-server -detached
```

rabbitmqctl sync_queue [-p vhost] {queue}

指示未同步队列 queue 的 slave 镜像可以同步 master 镜像行的内容。同步期间此队列会被阻塞(所有此队列的生产消费者都会被阻塞),直到同步完成。此条命令执行成功的前提是队列 queue 配置了镜像。注意,未同步队列中的消息被耗尽后,最终也会变成同步,此命令主要用于未耗尽的队列。更多细节可以参考 9.4 节。

示例如下:

```
[root@node1 ~]# rabbitmqctl sync_queue queue
Synchronising queue 'queue' in vhost '/'
```

rabbitmqctl cancel_sync_queue [-p vhost] {queue}

取消队列 queue 同步镜像的操作。

示例如下：

```
[root@node1 ~]# rabbitmqctl cancel_sync_queue queue
Stopping synchronising queue 'queue' in vhost '/'
```

rabbitmqctl set_cluster_name {name}

设置集群名称。集群名称在客户端连接时会通报给客户端。Federation 和 Shovel 插件也会有用到集群名称的地方，详细内容可以参考第 8 章。集群名称默认是集群中第一个节点的名称，通过这个命令可以重新设置。在 Web 管理界面的右上角（可参考图 5-1）有个"（change）"的地方，点击也可以修改集群名称。

示例如下：

```
[root@node1 ~]# rabbitmqctl cluster_status
Cluster status of node rabbit@node1
[{nodes,[{disc,[rabbit@node1,rabbit@node2]}]},
 {running_nodes,[rabbit@node2,rabbit@node1]},
 {cluster_name,<<"rabbit@node1">>},
 {partitions,[]},
 {alarms,[{rabbit@node2,[]},{rabbit@node1,[]}]}]
[root@node1 ~]# rabbitmqctl set_cluster_name cluster_hidden
Setting cluster name to cluster_hidden
[root@node1 ~]# rabbitmqctl cluster_status
Cluster status of node rabbit@node1
[{nodes,[{disc,[rabbit@node1,rabbit@node2]}]},
 {running_nodes,[rabbit@node2,rabbit@node1]},
 {cluster_name,<<"cluster_hidden">>},
 {partitions,[]},
 {alarms,[{rabbit@node2,[]},{rabbit@node1,[]}]}]
```

5.5 服务端状态

服务器状态的查询会返回一个以制表符分隔的列表，list_queues、list_exchanges、list_bindings 和 list_consumers 这种命令接受一个可选的 vhost 参数以显示其结果，默认值为 "/"。

rabbitmqctl list_queues [-p vhost] [queueinfoitem ...]

此命令返回队列的详细信息，如果无[-p vhost]参数，将显示默认的 vhost 为"/"中的队列详情。queueinfoitem 参数用于指示哪些队列的信息项会包含在结果集中，结果集的列顺序将匹配参数的顺序。queueinfoitem 可以是下面列表中的任何值。

- `name`：队列名称。
- `durable`：队列是否持久化。
- `auto_delete`：队列是否自动删除。
- `arguments`：队列的参数。
- `policy`：应用到队列上的策略名称。
- `pid`：队列关联的 Erlang 进程的 ID。
- `owner_pid`：处理排他队列连接的 Erlang 进程 ID。如果此队列是非排他的，此值将为空。
- `exclusive`：队列是否是排他的。
- `exclusive_consumer_pid`：订阅到此排他队列的消费者相关的信道关联的 Erlang 进程 ID。如果此队列是非排他的，此值将为空。
- `exclusive_consumer_tag`：订阅到此排他队列的消费者的 `consumerTag`。如果此队列是非排他的，此值将为空。
- `messages_ready`：准备发送给客户端的消息个数。
- `messages_unacknowledged`：发送给客户端但尚未应答的消息个数。
- `messages`：准备发送给客户端和未应答消息的总和。
- `messages_ready_ram`：驻留在内存中 `messages_ready` 的消息个数。
- `messages_unacknowledged_ram`：驻留在内存中 `messages_unacknowledged` 的消息个数。
- `messages_ram`：驻留在内存中的消息总数。
- `messages_persistent`：队列中持久化消息的个数。对于非持久化队列来说总是 0。
- `messages_bytes`：队列中所有消息的大小总和。这里不包括消息属性或者任何其他开销。

- messages_bytes_ready：准备发送给客户端的消息的大小总和。
- messages_bytes_unacknowledged：发送给客户端但尚未应答的消息的大小总和。
- messages_bytes_ram：驻留在内存中的 messages_bytes。
- messages_bytes_persistent：队列中持久化的 messages_bytes。
- disk_reads：从队列启动开始，已从磁盘中读取该队列的消息总次数。
- disk_writes：从队列启动开始，已向磁盘队列写消息的总次数。
- consumer：消费者数目。
- consumer_utilisation：队列中的消息能够立刻投递给消费者的比率，介于 0 和 1 之间。这个受网络拥塞或者 Basic.Qos 的影响而小于 1。
- memory：与队列相关的 Erlang 进程所消耗的内存字节数，包括栈、堆及内部结构。
- slave_pids：如果队列是镜像的，列出所有 slave 镜像的 pid。
- synchronised_slave_pids：如果队列是镜像的，列出所有已经同步的 slave 镜像的 pid。
- state：队列状态。正常情况下是 running；如果队列正常同步数据可能会有 "{syncing,MsgCount}" 的状态；如果队列所在的节点掉线了，则队列显示状态为 down（此时大多数的 queueinfoitems 也将不可用）。

如果没有指定 queueinfoitems，那么此命令将显示队列的名称和消息的个数。相关示例如下：

```
[root@node1 ~]# rabbitmqctl list_queues name durable auto_delete arguments -q
queue1 true    false   []
queue2 true    false   []
queue3 true    false   []
[root@node1 ~]# rabbitmqctl list_queues name messages messages_ram
      messages_persistent
Listing queues ...
queue1 0    0    0
queue2 0    0    0
queue3 1    1    0
```

```
[root@node1 ~]# rabbitmqctl list_queues -p vhost1 name disk_writes disk_reads -q
queue4  3390    0
queue5  0       0
```

rabbitmqctl list_exchanges [-p vhost] [exchangeinfoitem ...]

返回交换器的详细细节，如果无[-p vhost]参数，将显示默认的 vhost 为"/"中的交换器详情。exchangeinfoitem 参数用于指示哪些信息项会包含在结果集中，结果集的列顺序将匹配参数的顺序。exchangeinfoitem 可以是下面列表中的任何值。

- ◇ name：交换器的名称。
- ◇ type：交换器的类型。
- ◇ durable：设置是否持久化。durable 设置为 true 表示持久化，反之是非持久化。持久化可以将交换器信息存盘，而在服务器重启的时候不会丢失相关信息。
- ◇ auto_delete：设置是否自动删除。
- ◇ internal：是否是内置的。
- ◇ arguments：其他一些结构化参数，比如 alternate-exchange。
- ◇ policy：应用到交换器上的策略名称。

exchangeinfoitem 的内容和客户端中的 channel.exchangeDeclare 方法的参数基本一致，具体内容可以参考 3.2.1 节。如果没有指定 exchangeinfoitem，那么此命令将显示交换器的名称和类型。相关示例如下：

```
[root@node1 ~]# rabbitmqctl list_exchanges name type durable auto_delete internal
        arguments policy -q
amq.rabbitmq.trace      topic       true    false   true    []
amq.headers             headers     true    false   false   []
                        direct      true    false   false   []
amq.match               headers     true    false   false   []
amq.topic               topic       true    false   false   []
amq.fanout              fanout      true    false   false   []
amq.rabbitmq.log        topic       true    false   true    []
amq.direct              direct      true    false   false   []
```

rabbitmqctl list_bindings [-p vhost] [bindinginfoitem ...]

返回绑定关系的细节，如果无[-p vhost]参数，将显示默认的 vhost 为"/"中的绑定关系详情。bindinginfoitem 参数用于指示哪些信息项会包含在结果集中，结果集的列顺序将匹配参数的顺序。bindinginfoitem 可以是下面列表中的任何值。

- source_name：绑定中消息来源的名称。
- source_kind：绑定中消息来源的类别。
- destination_name：绑定中消息目的地的名称。
- destination_kind：绑定中消息目的地的种类。
- routing_key：绑定的路由键。
- arguments：绑定的参数。

如果没有指定 bindinginfoitem，那么将显示所有的条目。相关示例如下：

```
[root@node1 ~]# rabbitmqctl list_bindings -q
          exchange   queue1  queue   queue1  []
          exchange   queue2  queue   queue2  []
exchange1 exchange   queue1  queue   rk1     []
```

其中，交换器 exchange1 和队列 queue1 通过 rk1 进行绑定，还有一个独立的队列 queue2。显示的第一行是默认的交换器与 queue1 进行绑定，这个是 RabbitMQ 内置的功能。

rabbitmqctl list_connections [connectioninfoitem ...]

返回 TCP/IP 连接的统计信息。connectioninfoitem 参数用于指示哪些信息项会包含在结果集中，结果集的列顺序将匹配参数的顺序。connectioninfoitem 可以是下面列表中的任何值。

- pid：与连接相关的 Erlang 进程 ID。
- name：连接的名称。
- port：服务器端口。
- host：返回反向 DNS 获取的服务器主机名称，或者 IP 地址，或者未启用。
- peer_port：服务器对端端口。当一个客户端与服务器连接时，这个客户端的端口就是 peer_port。
- peer_host：返回反向 DNS 获取的对端主机名称，或者 IP 地址，或者未启用。

- ssl：是否启用 SSL。
- ssl_protocol：SSL 协议，如 tlsv1。
- ssl_key_exchange：SSL 密钥交换算法，如 rsa。
- ssl_cipher：SSL 加密算法，如 aes_256_cbc。
- ssl_hash：SSL 哈希算法，如 sha。
- peer_cert_subject：对端的 SSL 安全证书的主题，基于 RFC4514 的形式。
- peer_cert_issuer：对端 SSL 安全证书的发行者，基于 RFC4514 的形式。
- peer_cert_validity：对端 SSL 安全证书的有效期。
- state：连接状态，包括 starting、tuning、opening、running、flow、blocking、blocked、closing 和 closed 这几种。
- channels：该连接中的信道个数。
- protocol：使用的 AMQP 协议的版本，当前是{0,9,1}或者{0,8,0}。注意，如果客户端请求的是 AMQP 0-9 的连接，RabbitMQ 也会将其视为 0-9-1。
- auth_mechanism：使用的 SASL 认证机制，如 PLAIN、AMQPLAIN、EXTERNAL、RABBIT-CR-DEMO 等。
- user：与连接相关的用户名。
- vhost：与连接相关的 vhost 的名称。
- timeout：连接超时/协商的心跳间隔，单位为秒。
- frame_max：最大传输帧的大小，单位为 B。
- channel_max：此连接上信道的最大数量。如果值 0，则表示无上限，但客户端一般会将 0 转变为 65535。
- client_properties：在建立连接期间由客户端发送的信息属性。
- recv_oct：收到的字节数。
- recv_cnt：收到的数据包个数。

- send_oct：发送的字节数。

- send_cnt：发送的数据包个数。

- send_pend：发送队列大小。

- connected_at：连接建立的时间戳。

如果没有指定 connectioninfoitem，那么会显示 user、peer_host、peer_port 和 state 这几项信息。相关示例如下：

```
[root@node1 ~]# rabbitmqctl list_connections user peer_host peer_port state -q
root    192.168.0.22    57304    running
root    192.168.0.22    57316    running
[root@node1 ~]# rabbitmqctl list_connections -q
root    192.168.0.22    57304    running
root    192.168.0.22    57316    running
[root@node1 ~]# rabbitmqctl list_connections pid name host -q
<rabbit@node1.1.623.0>    192.168.0.22:57304 -> 192.168.0.2:5672  192.168.0.2
<rabbit@node1.1.635.0>    192.168.0.22:57316 -> 192.168.0.2:5672  192.168.0.2
```

rabbitmqctl list_channels [channelinfoitem ...]

返回当前所有信道的信息。channelinfoitem 参数用于指示哪些信息项会包含在结果集中，结果集的列顺序将匹配参数的顺序。channelinfoitem 可以是下面列表中的任何值。

- pid：与连接相关的 Erlang 进程 ID。

- connection：信道所属连接的 Erlang 进程 ID。

- name：信道的名称。

- number：信道的序号。

- user：与信道相关的用户名称。

- vhost：与信道相关的 vhost。

- transactional：信道是否处于事务模式。

- confirm：信道是否处于 publisher confirm 模式。

- consumer_count：信道中的消费者的个数。

- messages_unacknowledged：已投递但是还未被 ack 的消息个数。

- `messages_uncommitted`：已接收但是还未提交事务的消息个数。

- `acks_uncommitted`：已 ack 收到但是还未提交事务的消息个数。

- `messages_unconfirmed`：已发送但是还未确认的消息个数。如果信道不处于 **publisher confirm** 模式下，则此值为 0。

- `perfetch_count`：新消费者的 Qos 个数限制。0 表示无上限。

- `global_prefetch_count`：整个信道的 Qos 个数限制。0 表示无上限。

如果没有指定 `channelinfoitem`，那么会显示 `pid`、`user`、`consumer_count` 和 `messages_unacknowledged` 这几项信息。相关示例如下：

```
[root@node1 ~]# rabbitmqctl list_channels -q
<rabbit@node1.1.631.0>    root    0    0
<rabbit@node1.1.643.0>    root    1    0
[root@node1 ~]# rabbitmqctl list_channels pid connection -q
<rabbit@node1.1.631.0>    <rabbit@node1.1.623.0>
<rabbit@node1.1.643.0>    <rabbit@node1.1.635.0>
```

rabbitmqctl list_consumers [-p vhost]

列举消费者信息。每行将显示由制表符分隔的已订阅队列的名称、相关信道的进程标识、`consumerTag`、是否需要消费端确认、`prefetch_count` 及参数列表这些信息。相关示例如下：

```
[root@node1 ~]# rabbitmqctl list_consumers -p default -q
queue4 <rabbit@node1.1.1628.11> consumer_zzh   true    0    []
```

rabbitmqctl status

显示 Broker 的状态，比如当前 Erlang 节点上运行的应用程序、RabbitMQ/Erlang 的版本信息、OS 的名称、内存及文件描述符等统计信息。具体示例可以参考 1.4.3 节。

rabbitmqctl node_health_check

对 RabbitMQ 节点进行健康检查，确认应用是否正常运行、`list_queues` 和 `list_channels` 是否能够正常返回等。相关示例如下：

```
[root@node1 ~]# rabbitmqctl node_health_check
Timeout: 70.0 seconds
Checking health of node rabbit@node1
Health check passed
```

rabbitmqctl environment

显示每个运行程序环境中每个变量的名称和值。

rabbitmqctl report

为所有服务器状态生成一个服务器状态报告，并将输出重定向到一个文件。相关示例如下：

[root@node1 ~]# rabbitmqctl report > report.txt

rabbitmqctl eval {expr}

执行任意 Erlang 表达式。相关示例如下（示例命令用于返回 rabbitmqctl 连接的节点名称）：

[root@node1 ~]# rabbitmqctl eval 'node().'
rabbit@node1

eval 的扩展

用户、Parameter、vhost、权限等都可以通过 rabbitmqctl 工具来完成创建（或删除）的操作，反观交换器、队列及绑定关系的创建（或删除）操作并无相应的 rabbitmqctl 工具类的命令，到目前为止介绍的只有通过客户端或者 Web 管理界面来完成，这对于 CLI[1] 的使用爱好者来说无疑是一种遗憾。

这里就展示如何通过 rabbitmqctl eval {expr} 以"曲线救国"的形式实现通过 rabbitmqctl 工具来创建交换器、队列及绑定关系。执行下面三条命令就可以创建一个交换器 exchange2、一个队列 queue2 并通过绑定键 rk2 进行绑定。

rabbitmqctl eval 'rabbit_exchange:declare({resource,<<"/">>,exchange,<<"exchange2">>},direct,true,false,false,[]).'

rabbitmqctl eval 'rabbit_amqqueue:declare({resource,<<"/">>,queue,<<"queue2">>},true,false,[],none).'

rabbitmqctl eval 'rabbit_binding:add({binding,{resource,<<"/">>,exchange,<<"exchange2">>},<<"rk2">>,{resource,<<"/">>,queue,<<"queue2">>},[]}).'

其实这里是调用了 Erlang 中对应模块的相应函数，语法类似"Module:Function(Arg)."。

---

[1] CLI（command-line interface，命令行界面）是指可在用户提示符下键入可执行指令的界面，它通常不支持鼠标，用户通过键盘输入指令，计算机接收到指令后，予以执行。

对于交换器的创建，则调用了 `rabbit_exchange` 模块的 `declare` 函数，该函数具体声明为：

`declare(XName, Type, Durable, AutoDelete, Internal, Args).`

不同的 RabbitMQ 版本参数会略有差异，比如高版本会多个 `Username` 参数，采用上面的定义可以在多个当前主流版本中创建交换器。对应的参数如下所述。

- `XName`：交换器的命名细节，具体格式为 `{resource, VHost, exchange, Name}`。VHost 为虚拟主机的名称，Name 为交换器的名称。注意 VHost 和 Name 需要以"<<>>"包裹，标注为 binary 类型。
- `Type`：交换器的类型，可选值为 direct、headers、topic 和 fanout。
- `Durable`：是否需要持久化。
- `AutoDelete`：是否自动删除。
- `Internal`：是否是内置的交换器。
- `Args`：交换器的其他选项参数，一般设置为 `[]`。

与创建交换器对应的删除操作为调用 `rabbit_exchange` 模块的 `delete` 函数，示例如下：

```
[root@node1 ~]# rabbitmqctl eval 'rabbit_exchange:delete({resource,<<"/">>,
exchange,<<"exchange2">>},false).'
ok
```

对于队列的创建，则调用了 `rabbit_amqqueue` 模块的 `declare` 函数，该函数具体声明为：

`declare(QueueName, Durable, AutoDelete, Args, Owner).`

不同的 RabbitMQ 版本参数会略有差异，比如高版本会多一个 `ActingUser` 参数，采用上面的定义可以在多个当前主流版本中创建交换器。对应的参数如下所述。

- `QueueName`：队列的命名细节，具体格式为 `{resource, VHost, queue, Name}`。VHost 为虚拟主机的名称，Name 为交换器的名称。注意 VHost 和 Name 需要以"<<>>"包裹，标注为 binary 类型。
- `Durable`：是否需要持久化。
- `AutoDelete`：是否自动删除。
- `Args`：队列的其他选项参数，一般设置为 `[]`。

◆ Owner:用于队列的独占模式,一般设置为 none。

与创建队列对应的删除操作为调用 rabbit_amqqueue 模块的 internal_delete 函数,示例如下:

```
[root@node1 ~]# rabbitmqctl eval
'rabbit_amqqueue:internal_delete({resource,<<"/">>,queue,<<"queue2">>}).'
ok
```

对于绑定关系的创建,则调用了 rabbit_binding 模块的 add 函数,该函数具体声明为:

add(Binding)

不同的 RabbitMQ 版本参数会略有差异,比如高版本会多一个 ActingUser 参数,采用上面的定义可以在多个当前主流版本中创建交换器。对应的参数如下所述。

◆ Binding:绑定关系,可以是 exchange 到 exchange,也可以是 exchange 到 queue。具体格式为{binding, Source, Key, Destination, Args}。Source 表示消息源,必须为交换器,格式为{resource, VHost, exchange, Name}。Key 表示路由键。Destination 为目的端,格式为{resource, VHost, exchange, XName}或者{resource, VHost, queue, QName}。Args 为其他选项参数,一般设置为[]。

与创建绑定关系对应的解绑操作为调用 rabbit_binding 模块的 remove 函数,示例如下:

```
[root@node1 ~]# rabbitmqctl eval
'rabbit_binding:remove({binding,{resource,<<"/">>,exchange,<<"exchange2">>},
<<"rk2">>,{resource,<<"/">>,queue,<<"queue2">>},[]}).'
ok
```

小窍门:

若要删除所有的交换器、队列及绑定关系,删除对应的 vhost 就可以"一键搞定",而不需要一个个遍历删除。

5.6 HTTP API 接口管理

RabbitMQ Management 插件不仅提供了 Web 管理界面,还提供了 HTTP API 接口来方便调用。比如创建一个队列,就可以通过 PUT 方法调用/api/queues/vhost/name 接口来实现。

下面的示例通过 curl 命令调用接口来完成队列 queue 的创建：

```
[root@node1 ~]# curl -i -u root:root123 -H "content-type:application/json"
-XPUT -d '{"auto_delete":false,"durable":true,"node":"rabbit@node2"}'
http://192.168.0.2:15672/api/queues/%2F/queue

HTTP/1.1 201 Created
server: Cowboy
date: Fri, 25 Aug 2017 06:03:17 GMT
content-length: 0
content-type: application/json
vary: accept, accept-encoding, origin
```

注意上面命令中的"%2F"是指默认的 vhost，即"/"，这类特殊字符在 HTTP URL 中是需要转义的。这里的 curl[2] 命令又为创建（或删除）交换器、队列及绑定关系提供了另一种 CLI 的实现方式。所有的 HTTP API 接口都需要 HTTP 基础认证（使用标准的 RabbitMQ 用户数据库），默认的是 guest/guest（非 localhost 的不能使用这组认证，除非特殊设置）。

这里的 HTTP API 是完全基于 RESTful 风格的，不同的 HTTP API 接口所对应的 HTTP 方法各不相同，这里一共涉及 4 种 HTTP 方法：GET、PUT、DELETE 和 POST。GET 方法一般用来获取如集群、节点、队列、交换器等信息。PUT 方法用来创建资源，如交换器、队列之类的。DELETE 方法用来删除资源。POST 方法也是用来创建资源的，与 PUT 不同的是，POST 创建的是无法用具体名称的资源。比如绑定关系（bindings）和发布消息（publish）无法指定一个具体的名称。

下面示例展示了通过 GET 方法来获取之前创建的队列 queue 的信息：

```
[root@node1 ~]# curl -i -u root:root123 -XGET
        http://192.168.0.2:15672/api/queues/%2F/queue

HTTP/1.1 200 OK
server: Cowboy
date: Fri, 25 Aug 2017 08:20:22 GMT
content-length: 1275
content-type: application/json
vary: accept, accept-encoding, origin
Cache-Control: no-cache
{"consumer_details":[],"incoming":[],"deliveries":[],"messages_details":{"ra
te":0.0},"messages":0,"messages_unacknowledged_details":...(省略若干信息)}
```

---

[2] curl 是利用 URL 语法在命令行方式下工作的开源文件传输工具。它被广泛应用在 UNIX、多种 Linux 发行版中，并且有 DOS 和 Win32、Win64 下的移植版本。

对应的删除为：

```
[root@node1 ~]# curl -i -u root:root123 -XDELETE http://192.168.0.2:15672/api/queues/%2F/queue

HTTP/1.1 204 No Content
server: Cowboy
date: Fri, 25 Aug 2017 08:36:40 GMT
content-length: 0
content-type: application/json
vary: accept, accept-encoding, origin
```

表 5-2 展示了当前最新版本的 HTTP API 接口列表，以及对应的 HTTP 方法。每个版本的 HTTP API 接口有可能略有差异，点击 Web 管理界面（可参考图 5-5）左下角的"HTTP API"即可跳转到相应的"RabbitMQ Management HTTP API"帮助页面，里面有详细的接口信息。

表 5-2　HTTP API 接口列表

GET	PUT	DELETE	POST	Path & Description
X				/api/overview 描述整个系统的各种信息
X	X			/api/cluster-name 集群的名称
X				/api/nodes 集群中节点的信息。示例内容可以参考附录 B
X				/api/nodes/*name* 集群中单个节点的信息
X				/api/extensions 管理插件的扩展列表
X			X	/api/definitions GET 方法列出集群中所有的元数据信息，包括交换器、队列、绑定关系、用户、vhost、权限及参数。POST 方法用来加载新的元数据信息，不过需要注意如下内容： （1）新的原数据信息会与原本的合并，如果旧的元数据信息中某些项在新加载的元数据中没有定义，则不受任何影响 （2）对于交换器、队列及绑定关系等不可变的内容，如果新旧元数据有冲突，则会报错 （3）对于其他的可变的内容，如果新旧元数据有冲突，则新的会替换旧的 （4）如果在加载过程中发生错误，加载过程会停止，最终只能加载到部分新的元数据信息 在 7.4.1 节中有更详细的介绍。示例内容可以参考附录 A

续表

GET	PUT	DELETE	POST	Path & Description
X			X	/api/definitions/*vhost* 将/api/definitions 接口细化到 vhost 级别，其余内容同上
X				/api/connections 所有的连接信息
X				/api/vhosts/*vhost*/connections 指定的 vhost 中所有连接信息
X		X		/api/connections/*name* GET 方法列出指定连接的信息。DELETE 方法可以 close 指定的连接
X				/api/connections/*name*/channels 指定连接的所有信道信息
X				/api/channels 所有信道的信息
X				/api/vhosts/*vhost*/channels 指定的 vhost 中所有信道信息
X				/api/channels/*channel* 指定的信道信息
X				/api/consumers 所有的消费者信息
X				/api/consumers/*vhost* 指定 vhost 中的所有消费者信息
X				/api/exchanges 所有交换器信息
X				/api/exchanges/*vhost* 指定 vhost 中所有交换器信息
X	X	X		/api/exchanges/*vhost*/*name* GET 方法列出一个指定的交换器信息。PUT 方法可以声明一个交换器，对应的内容可以参考如下： {"type":"direct","auto_delete":false,"durable":true,"internal":false,"arguments":{}} 其中 type 是必需的，其他都是可选的。DELETE 方法可以删除指定的交换器，其中可以添加 if-unused=true 参数用来防止有队列与其绑定时能够被删除
X				/api/exchanges/*vhost*/*name*/bindings/source 列出指定交换器的所有绑定关系，此交换器需为绑定关系的源端
X				/api/exchanges/*vhost*/*name*/bindings/destination 列出指定交换器的所有绑定关系，此交换器需为绑定关系的目的端

续表

GET	PUT	DELETE	POST	Path & Description
			X	/api/exchanges/*vhost*/*name*/publish 向指定的交换器中发送一条消息，对应的内容可以参考： {"properties":{}, "routing_key":"my key", "payload":"my body", "payload_encoding":"string"} 这里所有的项都是必需的，如果发送成功，则会返回：{"routed": true}。这个接口不适合做稳定、高效的发送之用，可以采用其他的方式比如通过 AMQP 协议或者其他长连接的协议
X				/api/queues 列出所有的队列信息
X				/api/queues/*vhost* 列出指定的 vhost 下所有的队列信息
X	X	X		/api/queues/*vhost*/*name* GET 方法列出执行的队列信息。PUT 方法可以声明一个队列，对应的内容可以参考： {"auto_delete":false,"durable":true,"arguments":{},"node":"rabbit@smacmullen"} 其中所有的项都是可选的。DELETE 方法用来删除一个队列，当然可以指定 if-empty 或者 if-unused 参数
X				/api/queues/*vhost*/*name*/bindings 列出指定队列的所有绑定关系
		X		/api/queues/*vhost*/*name*/contents 清空（purge）指定的队列
			X	/api/queues/*vhost*/*name*/actions 对指定的队列附加一些动作，对应的内容可以参考： {"action":"sync"} 目前仅支持 sync 和 cancel_sync
			X	/api/queues/*vhost*/*name*/get 从指定队列中获取消息，对应的内容可以参考： {"count":5,"requeue":true, "encoding":"auto", "truncate":50000} count 表示最大能获取的消息个数，实际可能小于这个值；requeue 表示获取到这些消息时是否从队列中删除，如果 requeue 为 true，则消息不会被删除，但是消息的 redelivered 标示会被设置；encoding 表示编码格式，两种取值：auto 和 base64，auto 指如果消息符合 UTF-8 格式则返回 string 类型，否则为 base64 类型；truncate 表示如果消息的 payload 超过指定大小则会被截断。除了 truncate，其余项都是必需的。注意这个接口是用来做测试用的，如果要持续的消费队列的消息，需要采用其他的方法
X				/api/bindings 列出所有绑定关系的信息

续表

GET	PUT	DELETE	POST	Path & Description
X				/api/bindings/*vhost* 列出指定的 vhost 中所有绑定关系的信息
X			X	/api/bindings/*vhost*/e/*exchange*/q/*queue* GET 方法列出一个指定的交换器和一个指定的队列中的所有绑定关系的信息。注意一个交换器和一个队列之间可以绑定多次。POST 用来添加绑定关系，对应的内容可以参考： {"routing_key":"my_routing_key", "arguments":{}} 其中所有的项都是可选的
X		X		/api/bindings/*vhost*/e/*exchange*/q/*queue*/*props* GET 方法列出一个交换器和一个队列的一个单独的绑定关系的信息 DELETE 方法用来解绑相应的绑定关系，其中 props 表示的是/api/bindings 返回的绑定关系列表里的 properties_key 的值，具体是指绑定时 routingkey 与 arguments 的哈希值的组合，一般 arguments 为空，此时 properties_key 等于 routingkey
X			X	/api/bindings/*vhost*/e/*source*/e/*destination* GET 方法用来列出两个交换器的所有绑定关系的信息，POST 方法用来添加绑定关系，与接口/api/bindings/*vhost*/e/*exchange*/q/*queue* 相似
X		X		/api/bindings/*vhost*/e/*source*/e/*destination*/*props* 与接口/api/bindings/*vhost*/e/*exchange*/q/*queue*/*props* 相似，只不过是两个交换器之间的关系
X				/api/vhosts 列出所有 vhost 的信息
X	X	X		/api/vhosts/*name* GET 方法列出指定 vhost 的信息。PUT 方法用来添加一个 vhost，host 通常只有一个名字，所以不需要任何内容以做请求之用。DELETE 方法用来删除一个 vhost
X				/api/vhosts/*name*/permissions 列出指定 vhost 的所有权限信息
X				/api/users 列出所有的用户信息
X	X	X		/api/users/*name* GET 方法列出指定的用户信息。POST 方法用来添加一个用户，对应的内容参考： {"password":"secret", "tags":"administrator"} 或者 {"password_hash":"2lmoth8l4H0DViLaK9Fxi6l9ds8=", "tags":"administrator"} 其中 tags 是必需的，用来标识用户角色，详细内容可以参考 5.2 节。对于 password 或者 password_hash 而言，两者可以择其一。如果 password_hash 为 " "，则用户可以无密码登录。DELETE 方法用来删除指定的用户

续表

GET	PUT	DELETE	POST	Path & Description
X				/api/users/*user*/permissions 用来获取指定用户的所有权限
X				/api/whoami 显示当前的登录用户
X				/api/permissions 列出所有用户的所有权限
X	X	X		/api/permissions/*vhost*/*user* GET 方法列出指定的权限。PUT 方法添加指定的权限，对应的内容参考： {"configure":".*","write":".*","read":".*"} 所有项都是必需的，对应 configure、write、read 的细节可以参考 5.1 节。DELETE 方法用来删除指定的权限
X				/api/parameters 列出所有 vhost 级别的 Parameter。有关 Parameter 的更多细节可以参考 6.3 节的内容
X				/api/parameters/*component* 列出指定组件（比如 federation-upstream、shovel 等）的所有 vhost 级别的 Parameter
X				/api/parameters/*component*/*vhost* 列出指定 vhost 和组件的所有 vhost 级别的 Parameter
X	X	X		/api/parameters/*component*/*vhost*/*name* GET 方法列出一个指定的 vhost 级别的 Parameter。PUT 方法用来设置一个 Parameter，对应的内容参考如下： {"vhost": "/", "component":"federation", "name":"local_username", "value": "guest"} DELETE 方法用来删除一个指定的 vhost 级别的 Parameter
X				/api/global-parameters 列出所有的 global 级别的 Parameter
X	X	X		/api/global-parameters/*name* GET 方法列出一个指定的 global 级别的 Parameter。PUT 方法用来设置一个指定的 global 级别的 Parameter，对应的内容参考： {"name":"user_vhost_mapping","value":{"guest":"/","rabbit":"warren"}} DELETE 方法用来删除一个指定的 global 级别的 Parameter
X				/api/policies 列出所有的 Policy。有关 Policy 的所有细节可以参考 6.3 节
X				/api/policies/*vhost* 列出指定 vhost 下的所有 Policy

续表

GET	PUT	DELETE	POST	Path & Description
X	X	X		/api/policies/*vhost*/*name* GET 方法列出指定的 Policy。PUT 方法用来设置一个 Policy，对应的内容可以参考： {"pattern":"^amq.", "definition": {"federation-upstream-set":"all"}, "priority":0, "apply-to": "all"} 其中 pattern 和 definition 是必需的，其余可选。DELETE 方法用来删除一个指定的 Policy
X				/api/aliveness-test/*vhost* 声明一个队列，并基于其上生产和消费一条消息，用来测试系统是否运行完好。这个接口可以方便一些监控工具（如 Zabbix）的调用。如果系统运行完好，调用这接口会返回{"status":"ok"}，状态码为 200。更多内容可以参考 7.6.3 节
X				/api/healthchecks/node 对当前节点中进行基本的健康检查，包括 RabbitMQ 应用、信道、队列是否正常运行且无告警。如果一切正常则接口返回： {"status":"ok"} 如果有异常则接口返回： {"status":"failed","reason":"string"} 不管正常与否，状态都是 200
X				/api/healthchecks/node/*node* 对指定节点进行基本的健康检查，其余同/api/healthchecks/node

HTTP API 接口通常用来方便客户端的调用，比如 7.4.1 节中的元数据创建就用到了这个。如果单纯地使用 `curl` 的方式来调用，`rabbitmqadmin` 会显得更加方便。`rabbitmqadmin` 也是 RabbitMQ Management 插件提供的功能，它会包装 HTTP API 接口，使其调用显得更加简洁方便。比如前面的创建、显示和删除队列 queue 就可以这么做：

```
[root@node1 ~]# ./rabbitmqadmin -u root -p root123 declare queue name=queue1
queue declared
[root@node1 ~]# ./rabbitmqadmin list queues
+--------+----------+
| name   | messages |
+--------+----------+
| queue1 | 0        |
+--------+----------+
[root@node1 ~]# ./rabbitmqadmin -u root -p root123 delete queue name=queue1
queue deleted
[root@node1 ~]# ./rabbitmqadmin list queues
No items
```

`rabbitmqadmin` 是需要安装的，不过这个步骤非常简单，可以点击 Web 管理页面左下角的"Command Line"跳转到"rabbitmqadmin"页面进行下载,或者通过下面的示例进行下载。

```
[root@node1 ~]# wget http://192.168.0.2:15672/cli/rabbitmqadmin
--2017-08-25 17:32:50--  http://192.168.0.2:15672/cli/rabbitmqadmin
Connecting to 192.168.0.2:15672... connected.
HTTP request sent, awaiting response... 200 OK
Length: 36192 (35K) [application/octet-stream]
Saving to: "rabbitmqadmin"
100%[===============================>] 36,192      --.-K/s   in 0s
2017-08-25 17:32:50 (372 MB/s) - "rabbitmqadmin" saved [36192/36192]
[root@node1 ~]# chmod +x rabbitmqadmin
```

下载rabbitmqadmin到当前目录下,之后为其添加可执行权限。在使用rabbitmqadmin前还要确保已经成功安装Python,Python的版本需为2.x。下面的示例用来显示当前的Python版本:

```
[root@node1 ~]# python
Python 2.6.6 (r266:84292, Jan 22 2014, 09:42:36)
[GCC 4.4.7 20120313 (Red Hat 4.4.7-4)] on linux2
Type "help", "copyright", "credits" or "license" for more information.
>>> quit()
```

如果一一列举rabbitmqadmin的用法未免过于兴师动众,可以通过rabbitmqadmin --help命令来获得相应的使用方式,参考如下:

```
[root@node1 ~]# ./rabbitmqadmin --help
Usage
=====
  rabbitmqadmin [options] subcommand
Options
=======
--help, -h              show this help message and exit
--config=CONFIG, -c CONFIG
                        configuration file [default: ~/.rabbitmqadmin.conf]
--node=NODE, -N NODE    node described in the configuration file [default:
                        'default' only if configuration file is specified]
--host=HOST, -H HOST    connect to host HOST [default: localhost]
--port=PORT, -P PORT    connect to port PORT [default: 15672]
--path-prefix=PATH_PREFIX
....(省略若干信息)
More Help
=========
For more help use the help subcommand:
  rabbitmqadmin help subcommands   # For a list of available subcommands
  rabbitmqadmin help config        # For help with the configuration file
```

5.7 小结

本章的内容主要围绕 RabbitMQ 的管理这个主题展开，包括多租户、权限、用户、应用和集群管理、服务端状态等方面，这些都可以通过 rabbitmqctl 这一系列的工具来管控。rabbitmqctl 也是 RabbitMQ 中最复杂的 CLI 管理工具，本章也基本涵盖了大部分的 rabbitmqctl 工具的使用细节。在使用相关命令时，完全可以把本章的内容作为一个使用手册来查阅。本章还有一个重点就是 rabbitmq_management 插件，它在提供用户图形化的管理功能之余，还提供了相应的监控功能。不仅如此，rabbitmq_management 插件还提供了 HTTP API 接口以方便用户调用，比如在后面 7.4 节和 7.5 节中所讲到的一些功能都需要相关的 HTTP API 接口的协助。

第 6 章
RabbitMQ 配置

一般情况下，可以使用默认的内建配置来有效地运行 RabbitMQ，并且大多数情况下也并不需要修改任何 RabbitMQ 的配置。当然，为了更加有效地操控 RabbitMQ，也可以利用调节系统范围内的参数来达到定制化的需求。

RabbitMQ 提供了三种方式来定制化服务：

（1）环境变量（Enviroment Variables）。RabbitMQ 服务端参数可以通过环境变量进行配置，例如，节点名称、RabbitMQ 配置文件的地址、节点内部通信端口等。

（2）配置文件（Configuration File）。可以定义 RabbitMQ 服务和插件设置，例如，TCP 监听端口，以及其他网络相关的设置、内存限制、磁盘限制等。

（3）运行时参数和策略（Runtime Parameters and Policies）。可以在运行时定义集群层面的服务设置。

对于不同的操作系统和不同的 RabbitMQ 安装包来说，相应的配置会有所变化，包括相应的配置文件的地址等，在使用时要尤为注意。

6.1 环境变量

RabbitMQ 的环境变量都是以"RABBITMQ_"开头的，可以在 Shell 环境中设置，也可以在 rabbitmq-env.conf 这个 RabbitMQ 环境变量的定义文件中设置。如果是在非 Shell 环境中配置，则需要将"RABBITMQ_"这个前缀去除。优先级顺序按照 Shell 环境最优先，其次 rabbitmq-env.conf 配置文件，最后是默认的配置。

当采用 rabbitmq-server -detached 启动 RabbitMQ 服务的时候，此服务节点默认以"rabbit@"加上当前的 Shell 环境的 hostname（主机名）来命名，即 rabbit@$HOSTNAME。参考下面，当前 Shell 环境的 hostname 为"node1"。

```
[root@node1~]# hostname
node1
[root@node1~]# rabbitmq-server -detached
Warning: PID file not written; -detached was passed.
[root@node1 ~]# rabbitmqctl cluster_status
Cluster status of node rabbit@node1
[{nodes,[{disc,[rabbit@node1]}]},
 {running_nodes,[rabbit@node1]},
 {cluster_name,<<"rabbit@node1">>},
 {partitions,[]},
 {alarms,[{rabbit@node1,[]}]}]    //有些比较旧的版本是没有alarms这一项的
```

如果需要制定节点的名称，而不是采用默认的方式，可以在 rabbitmq-server 命令前添加 RABBITMQ_NODENAME 变量来设定指定的名称。如下所示，此时创建的节点名称为"rabbit@node2"而非"rabbit@node1"。

```
[root@node1 ~]# RABBITMQ_NODENAME=rabbit@node2 rabbitmq-server -detached
Warning: PID file not written; -detached was passed.
```

注意要点：

如果先执行 RABBITMQ_NODENAME=rabbit@node1，再执行 rabbitmq-server -detached 命令，相当于只执行 rabbitmq-server -detached 命令，即对 RABBITMQ_NODENAME 的定义无效。

以 RABBITMQ_NODENAME 这个变量为例，RabbitMQ 在启动服务的时候首先判断当前 Shell 环境中有无 RABBITMQ_NODENAME 的定义，如果有则启用此值；如果没有，则查看 rabbitmq-env.conf 中是否定义了 NODENAME 这个变量，如果有则启用此值，如果没有则采用默认的取值规则，即 rabbit@$HOSTNAME。

下面演示如何配置 rabbitmq-env.conf 这个文件（默认在$RABBITMQ_HOME/etc/rabbitmq/目录下，可以通过在启动 RabbitMQ 服务时指定 RABBITMQ_CONF_ENV_FILE 变量来设置此文件的路径）：

```
# RabbitMQ 环境变量的定义文件
# 定义节点名称
NODENAME=rabbit@node1
# 定义 RabbitMQ 的对外通信端口号
NODE_PORT=5672
# 定义 RabbitMQ 配置文件的目录，注意对于 rabbitmq.config
# 文件来说这里不用添加".config 后缀"
CONFIG_FILE=/opt/rabbitmq/etc/rabbitmq/rabbitmq
```

对于默认的取值规则，这个在$RABBITMQ_HOME/sbin/rabbitmq-defaults 文件中有相关设置，当然也可以通过修改这个文件中的内容来修改 RabbitMQ 的环境变量，但是并不推荐这么做，还是建议读者在 rabbitmq-env.conf 中进行相应的设置。rabbitmq-defaults 文件中的内容如代码清单 6-1 所示。

代码清单 6-1　rabbitmq-defaults 文件

```
#!/bin/sh -e
## The contents of this file are subject to the Mozilla Public License
## Version 1.1 (the "License"); you may not use this file except in
## compliance with the License. You may obtain a copy of the License
## at http://www.mozilla.org/MPL/
##
## Software distributed under the License is distributed on an "AS IS"
## basis, WITHOUT WARRANTY OF ANY KIND, either express or implied. See
## the License for the specific language governing rights and
## limitations under the License.
##
## The Original Code is RabbitMQ.
##
## The Initial Developer of the Original Code is GoPivotal, Inc.
## Copyright (c) 2012-2015 Pivotal Software, Inc. All rights reserved.
##
```

```
### next line potentially updated in package install steps
SYS_PREFIX=${RABBITMQ_HOME}

### next line will be updated when generating a standalone release
ERL_DIR=

CLEAN_BOOT_FILE=start_clean
SASL_BOOT_FILE=start_sasl

if [ -f "${RABBITMQ_HOME}/erlang.mk" ]; then
# RabbitMQ is executed from its source directory. The plugins
# directory and ERL_LIBS are tuned based on this.
RABBITMQ_DEV_ENV=1
fi

## Set default values

BOOT_MODULE="rabbit"

CONFIG_FILE=${SYS_PREFIX}/etc/rabbitmq/rabbitmq
LOG_BASE=${SYS_PREFIX}/var/log/rabbitmq
MNESIA_BASE=${SYS_PREFIX}/var/lib/rabbitmq/mnesia
ENABLED_PLUGINS_FILE=${SYS_PREFIX}/etc/rabbitmq/enabled_plugins

PLUGINS_DIR="${RABBITMQ_HOME}/plugins"

# RABBIT_HOME can contain a version number, so default plugins
# directory can be hard to find if we want to package some plugin
# separately. When RABBITMQ_HOME points to a standard location where
# it's usually being installed by package managers, we add
# "/usr/lib/rabbitmq/plugins" to plugin search path.
case "$RABBITMQ_HOME" in
/usr/lib/rabbitmq/*)
PLUGINS_DIR="/usr/lib/rabbitmq/plugins:$PLUGINS_DIR"
;;
esac

CONF_ENV_FILE=${SYS_PREFIX}/etc/rabbitmq/rabbitmq-env.conf
```

表 6-1 中梳理一些常见的 RabbitMQ 变量，这里包括但不仅限于这些变量。

表 6-1 常见的 RabbitMQ 变量

变量名称	描述
RABBITMQ_NODE_IP_ADDRESS	绑定某个特定的网络接口。默认值是空字符串，即绑定到所有网络接口上。如果要绑定两个或者更多的网络接口，可以参考 rabbitmq.config 中的 tcp_listeners 配置

续表

变量名称	描 述
RABBITMQ_NODE_PORT	监听客户端连接的端口号，默认为5672
RABBITMQ_DIST_PORT	RabbitMQ 节点内部通信的端口号，默认值为 RABBITMQ_NODE_PORT+20000，即 25672。如果设置了 kernel.inet_dist_listen_min 或者 kernel.inect_dist_listen_max 时，此环境变量将被忽略
RABBITMQ_NODENAME	RabbitMQ 的节点名称，默认为 rabbit@$HOSTNAME。在每个 Erlang 节点和机器的组合中，节点名称必须唯一
RABBITMQ_CONF_ENV_FILE	RabbitMQ 环境变量的配置文件(rabbitmq-env.conf)的地址，默认值为 $RABBITMQ_HOME/etc/rabbitmq/rabbitmq-env.conf 注意这里与 RabbitMQ 配置文件 rabbitmq.config 的区别
RABBITMQ_USE_LONGNAME	如果当前的 hostname 为 node1.longname，那么默认情况下创建的节点名称为 rabbit@node1，将此参数设置为 true 时，创建的节点名称就为 rabbit@node1.longname，即使用了长名称命名。默认值为空
RABBITMQ_CONFIG_FILE	RabbitMQ 配置文件（rabbitmq.config）的路径，注意没有".config"的后缀。默认值为$RABBITMQ_HOME/etc/rabbitmq/rabbitmq
RABBITMQ_MNESIA_BASE	RABBITMQ_MNESIA_DIR 的父目录。除非明确设置了RABBITMQ_MNESIA_DIR目录，否则每个节点都应该配置这个环境变量。默认值为 $RABBITMQ_HOME/var/lib/rabbitmq/mnesia 注意对于 RabbitMQ 的操作用户来说，需要有对当前目录可读、可写、可创建文件及子目录的权限
RABBITMQ_MNESIA_DIR	包含 RabbitMQ 服务节点的数据库、数据存储及集群状态等目录，默认值为 $RABBITMQ_MNESIA_BASE/$RABBITMQ_NODENAME
RABBITMQ_LOG_BASE	RabbitMQ 服务日志所在基础目录。默认值为$RABBITMQ_HOME/var/log/rabbitmq
RABBITMQ_LOGS	RabbitMQ 服务与 Erlang 相关的日志，默认值为 $RABBITMQ_LOG_BASE/$RABBITMQ_NODENAME.log
RABBITMQ_SASL_LOGS	RabbitMQ 服务于 Erlang 的 SASL(System Application Support Libraries)相关的日志，默认值为$RABBITMQ_LOG_BASE/$RABBITMQ_NODENAME-sasl.log
RABBITMQ_PLUGINS_DIR	插件所在路径。默认值为$RABBITMQ_HOME/plugins

注意，如果没有特殊的需求，不建议更改 RabbitMQ 的环境变量。如果在实际生产环境中，对于配置和日志的目录有着特殊的管理目录，那么可以参考以下相应的配置：

```
#配置文件的地址
CONFIG_FILE=/apps/conf/rabbitmq/rabbitmq
#环境变量的配置文件的地址
CONF_ENV_FILE=/apps/conf/rabbitmq/rabbitmq-env.conf
#服务日志的地址
LOG_BASE=/apps/logs/rabbitmq
#Mnesia 的路径
MNESIA_BASE=/apps/dbdat/rabbitmq/mnesia
```

6.2 配置文件

前面提到默认的配置文件的位置取决于不同的操作系统和安装包。最有效的方法就是检查 RabbitMQ 的服务日志，在启动 RabbitMQ 服务的时候会打印相关信息。如下所示，其中的"config files(s)"为目前的配置文件所在的路径。

```
=INFO REPORT==== 27-Jun-2017::19:30:08 ===
node           : rabbit@node1
home dir       : /root
config file(s) : /opt/rabbitmq/sbin/../etc/rabbitmq/rabbitmq.config
cookie hash    : K9v2VnrpjB5ZmdgTFb2XTQ==
log            : /opt/rabbitmq/sbin/../var/log/rabbitmq/rabbit@node1.log
sasl log       : /opt/rabbitmq/sbin/../var/log/rabbitmq/rabbit@node1-sasl.log
database dir   : /opt/rabbitmq/sbin/../var/lib/rabbitmq/mnesia/rabbit@node1
```

在实际应用中，可能会遇到明明设置了相应的配置却没有生效的情况，也许是 RabbitMQ 启动时并没有能够成功加载到相应的配置文件，如下所示。

```
config file(s) : /opt/rabbitmq/sbin/../etc/rabbitmq/rabbitmq.config (not found)
```

如果看到有 "not found" 标识，那么可以检查日志打印的路径中有没有相关的配置文件，或者检查配置文件的地址是否设置正确（通过 `RABBITMQ_CONFIG_FILE` 变量或者 `rabbitmq-env.conf` 文件设置）。如果 `rabbitmq.config` 文件不存在，可以手动创建它。

还可以通过查看进程信息的方式来检查配置文件的位置。通过 `ps aux|grep rabbitmq` 命令查看到 RabbitMQ 进程的信息，如果 `rabbitmq.config` 文件不处于默认的路径中，则会有 -config 选项标记正在使用的路径，如以下示例中的加粗部分：

```
[root@node1 rabbit@node1]# ps aux |grep rabbitmq
root     20503  9.6  0.9 3906904 72912 ?        Sl   19:23   0:04 /opt/erlang/
lib/erlang/erts-8.1/bin/beam.smp -W w -A 64 -P 1048576 -t 5000000 -stbt db -zdbbl
32000 -K true -- -root /opt/erlang/lib/erlang -progname erl -- -home /root -- -pa
/opt/rabbitmq/ebin -noshell -noinput -s rabbit boot -sname rabbit@node1 -boot start_
sasl -config /etc/rabbitmq/rabbitmq -kernel inet_default_connect_options [{nodelay,
true}] -sasl errlog_type error -sasl sasl_error_logger false -rabbit error_logger
{file,"/opt/rabbitmq/var/log/rabbitmq/rabbit@node1.log"} -rabbit sasl_error_
logger {file,"/opt/rabbitmq/var/log/rabbitmq/rabbit@node1-sasl.log"} -rabbit
enabled_plugins_file "/opt/rabbitmq/etc/rabbitmq/enabled_plugins" -rabbit plugins_
dir "/opt/rabbitmq/plugins" -rabbit plugins_expand_dir "/opt/rabbitmq/var/lib/
rabbitmq/mnesia/rabbit@node1-plugins-expand" -os_mon start_cpu_sup false -os_mon
start_disksup false -os_mon start_memsup false -mnesia dir "/opt/rabbitmq/var/lib/
```

```
rabbitmq/mnesia/rabbit@node1" -kernel inet_dist_listen_min 25672 -kernel inet_dist_
listen_max 25672 -noshell -noinput
```

6.2.1 配置项

一个极简的 rabbitmq.config 文件配置[31]如以下代码所示（注意包含尾部的点号）：

```
[
    {
        rabbit, [
            {tcp_listeners, [5673]}
        ]
    }
].
```

上面的配置将 RabbitMQ 监听 AMQP 0-9-1 客户端连接的默认端口号从 5672 修改为 5673。在后面第 8 章中的 Shovel 及第 10 章中的网络分区处理都会涉及 rabbitmq.config 的使用。

表 6-2 中展示了与 RabbitMQ 服务相关的大部分配置项。如无特殊需要，不建议贸然修改这些默认配置。注意，与插件有关的配置并未在表 6-2 中列出。

表 6-2 RabbitMQ 服务相关配置

配 置 项	描 述
tcp_listeners	用来监听 AMQP 连接（无 SSL）。可以配置为端口号或者端口号与主机名组成的二元组。示例如下： [{rabbit, [{tcp_listeners, [{"192.168.0.2", 5672}]}]}]. 或者 [{rabbit, [{tcp_listeners, [{"127.0.0.1", 5672}, {"::1", 5672}]}]}]. 默认值为[5672]
num_tcp_acceptors	用来处理 TCP 连接的 Erlang 进程数目，默认值为 10

---

[1] 一个比较完整的配置案例可以参考：https://github.com/rabbitmq/rabbitmq-server/blob/stable/docs/rabbitmq.config.example，这个示例文件中包含了大多数配置项与其相应的说明，示例中的所有配置项都做了注释。注意，示例文件仅仅是示例文件，不应该将其视为通用的推荐配置。

续表

配 置 项	描 述
handshake_timeout	AMQP 0-8/0-9/0-9-1 握手(在 socket 连接和 SSL 握手之后)的超时时间，单位为毫秒。默认值为 10000
ssl_listeners	同 tcp_listeners，用于 SSL 连接。默认值为[]
num_ssl_acceptors	用来处理 SSL 连接的 Erlang 进程数目，默认值为 1
ssl_options	SSL 配置。默认值为[]
ssl_handshake_timeout	SSL 的握手超时时间。默认值为 5000
vm_memory_high_watermark	触发流量控制的内存阈值。默认值为 0.4。更多详细内容请参考 9.2 节
vm_memory_calculation_strategy	内存使用的报告方式。一共有 2 种 （1）rss：采用操作系统的 RSS 的内存报告 （2）erlang：采用 Erlang 的内存报告 默认值为 rss
vm_memory_high_watermark_paging_ratio	内存高水位的百分比阈值，当达到阈值时，队列开始将消息持久化到磁盘以释放内存。这个需要配合 vm_memory_high_watermark 这个参数一起使用。默认值为 0.5。更多详细内容请参考 9.2 节
disk_free_limit	RabbitMQ 存储数据分区的可用磁盘空间限制。当可用空间值低于阈值时，流程控制将被触发。此值可根据 RAM 的相对大小来设置（如{mem_relative, 1.0}）。此值也可以设为整数（单位为 B），或者使用数字+单位（如 "50MB"）。默认情况下，可用磁盘空间必须超过 50MB。默认值为 50000000
log_levels	控制日志的粒度。该值是日志事件类别（category）和日志级别（level）的二元组列表 目前定义了 4 种日志类别 （1）channel：所有与 AMQP 信道相关的日志 （2）connection：所有与连接相关的日志 （3）federation：所有与 federation 相关的日志 （4）mirroring：所有与镜像相关的日志 其他未分类的日志也会被记录下来 日志级别有 5 种：none 表示不记录日志事件；error 表示只记录错误；warning 表示只记录错误和告警；info 表示记录错误、告警和信息；debug 表示记录错误、告警、信息和调试信息 默认值为[{connection, info}]
frame_max	与客户端协商的允许最大帧大小，单位为 B。设置为 0 表示无限制，但在某些 QPid 客户端会引发 bug。设置较大的值可以提高吞吐量；设置一个较小的值可能会提高延迟。默认值为 131072
channel_max	与客户端协商的允许最大信道个数。设置为 0 表示无限制。该数值越大，则 Broker 的内存使用就越高。默认值为 0
channel_operation_timeout	信道运行的超时时间，单位为毫秒（内部使用，因为消息协议的区别和限制，不暴露给客户端）。默认值为 15000

续表

配置项	描述
heartbeat	服务器和客户端连接的心跳延迟,单位为秒。如果设置为0,则禁用心跳。在有大量连接的情况下,禁用心跳可以提高性能,但可能会导致一些异常。默认值为60。在3.5.5版本之前为580
default_vhost	设置默认的vhost。交换器amq.rabbitmq.log就在这个vhost上默认值为<<"/">>
default_user	设置默认的用户。默认值为<<"guest">>
default_pass	设置默认的密码。默认值为<<"guest">>
default_user_tags	设置默认用户的角色。默认值为[administrator]
default_permissions	设置默认用户的权限。默认值为[<<".*">>, <<".*">>, <<".*">>]
loopback_users	设置只能通过本地网络(如localhost)来访问Broker的用户列表。如果希望通过默认的guest用户能够通过远程网络访问Broker,那么需要将这项设置为[]。默认值为<<"guest">>
cluster_nodes	可以用来配置集群。这个值是一个二元组,二元组的第一个元素是想要与其建立集群关系的节点,第二个元素是节点的类型,要么是disc,要么是ram。默认值为{[], disc}
server_properties	连接时向客户端声明的键值对列表。默认值为[]
collect_statistics	统计数据的收集模式,主要与RabbitMQ Management插件相关,共有3个值可选: (1) none: 不发布统计事件 (2) coarse: 发布每个队列/信道/连接的统计事件 (3) fine: 同时还发布每个消息的统计事件 默认值为none
collect_statistics_interval	统计数据的收集时间间隔,主要与RabbitMQ Management插件相关。默认值为5000
management_db_cache_multiplier	设置管理插件将缓存代价较高的查询的时间。缓存将把最后一个查询的运行时间乘以这个值,并在此时间内缓存结果。默认值为5
delegate_count	内部集群通信中,委派进程的数目。在拥有很多个内核并且是集群中的一个节点的机器上可以增加此值。默认值为16
tcp_listen_options	默认的socket选项。默认值为: [{backlog, 128}, {nodelay, true}, {linger, {true,0}}, {exit_on_close, false}]
hipe_compile	将此项设置为true就可以开启HiPE功能,即Erlang的即时编译器。虽然在启动时会增加时延,但是能够有20%~50%的性能提升,当然这个数字高度依赖于负载和机器硬件。在你的Erlang安装包中可能没有包含HiPE的支持,如果没有,则在开启这一项,并且在RabbitMQ启动时会有相应的告警信息。HiPE并非在所有平台都可以,尤其是Windows操作系统。在Erlang/OTP17.5版本之前,HiPE有明显的问题。如果要使用HiPE推荐使用最新版的Erlang/OTP。默认值为false

续表

配 置 项	描 述
cluster_partition_handling	如何处理网络分区。有 4 种取值：ignore；pause_minority；{pause_if_all_down, [nodes], ignore | autoheal}；autoheal 默认值为 false 详细请参考第 10 章的内容
cluster_keepalive_interval	向其他节点发送存活消息的频率。单位为毫秒。这个参数和 net_ticktime 参数不同，丢失存活消息并不会导致节点被认为已失效。默认值为 10000
queue_index_embed_msgs_below	消息的大小小于此值时会直接嵌入到队列的索引中。单位为 B。默认值为 4096
msg_store_index_module	队列索引的实现模块。默认值为 rabbit_msg_store_ets_index
backing_queue_module	队列内容的实现模块。默认值为 rabbit_variable_queue。不建议修改此项
mnesia_table_loading_retry_limit	等待集群中 Mnesia 数据表可用时最大的重试次数 默认值为 10
mnesia_table_loading_retry_timeout	每次重试时，等待集群中 Mnesia 数据表可用时的超时时间 默认值为 30000
queue_master_locator	队列的定位策略，即创建队列时以什么策略判断坐落的 Broker 节点。如果配置了镜像，则这里指 master 镜像的定位策略 可用的策略有：<<"min-masters">>、<<"client-local">>、<<"random">>。默认值为 <<"client-local">>
lazy_queue_explicit_gc_run_operation_threshold	在使用惰性队列（lazy queue）时进行内存回收动作的阈值。一个低的值会降低性能，一个高的值可以提高性能，但是会导致更高的内存消耗。默认值为 1000
queue_explicit_gc_run_operation_threshold	在使用正常队列时进行内存回收动作的阈值。一个低的值会降低性能，一个高的值可以提高性能，但是会导致更高的内存消耗。默认值为 1000

6.2.2 配置加密

配置文件中有一些敏感的配置项可以被加密，然后在 RabbitMQ 启动时可以对这些项进行解密。对这些项进行加密并不是意味着系统的安全性增强了，而是遵从一些必要的规范，让一些敏感的数据不会出现在文本形式的配置文件中。在配置文件中将加密之后的值以"{encrypted,加密的值}"形式包裹，比如下面的示例中使用口令"`zzhpassphrase`"将密码"`guest`"加密。

```
[
    {
        rabbit,[
            {default_user,<<"guest">>},
            {default_pass,
```

```
            {default_user,<<"guest">>},
            {default_pass,
                {
                    {encrypted,<<"HuVPYgSUdbogWL+2jGsgDMGZpDfiz+HurDuedpG8d
                    QX/U+DMHcBluAl5a5jRnAbs+OviX5EmsJJ+c0XgRRcADA==">>}
                }
            },
            {loopback_users,[]},
            {config_entry_decoder,[
                {passphrase,<<"zzhpassphrase">>}
            ]}
        ]
    }
].
```

`config_entry_decoder` 项中的 `passphrase` 配置的就是口令。注意这里将 `loopback_users` 项配置为 `[]`，就可以使用非本地网络访问 RabbitMQ 了，如果开启了 RabbitMQ Management 插件，就可以使用 guest/guest 的用户及密码来访问 Web 管理界面了。

`passphrase` 项中的内容不一定要以硬编码的形式呈现，还可以使用单独文件来赋值，示例参考如下：

```
[
  {rabbit, [
      ...
      {config_entry_decoder, [
          {passphrase, {file, "/path/to/passphrase/file"}}
      ]}
  ]}
].
```

这里就有疑问了，`encrypted` 项中的一长串的加密后的值从何而来？这里就用到了 `rabbitmqctl encode` 命令，如下所示。

```
[root@node1 ~]# rabbitmqctl encode '<<"guest">>' zzhpassphrase
{encrypted,<<"HuVPYgSUdbogWL+2jGsgDMGZpDfiz+HurDuedpG8dQX/U+DMHcBluAl5a5jRnAbs+OviX5EmsJJ+c0XgRRcADA==">>}
```

对应的解密示例如下：

```
[root@node1 ~]# rabbitmqctl encode --decode '{encrypted,<<"L9QuE5RGFB2eEd8uwpjbUpALmMGAJwXjf2sTcGLhxwCVsICtNAqlXX7OWxJ2nwxN5PGmVlCOAlTy3C6n9RKX1g==">>}' zzhpassphrase
<<"guest">>
```

默认情况下，加密机制 PBKDF2 用来从口令中派生出密钥。默认的 Hash 算法是 SHA512，

示例如下：

```
[
  {rabbit, [
    ...
    {config_entry_decoder, [
        {passphrase, "zzhpassphrase"},
        {cipher, blowfish_cfb64},
        {hash, sha256},
        {iterations, 10000}
    ]}
  ]}
].
```

或者通过 `rabbitmqctl encode` 命令设置：

```
rabbitmqctl encode --cipher blowfish_cfb64 --hash sha256 --iterations 10000
'<<"guest">>' zzhpassphrase
```

`rabbitmqctl encode` 的完整命令为：

```
rabbitmqctl encode [--decode] [<value>] [<passphrase>] [--list-ciphers]
[--list-hashes] [--cipher <cipher>] [--hash <hash>] [--iterations <iterations>]
```

命令中的参数在前面的内容中基本都有涉及，剩余的 `[--list-ciphers]`、`[--list-hashes]` 两个参数分别用来罗列当前 RabbitMQ 所支持的加密算法和 Hash 算法。示例如下：

```
[root@node1 ~]# rabbitmqctl encode --list-ciphers
[des3_cbc,des_ede3,des3_cbf,des3_cfb,aes_cbc,aes_cbc128,aes_cfb8,aes_cfb128,
 aes_cbc256,aes_ige256,des_cbc,des_cfb,blowfish_cbc,blowfish_cfb64,
 blowfish_ofb64,rc2_cbc]
[root@node1 rabbitmq]# rabbitmqctl encode --list-hashes
[sha,sha224,sha256,sha384,sha512,md5]
```

6.2.3 优化网络配置

网络是客户端和 RabbitMQ 之间通信的媒介。RabbitMQ 支持的所有协议都是基于 TCP 层面的。包括操作系统和 RabbitMQ 本身都提供了许多可调节的参数，除了操作系统内核参数和 DNS，所有的 RabbitMQ 设置都可以通过在 rabbitmq.config 配置文件中配置来实现。

网络本身就是一个非常宽泛的话题，其中涉及许多的配置选项，这些选项可以对某些任务产生积极的或者消极的影响。本节并不囊括所有的知识点，而是提供一些关键的可调节参数的索引，以作抛砖引玉之用。

RabbitMQ 在等待接收客户端连接时需要绑定一个或者多个网络接口（可以理解成 IP 地址），并监听特定的端口。网络接口使用 `rabbit.tcp_listeners` 选项来配置。默认情况下，RabbitMQ 会在所有可用的网络接口上监听 5672 端口。下面的示例演示了如何在一个指定的 IP 地址和端口上进行监听：

```
[
  {rabbit, [
    {tcp_listeners, [{"192.168.0.2", 5672}]}
  ]}
].
```

同时监听 IPv4 和 IPv6 上监听，示例如下：

```
[
  {rabbit, [
    {tcp_listeners, [{"127.0.0.1", 5672},
                     {"::1", 5672}]}
  ]}
].
```

优化网络配置的一个重要目标就是提高吞吐量，比如禁用 Nagle 算法、增大 TCP 缓冲区的大小。每个 TCP 连接都分配了缓冲区。一般来说，缓冲区越大，吞吐量也会越高，但是每个连接上耗费的内存也就越多，从而使总体服务的内存增大，这是一个权衡的问题。在 Linux 操作系统中，默认会自动调节 TCP 缓冲区的大小，通常会设置为 80KB 到 120KB 之间。要提高吞吐量可以使用 `rabbit.tcp_listen_options` 来加大配置。下面的示例中将 TCP 缓冲区大小设置为 192KB：

```
[
  {rabbit, [
    {tcp_listen_options, [
                  {backlog,       128},
                  {nodelay,       true},
                  {linger,        {true,0}},
                  {exit_on_close, false},
                  {sndbuf,        196608},
                  {recbuf,        196608}
                 ]}
  ]}
].
```

Erlang 在运行时使用线程池来异步执行 I/O 操作。线程池的大小可以通过 RABBITMQ_SERVER_ADDITIONAL_ERL_ARGS 这个环境变量来调节。示例如下：

RABBITMQ_SERVER_ADDITIONAL_ERL_ARGS="+A 128"

目前 3.6.x 版本的默认值为 128。当机器的内核个数大于等于 8 时，建议将此值设置为大于等于 96，这样可以确保每个内核上可以运行大于等于 12 个 I/O 线程。注意这个值并不是越高越能提高吞吐量。

大部分操作系统都限制了同一时间可以打开的文件句柄数。在优化并发连接数的时候，需确保系统有足够的文件句柄数来支撑客户端和 Broker 的交互。可以用每个节点上连接的数目乘以 1.5 来粗略的估算限制。例如，要支撑 10 万个 TCP 连接，需要设置文件句柄数为 15 万。当然，略微增加文件句柄数可以增加闲置机器内存的使用量，但这需要合理权衡。

如上所述，增大 TCP 缓冲区的大小可以提高吞吐量，如果减小 TCP 缓冲区的大小，这样就可以减小每个连接上的内存使用量。如果并发量比吞吐量更重要，可以修改此值。

前面所提到的禁用 Nagle 算法可以提高吞吐量，但是其主要还是用于减少延迟。RabbitMQ 内部节点交互时可以在 `kernel.inet_default_connect_options` 和 `kernel.inet_default_listen_options` 配置项中配置 `{nodelay, true}` 来禁用 Nagle 算法。`rabbit.tcp_listen_options` 也需要包含同样的配置，并且默认都是这样配置的，参考下面示例：

```
[
  {kernel, [
    {inet_default_connect_options, [{nodelay, true}]},
    {inet_default_listen_options,  [{nodelay, true}]}
  ]},
  {rabbit, [
    {tcp_listen_options, [
                    {backlog,       4096},
                    {nodelay,       true},
                    {linger,        {true,0}},
                    {exit_on_close, false}
                  ]}
  ]}
].
```

当优化并发连接数时，恰当的 Erlang 虚拟机的 I/O 线程池的大小也很重要，具体可以参考前面的内容。

当只有少量的客户端时，新建立的连接分布是非常不均匀的，但是由于数量足够小，所以没有太大的差异。当连接数量到达数万或者更多时，重要的是确保服务器能够接受入站连接。未接受的 TCP 连接将会放在有长度限制的队列中。这个通过 `rabbit.tcp_listen_options.backlog` 参数来设置，详细内容可以参考前一个示例。默认值为 128，当挂起的连接队列的长度超过此值时，连接将被操作系统拒绝。表 6-3 展示了 TCP 套接字的几个通用的选项。

表 6-3 通用的 TCP 套接字选项

参 数 项	描 述
rabbit.tcp_listen_options.nodelay	当设置为 true，可禁用 Nagle 算法。默认为 true。对于大多数用户而言，推荐设置为 true
rabbit.tcp_listen_options.sndbuf	参考前面讨论的 TCP 缓冲区。一般取值范围在 88KB 至 128KB 之间。增大缓冲区可以提高消费者的吞吐量，同时也会加大每个连接上的内存使用量。减小则有相反的效果
rabbit.tcp_listen_options.recbuf	参考前面讨论的 TCP 缓冲区。一般取值范围同样在 88KB 至 128KB 之间。一般是针对发送者或者协议操作
rabbit.tcp_listen_options.backlog	队列中未接受连接的最大数目。当达到此值时，新连接会被拒绝。对于成千上万的并发连接环境及可能存在大量客户重新连接的场景，可设为 4096 或更高
rabbit.tcp_listen_options.linger	当套接字关闭时，设置为{true, N}，用于设置刷新未发送数据的超时时间，单位为秒
rabbit.tcp_listen_options.keepalive	当设置为 true 时，启用 TCP 的存活时间。默认为 false。对于长时间空闲的连接（至少 10 分钟）是有意义的，虽然更推荐使用 heartbeat 的选项

与操作系统有关的网络设置也会影响到 RabbitMQ 的运行，理解这些设置选项同样至关重要。注意这一类型的内核参数在/etc/sysctl.conf 文件（Linux 操作系统）中配置，而不是在 rabbitmq.config 这个文件中。表 6-4 列出一些重要的可配置的相关选项：

表 6-4 一些可配置的内核选项

参 数 项	描 述
fs.file-max	内核分配的最大文件句柄数。极限值和当前值可以通过/proc/sys/fs/file-nr 来查看。示例如下： [root@node1 ~]# cat /proc/sys/fs/file-nr 8480　　　0　　　798282
net.ipv4.ip_local_port_range	本地 IP 端口范围，定义为一对值。该范围必须为并发连接提供足够的条目
net.ipv4.tcp_tw_reuse	当启用时，允许内核重用 TIME_WAIT 状态的套接字。当用在 NAT 时，此选项是很危险的
net.ipv4.tcp_fin_timeout	降低此值到 5～10 可减少连接关闭的时间，之后会停留在 TIME_WAIT 状态，建议用在有大量并发连接的场景

续表

参 数 项	描 述
net.core.somaxconn	监听队列的大小（同一时间建立过程中有多少个连接）。默认为128。增大到4096或更高，可以支持入站连接的爆发，如clients集体重连
net.ipv4.tcp_max_syn_backlog	尚未收到连接客户端确认的连接请求的最大数量。默认为128，最大值为65535。优化吞吐量时，4096和8192是推荐的起始值
net.ipv4.tcp_keepalive_*	net.ipv4.tcp_keepalive_time, net.ipv4.tcp_keepalive_intvl 和 net.ipv4.tcp_keepalive_probes 用于配置TCP存活时间
net.ipv4.conf.default.rp_filter	启用反向地址过滤。如果系统不关心IP地址欺骗，那么就禁用它

6.3 参数及策略

RabbitMQ 绝大大多数的配置都可以通过修改 `rabbitmq.config` 配置文件来完成，但是其中有些配置并不太适合在 `rabbitmq.config` 中去实现。比如某项配置不需要同步到集群中的其他节点中，或者某项配置需要在运行时更改，因为 `rabbitmq.config` 需要重启 Broker 才能生效。这种类型的配置在 RabbitMQ 中的另一种称呼为参数（Parameter），也可以称之为运行时参数（Runtime Parameter）。英文中的"arguments"也翻译为参数，比如 `channel.basicPublish` 方法中的参数就是指"arguments"，为了与之能够有效地区分，后边都使用 Parameter 或者 Runtime Parameter 的称谓来进行相应的阐述。

Parameter 可以通过 `rabbitmqctl` 工具或者 RabbitMQ Management 插件提供的 HTTP API 接口来设置。RabbitMQ 中一共有两种类型的 Parameter：vhost 级别的 Parameter 和 global 级别的 Parameter。vhost 级别的 Parameter 由一个组件名称（component name）、名称（name）和值（value）组成，而 global 级别的参数由一个名称和值组成，不管是 vhost 级别还是 global 级别的参数，其所对应的值都是 JSON 类型的。举例来说，Federation upstream 是一个 vhost 级别的 Parameter，它用来定义 Federation link 的上游信息，其对应的 Parameter 的组件名称为"federation-upstream"，名称对应于其自身的名称，而值对应于与上游的相关的连接参数等；对于 Shovel 而言也可以通过 Parameter 设置，其对应组件名称为"shovel"。有关 Federation 或 Shovel 的更多细节可以参考第8章。

vhost 级别的参数对应的 `rabbitmqctl` 相关的命令有三种：`set_parameter`、

list_parameters 和 clear_parameter。

rabbitmqctl set_parameter [-p vhost] {component_name} {name} {value}

用来设置一个参数。示例如下（例子中演示的 Federation upstream 的 Parameter 设置，需要先开启 rabbitmq_federation 插件）：

```
[root@node1 ~]# rabbitmq-plugins enable rabbitmq_federation
The following plugins have been enabled:
  rabbitmq_federation
Applying plugin configuration to rabbit@node1... started 1 plugin.
[root@node1 ~]# rabbitmqctl set_parameter federation-upstream f1 '{"uri":"amqp:
//root:root123@192.168.0.2:5672","ack-mode":"on-confirm"}'
Setting runtime parameter "f1" for component "federation-upstream" to "{\"uri\":\
"amqp://root:root123@192.168.0.2:5672\",\"ack-mode\":\"on-confirm\"}"
```

rabbitmqctl list_parameters [-p vhost]

用来列出指定虚拟主机上所有的 Parameter。示例如下：

```
[root@node1 ~]# rabbitmqctl list_parameters -p /
Listing runtime parameters
federation-upstream   f1 {"uri":"amqp://root:root123@192.168.0.2:5672","ack-
mode":"on-confirm"}
```

rabbitmqctl clear_parameter [-p vhost] {componenet_name} {key}

用来清除指定的参数。示例如下：

```
[root@node1 ~]# rabbitmqctl clear_parameter -p / federation-upstream f1
Clearing runtime parameter "f1" for component "federation-upstream"
[root@node1 ~]# rabbitmqctl list_parameters -p /
Listing runtime parameters
```

与 rabbitmqctl 工具相对应的 HTTP API 接口如下所述。

◆ 设置一个参数：PUT /api/parameters/{componenet_name}/vhost/name。

◆ 清除一个参数：DELETE /api/parameters/{componenet_name}/vhost/name。

◆ 列出指定 vhost 中的所有参数：GET /api/parameters。

global 级别 Parameter 的 set、clear 和 list 功能所对应的 rabbitmqctl 工具与 HTTP API 接口如表 6-5 所示。

表 6-5　global 级别的 Parameter 的操作

方式	详细内容
rabbitmqctl	rabbitmqctl set_global_parameter name value
	rabbitmqctl list_global_parameters
	rabbitmqctl clear_global_parameter name
HTTP API 接口	PUT /api/global-parameters/name
	DELETE /api/global-parameters/name
	GET /api/global-parameters/

global 级别的 Parameter 的示例如下（注意到集群名称 cluster_name 就是一个 global 级别的参数）：

```
[root@node1 ~]# rabbitmqctl list_global_parameters
Listing global runtime parameters
cluster_name    "rabbit@node1"
[root@node1 ~]# rabbitmqctl set_global_parameter name1 '{}'
Setting global runtime parameter "name1" to "{}"
[root@node1 ~]# rabbitmqctl list_global_parameters
Listing global runtime parameters
cluster_name    "rabbit@node1"
name1           []
[root@node1 ~]# rabbitmqctl clear_global_parameter name1
Clearing global runtime parameter "name1"
[root@node1 ~]# rabbitmqctl list_global_parameters
Listing global runtime parameters
cluster_name    "rabbit@node1"
```

除了一些固定的参数（比如 `durable` 或者 `exclusive`），客户端在创建交换器或者队列的时候可以配置一些可选的属性参数来获得一些不同的功能，比如 `x-message-ttl`、`x-expires`、`x-max-length` 等。通过客户端设定的这些属性参数一旦设置成功就不能再改变（不能修改也不能添加），除非删除原来的交换器或队列之后再重新创建新的。

Policy 的介入就可以很好的解决这类问题，它是一种特殊的 Parameter 的用法。Policy 是 vhost 级别的。一个 Policy 可以匹配一个或者多个队列（或者交换器，或者两者兼有），这样便于批量管理。与此同时，Policy 也可以支持动态地修改一些属性参数，大大地提高了应用的灵活度。一般来说，Policy 用来配置 Federation、镜像、备份交换器、死信等功能。

rabbitmq_managemet 插件本身就提供了 Policy 的支持。可以在 "Admin" -> "Policies" -> "Add / update a policy" 中添加一个 Policy。参考图 6-1，包含以下几个参数。

- `Virtual host`：表示当前 Policy 所在的 vhost 是哪个。
- `Name`：表示当前 Policy 的名称。
- `Pattern`：一个正则表达式，用来匹配相关的队列或者交换器。
- `Apply to`：用来指定当前 Policy 作用于哪一方。一共有三个选项——"Exchanges and queues"表示作用与 `Pattern` 所匹配的所有队列和交换器；"Exchanges"表示作用于与 `Pattern` 所匹配的所有交换器；"Queues"表示作用于与 `Pattern` 所匹配的所有队列。
- `Priority`：定义优先级。如果有多个 Policy 作用于同一个交换器或者队列，那么 `Priority` 最大的那个 Policy 才会有用。
- `Definition`：定义一组或者多组键值对，为匹配的交换器或者队列附加相应的功能。

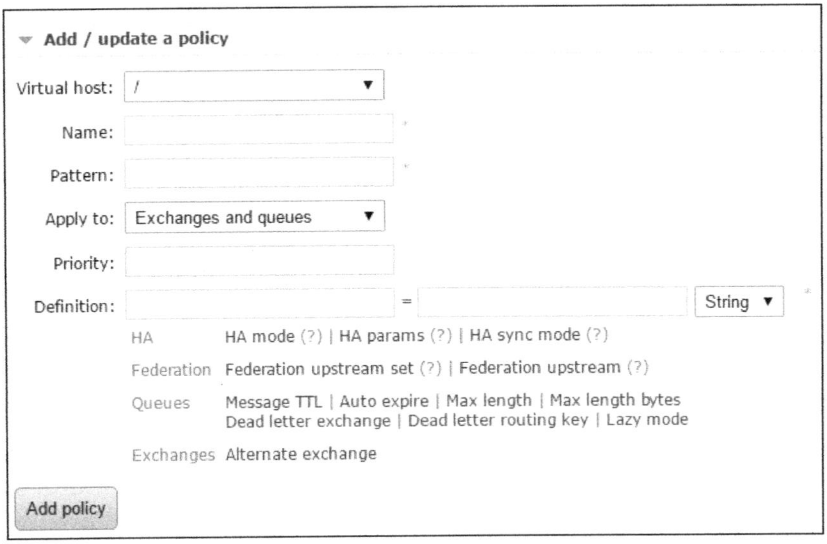

图 6-1　添加 Policy

作为一种 Paramter，Policy 也可以通过 `rabbitmqctl` 工具或者 HTTP API 接口来操作。与前面所讲的 Parameter 对应，`rabbitmqctl` 工具或者 HTTP API 接口各种都有 set、clear 和 list 的功能。

rabbitmqctl set_policy [-p vhost] [--priority priority] [--apply-to apply-to] {name} {pattern} {definition}

用来设置一个 Policy。其中的参数 name、patten 和 definition 是必填项，相关的参数细节可以参考图 6-1 中的参数。

示例如下，设置默认的 vhost 中所有以 "^amq." 开头的交换器为联邦交换器：

```
[root@node1 ~]# rabbitmqctl set_policy --apply-to exchanges  --priority 1 p1 "^amq."  '{"federation-upstream":"f1"}'
Setting policy "p1" for pattern "^amq." to "{\"federation-upstream\":\"f1\"}" with priority "1"
```

对应的 HTTP API 接口调用为：

```
[root@node1 ~]# curl -i -u root:root123 -XPUT -d '{"pattern": "^amq\.","definition": {"federation-upstream":"f1"}, "priority": 1, "apply-to": "exchanges"}' http://192.168.0.2:15672/api/policies/%2F/p1

HTTP/1.1 204 No Content
server: Cowboy
date: Mon, 21 Aug 2017 12:36:20 GMT
content-length: 0
content-type: application/json
vary: accept, accept-encoding, origin
```

rabbitmqctl list_policies [-p vhost]

列出默认 vhost 中所有的 Policy。示例如下：

```
[root@node1 ~]# rabbitmqctl list_policies
Listing policies
/    p1    exchanges    ^amq.    {"federation-upstream":"f1"}    1
```

对应的 HTTP API 接口调用为：

```
[root@node1 ~]# curl -i -u root:root123 -XGET http://192.168.0.2:15672/api/policies/%2F

HTTP/1.1 200 OK
server: Cowboy
date: Mon, 21 Aug 2017 12:37:30 GMT
content-length: 125
content-type: application/json
vary: accept, accept-encoding, origin
Cache-Control: no-cache
[{"vhost":"/","name":"p1","pattern":"^amq\\.","apply-to":"exchanges","definition":{"federation-upstream":"f1"},"priority":1}]
```

rabbitmqctl clear_policy [-p vhost] {name}

清除指定的 Policy。示例如下：

```
[root@node1 ~]# rabbitmqctl clear_policy p1
Clearing policy "p1"
```

对应的 HTTP API 接口调用为：

```
[root@node1 ~]# curl -i -u root:root123 -XDELETE http://192.168.0.2:15672/api/policies/%2F/p1

HTTP/1.1 204 No Content
server: Cowboy
date: Mon, 21 Aug 2017 12:38:55 GMT
content-length: 0
content-type: application/json
vary: accept, accept-encoding, origin
```

如果两个或多个 Policy 都作用到同一个交换器或者队列上，且这些 Policy 的优先级都是一样的，则参数项最多的 Policy 具有决定权。如果参数一样多，则最后添加的 Policy 具有决定权。在第 8 章的 Federation 和第 9 章的镜像队列中会有更多关于 Policy 使用的介绍。

6.4 小结

RabbitMQ 在配置这方面可谓是相当完善，在很多情况下都可以使用默认的配置而不需要改变其中任何一个就可以让 RabbitMQ 很好地提供服务。不过也有一些特殊的情况，比如默认的 5672 端口被其他的应用程序所占用，那么就需要修改环境变量 RABBITMQ_NODE_PORT 或者修改配置文件中的 tcp_listeners。如果需要尽可能地发挥 RabbitMQ 本身的性能，那么对于配置参数的调优就显得至关重要了，比如禁用 Nagle 算法或者增大 TCP 缓冲区的大小可以提高吞吐量，更多的细节等待着读者慢慢地发掘。

第 7 章
RabbitMQ 运维

在 RabbitMQ 使用过程中难免会出现各式各样的异常情况，有客户端的，也有服务端的。客户端的异常一般是由于应用代码的缺陷造成的，这个从 RabbitMQ 本身的角度无法掌控。对于服务端的异常（包括有一些客户端的异常也是由于 RabbitMQ 服务端的异常而引起的）来说，虽然不能完全杜绝，但是可以采取一些有效的手段去监测、管控，当某些指标超过阈值时能够迅速采取一些措施去修正，以防止发生不必要的故障（比如单点故障、集群故障等），而当真正发生故障时也要能够迅速修复。

7.1 集群搭建

在 1.4 节中，我们介绍了如何安装及运行 RabbitMQ 服务，不过这些是单机版的，无法满足目前真实应用的要求。试想一下，如果 RabbitMQ 服务器遇到内存崩溃、机器掉电或者主板故障等情况，该怎么办？单台 RabbitMQ 服务器可以满足每秒 1000 条消息的吞吐量，那么如果应用需要 RabbitMQ 服务满足每秒 10 万条消息的吞吐量呢？购买昂贵的服务器来增强单机 RabbitMQ 服务的性能显得捉襟见肘，搭建一个 RabbitMQ 集群才是解决实际问题的关键。

RabbitMQ 集群允许消费者和生产者在 RabbitMQ 单个节点崩溃的情况下继续运行，它可以通过添加更多的节点来线性地扩展消息通信的吞吐量。当失去一个 RabbitMQ 节点时，客户端能够重新连接到集群中的任何其他节点并继续生产或者消费。

不过 RabbitMQ 集群不能保证消息的万无一失，即将消息、队列、交换器等都设置为可持久化，生产端和消费端都正确地使用了确认方式。当集群中一个 RabbitMQ 节点崩溃时，该节点上的所有队列中的消息也会丢失。RabbitMQ 集群中的所有节点都会备份所有的元数据信息，包括以下内容。

- ◇ 队列元数据：队列的名称及属性；
- ◇ 交换器：交换器的名称及属性；
- ◇ 绑定关系元数据：交换器与队列或者交换器与交换器之间的绑定关系；
- ◇ vhost 元数据：为 vhost 内的队列、交换器和绑定提供命名空间及安全属性。

但是不会备份消息（当然通过特殊的配置比如镜像队列可以解决这个问题，在第 9.4 节中会有详细的介绍）。基于存储空间和性能的考虑，在 RabbitMQ 集群中创建队列，集群只会在单个节点而不是在所有节点上创建队列的进程并包含完整的队列信息（元数据、状态、内容）。这样只有队列的宿主节点，即所有者节点知道队列的所有信息，所有其他非所有者节点只知道队列的元数据和指向该队列存在的那个节点的指针。因此当集群节点崩溃时，该节点的队列进程和关联的绑定都会消失。附加在那些队列上的消费者也会丢失其所订阅的信息，并且任何匹配该队列绑定信息的新消息也都会消失。

不同于队列那样拥有自己的进程，交换器其实只是一个名称和绑定列表。当消息发布到交换器时，实际上是由所连接的信道将消息上的路由键同交换器的绑定列表进行比较，然后再路由消息。当创建一个新的交换器时，RabbitMQ 所要做的就是将绑定列表添加到集群中的所有节点上。这样，每个节点上的每条信道都可以访问到新的交换器了。

介绍完这些预备知识，就可以切入本节的正题了。本节主要介绍如何正确有效地搭建一个 RabbitMQ 集群，以便真正地应用于实际生产环境。本节同样还会介绍如何在单机上配置 RabbitMQ 的多实例集群，以便可以满足在受限资源下的集群测试应用。

7.1.1 多机多节点配置

多机多节点是针对下一节的单机多节点而言的，主要是指在每台机器中部署一个 RabbitMQ 服务节点，进而由多台机器组成一个 RabbitMQ 集群。在配置集群之前，需要根据 1.4 节的方法正确地安装 RabbitMQ。

假设这里一共有三台物理主机，均已正确地安装了 RabbitMQ，且主机名分别为 node1、node2 和 node3。RabbitMQ 集群对延迟非常敏感，应当只在本地局域网内使用。在广域网中不应该使用集群，而应该使用 Federation 或者 Shovel 来代替。

接下来需要按照以下步骤执行。第一步，配置各个节点的 hosts 文件，让各个节点都能互相识别对方的存在。比如在 Linux 系统中可以编辑 /etc/hosts 文件，在其上添加 IP 地址与节点名称的映射信息：

```
192.168.0.2 node1
192.168.0.3 node2
192.168.0.4 node3
```

第二步，编辑 RabbitMQ 的 cookie 文件，以确保各个节点的 cookie 文件使用的是同一个值。可以读取 node1 节点的 cookie 值，然后将其复制到 node2 和 node3 节点中。cookie 文件默认路径为 /var/lib/rabbitmq/.erlang.cookie 或者 $HOME/.erlang.cookie。cookie 相当于密钥令牌，集群中的 RabbitMQ 节点需要通过交换密钥令牌以获得相互认证。如果节点的密钥令牌不一致，那么在配置节点时就会有如下的报错，注意字体加粗部分。

```
[root@node2 ~]# rabbitmqctl join_cluster rabbit@node1
Clustering node rabbit@node2 with rabbit@node1
```

```
Error: unable to connect to nodes [rabbit@node1]: nodedown

DIAGNOSTICS
===========

attempted to contact: [rabbit@node1]

rabbit@node1:
* connected to epmd (port 4369) on node1
* epmd reports node 'rabbit' running on port 25672
* TCP connection succeeded but Erlang distribution failed

* Authentication failed (rejected by the remote node), please check the Erlang
cookie

current node details:
- node name: 'rabbitmq-cli-53@node2'
- home dir: /root
- cookie hash: kLtTY75JJGZnZpQF7CqnYg==
```

第三步，配置集群。配置集群有三种方式：通过 rabbitmqctl 工具配置；通过 rabbitmq.config 配置文件配置；通过 rabbitmq-autocluster[1] 插件配置。这里主要讲的是通过 rabbitmqctl 工具的方式配置集群，这种方式也是最常用的方式。其余两种方式在实际应用中用之甚少，所以不多做介绍。

首先启动 node1、node2 和 node3 这 3 个节点的 RabbitMQ 服务。

```
[root@node1 ~]# rabbitmq-server -detached
[root@node2 ~]# rabbitmq-server -detached
[root@node3 ~]# rabbitmq-server -detached
```

这样，这 3 个节点目前都是以独立节点存在的单个集群。通过 rabbitmqctl cluster_status 命令来查看各个节点的状态。

```
[root@node1 ~]# rabbitmqctl cluster_status
Cluster status of node rabbit@node1
[{nodes,[{disc,[rabbit@node1]}]},
 {running_nodes,[rabbit@node1]},
 {cluster_name,<<"rabbit@node1">>},
 {partitions,[]},
 {alarms,[{rabbit@node1,[]}]}]
[root@node2 ~]# rabbitmqctl cluster_status
Cluster status of node rabbit@node2
```

---

[1] https://github.com/aweber/rabbitmq-autocluster/。

```
[{nodes,[{disc,[rabbit@node2]}]},
 {running_nodes,[rabbit@node2]},
 {cluster_name,<<"rabbit@node2">>},
 {partitions,[]},
 {alarms,[{rabbit@node2,[]}]}]
[root@node3 ~]# rabbitmqctl cluster_status
Cluster status of node rabbit@node3
[{nodes,[{disc,[rabbit@node3]}]},
 {running_nodes,[rabbit@node3]},
 {cluster_name,<<"rabbit@node3">>},
 {partitions,[]},
 {alarms,[{rabbit@node3,[]}]}]
```

接下来为了将 3 个节点组成一个集群，需要以 node1 节点为基准，将 node2 和 node3 节点加入 node1 节点的集群中。这 3 个节点是平等的，如果想调换彼此的加入顺序也未尝不可。首先将 node2 节点加入 node1 节点的集群中，需要执行如下 4 个命令步骤。

```
[root@node2 ~]# rabbitmqctl stop_app
Stopping rabbit application on node rabbit@node2
[root@node2 ~]# rabbitmqctl reset
Resetting node rabbit@node2
[root@node2 ~]# rabbitmqctl join_cluster rabbit@node1
Clustering node rabbit@node2 with rabbit@node1
[root@node2 ~]# rabbitmqctl start_app
Starting node rabbit@node2
```

如此，node1 节点和 node2 节点便处于同一个集群之中，我们在这两个节点上都执行 rabbitmqctl cluster_status 命令可以看到同样的输出。

```
[{nodes,[{disc,[rabbit@node1,rabbit@node2]}]},
 {running_nodes,[rabbit@node1,rabbit@node2]},
 {cluster_name,<<"rabbit@node1">>},
 {partitions,[]},
 {alarms,[{rabbit@node1,[]},{rabbit@node2,[]}]}]
```

最后将 node3 节点也加入 node1 节点所在的集群中，这 3 个节点组成了一个完整的集群。在任意一个节点中都可以看到如下的集群状态。

```
[{nodes,[{disc,[rabbit@node1,rabbit@node2,rabbit@node3]}]},
 {running_nodes,[rabbit@node1,rabbit@node2,rabbit@node3]},
 {cluster_name,<<"rabbit@node1">>},
 {partitions,[]},
 {alarms,[{rabbit@node1,[]},{rabbit@node2,[]} ,{rabbit@node3,[]}]}]
```

现在已经完成了集群的搭建。如果集群中某个节点关闭了，那么集群会处于什么样的状态？

这里我们在 node2 节点上执行 `rabbitmqctl stop_app` 命令来主动关闭 RabbitMQ 应用。此时在 node1 上看到的集群状态可以参考下方信息，可以看到在 running_nodes 这一选项中已经没有了 rabbit@node2 这一节点。

```
[{nodes,[{disc,[rabbit@node1,rabbit@node2,rabbit@node3]}]},
 {running_nodes,[rabbit@node1 ,rabbit@node3]},
 {cluster_name,<<"rabbit@node1">>},
 {partitions,[]},
 {alarms,[{rabbit@node1,[]} ,{rabbit@node3,[]}]}]
```

如果关闭了集群中的所有节点，则需要确保在启动的时候最后关闭的那个节点是第一个启动的。如果第一个启动的不是最后关闭的节点，那么这个节点会等待最后关闭的节点启动。这个等待时间是 30 秒，如果没有等到，那么这个先启动的节点也会失败。在最新的版本中会有重试机制，默认重试 10 次 30 秒以等待最后关闭的节点启动。

```
=INFO REPORT==== 23-Jul-2017::12:08:10 ===
Waiting for Mnesia tables for 30000 ms, 9 retries left

=WARNING REPORT==== 23-Jul-2017::12:08:40 ===
Error while waiting for Mnesia tables: {timeout_waiting_for_tables,
                    [rabbit_user,rabbit_user_permission,
                     rabbit_vhost,rabbit_durable_route,
                     rabbit_durable_exchange,
                     rabbit_runtime_parameters,
                     rabbit_durable_queue]}
```

在重试失败之后，当前节点也会因失败而关闭自身的应用。比如 node1 节点最后关闭，那么此时先启动 node2 节点，在等待若干时间之后发现 node1 还是没有启动，则会有如下报错：

```
BOOT FAILED
===========

Timeout contacting cluster nodes: [rabbit@node1].

BACKGROUND
==========

This cluster node was shut down while other nodes were still running.
To avoid losing data, you should start the other nodes first, then
start this one. To force this node to start, first invoke
"rabbitmqctl force_boot". If you do so, any changes made on other
cluster nodes after this one was shut down may be lost.

DIAGNOSTICS
```

```
==========
attempted to contact: [rabbit@node1]

rabbit@node1:
  * connected to epmd (port 4369) on node1
  * node rabbit@node1 up, 'rabbit' application not running
  * running applications on rabbit@node1: [inets,ranch,ssl,public_key,crypto,
                                 syntax_tools,compiler,asn1,xmerl,
                                 sasl,stdlib,kernel]
  * suggestion: start_app on rabbit@node1

current node details:
- node name: rabbit@node2
- home dir: /root
- cookie hash: VCwbL3S9/ydrGgVsrLjVkA==

Error: timeout_waiting_for_tables
```

如果最后一个关闭的节点最终由于某些异常而无法启动，则可以通过 `rabbitmqctl forget_cluster_node` 命令来将此节点剔出当前集群，详细内容可以参考 7.1.3 节。如果集群中的所有节点由于某些非正常因素，比如断电而关闭，那么集群中的节点都会认为还有其他节点在它后面关闭，此时需要调用 `rabbitmqctl force_boot` 命令来启动一个节点，之后集群才能正常启动。

```
[root@node2 ~]# rabbitmqctl force_boot
Forcing boot for Mnesia dir /opt/rabbitmq/var/lib/rabbitmq/mnesia/rabbit@node2
[root@node2 ~]# rabbitmq-server -detached
```

7.1.2 集群节点类型

在使用 `rabbitmqctl cluster_status` 命令来查看集群状态时会有{nodes,[{disc,[rabbit@node1,rabbit@node2,rabbit@node3]}]}这一项信息，其中的 disc 标注了 RabbitMQ 节点的类型。RabbitMQ 中的每一个节点，不管是单一节点系统或者是集群中的一部分，要么是内存节点，要么是磁盘节点。内存节点将所有的队列、交换器、绑定关系、用户、权限和 vhost 的元数据定义都存储在内存中，而磁盘节点则将这些信息存储到磁盘中。单节点的集群中必然只有磁盘类型的节点，否则当重启 RabbitMQ 之后，所有关于系统的配置信息都会丢失。不过在集群中，可以选择配置部分节点为内存节点，这样可以获得更高的性能。

比如将 node2 节点加入 node1 节点的时候可以指定 node2 节点的类型为内存节点。

```
[root@node2 ~]# rabbitmqctl join_cluster rabbit@node1 --ram
Clustering node rabbit@node2 with rabbit@node1
```

这样在以 node1 和 node2 组成的集群中就会有一个磁盘节点和一个内存节点，可以参考下面的打印信息。默认不添加"--ram"参数则表示此节点为磁盘节点。

```
[root@node2 ~]# rabbitmqctl cluster_status
Cluster status of node rabbit@node2
[{nodes,[{disc,[rabbit@node1]},{ram,[rabbit@node2]}]},
 {running_nodes,[rabbit@node1,rabbit@node2]},
 {cluster_name,<<"rabbit@node1">>},
 {partitions,[]},
 {alarms,[{rabbit@node1,[]},{rabbit@node2,[]}]}]
```

如果集群已经搭建好了，那么也可以使用 rabbitmqctl change_cluster_node_type {disc,ram} 命令来切换节点的类型，其中 disc 表示磁盘节点，而 ram 表示内存节点。举例，这里将上面 node2 节点由内存节点转变为磁盘节点。

```
[root@node2 ~]# rabbitmqctl stop_app
Stopping rabbit application on node rabbit@node2
[root@node2 ~]# rabbitmqctl change_cluster_node_type disc
Turning rabbit@node2 into a disc node
[root@node2 ~]# rabbitmqctl start_app
Starting node rabbit@node2
[root@node2 ~]# rabbitmqctl cluster_status
Cluster status of node rabbit@node2
[{nodes,[{disc,[rabbit@node1,rabbit@node2]}]},
 {running_nodes,[rabbit@node1,rabbit@node2]},
 {cluster_name,<<"rabbit@node1">>},
 {partitions,[]},
 {alarms,[{rabbit@node1,[]},{rabbit@node2,[]}]}]
```

在集群中创建队列、交换器或者绑定关系的时候，这些操作直到所有集群节点都成功提交元数据变更后才会返回。对内存节点来说，这意味着将变更写入内存；而对于磁盘节点来说，这意味着昂贵的磁盘写入操作。内存节点可以提供出色的性能，磁盘节点能够保证集群配置信息的高可靠性，如何在这两者之间进行抉择呢？

RabbitMQ 只要求在集群中至少有一个磁盘节点，所有其他节点可以是内存节点。当节点加入或者离开集群时，它们必须将变更通知到至少一个磁盘节点。如果只有一个磁盘节点，而且不凑巧的是它刚好崩溃了，那么集群可以继续发送或者接收消息，但是不能执行创建队列、交换器、绑定关系、用户，以及更改权限、添加或删除集群节点的操作了。也就是说，如果集群中唯一的磁盘节点崩溃，集群仍然可以保持运行，但是直到将该节点恢复到集群前，你无法更改任何东西。所以在建立集群的时候应该保证有两个或者多个磁盘节点的存在。

在内存节点重启后，它们会连接到预先配置的磁盘节点，下载当前集群元数据的副本。当在集群中添加内存节点时，确保告知其所有的磁盘节点（内存节点唯一存储到磁盘的元数据信息是集群中磁盘节点的地址）。只要内存节点可以找到至少一个磁盘节点，那么它就能在重启后重新加入集群中。

除非使用的是 RabbitMQ 的 RPC 功能，否则创建队列、交换器及绑定关系的操作确是甚少，大多数的操作就是生产或者消费消息。为了确保集群信息的可靠性，或者在不确定使用磁盘节点或者内存节点的时候，建议全部使用磁盘节点。

7.1.3 剔除单个节点

创建集群的过程可以看作向集群中添加节点的过程。那么如何将一个节点从集群中剔除呢？这样可以让集群规模变小以节省硬件资源，或者替换一个机器性能更好的节点。同样以 node1、node2 和 node3 组成的集群为例，这里有两种方式将 node2 剥离出当前集群。

第一种，首先在 node2 节点上执行 `rabbitmqctl stop_app` 或者 `rabbitmqctl stop` 命令来关闭 RabbitMQ 服务。之后再在 node1 节点或者 node3 节点上执行 `rabbitmqctl forget_cluster_node rabbit@node2` 命令将 node1 节点剔除出去。这种方式适合 node2 节点不再运行 RabbitMQ 的情况。

```
[root@node1 ~]# rabbitmqctl forget_cluster_node rabbit@node2
Removing node rabbit@node2 from cluster
```

在前面 7.1.1 节中提到，在关闭集群中的每个节点之后，如果最后一个关闭的节点最终由于某些异常而无法启动，则可以通过 `rabbitmqctl forget cluster node` 命令来将此节点剔除出当前集群。举例，集群中节点按照 node3、node2、node1 的顺序关闭，此时如果要启动集群，就要先启动 node1 节点。

```
[root@node3 ~]# rabbitmqctl stop
Stopping and halting node rabbit@node3
[root@node2 ~]# rabbitmqctl stop
```

```
Stopping and halting node rabbit@node2
[root@node1 ~]# rabbitmqctl stop
Stopping and halting node rabbit@node1
```

这里可以在 node2 节点中执行命令将 node1 节点剔除出当前集群。

```
[root@node2 ~]# rabbitmqctl forget_cluster_node rabbit@node1 -offline
Removing node rabbit@node1 from cluster
* Impersonating node: rabbit@node2... done
* Mnesia directory : /opt/rabbitmq/var/lib/rabbitmq/mnesia/rabbit@node2

[root@node2 ~]# rabbitmq-server -detached
Warning: PID file not written; -detached was passed.

[root@node2 ~]# rabbitmqctl cluster_status
Cluster status of node rabbit@node2
[{nodes,[{disc,[rabbit@node2,rabbit@node3]}]},
 {running_nodes,[rabbit@node2]},
 {cluster_name,<<"rabbit@node1">>},
 {partitions,[]},
 {alarms,[{rabbit@node2,[]}]}]
```

注意上面在使用 rabbitmqctl forget_cluster_node 命令的时候用到了"--offline"参数，如果不添加这个参数，就需要保证 node2 节点中的 RabbitMQ 服务处于运行状态，而在这种情况下，node2 无法先行启动，则"--offline"参数的添加让其可以在非运行状态下将 node1 剥离出当前集群。

第二种方式是在 node2 上执行 rabbitmqctl reset 命令。如果不是像上面由于启动顺序的缘故而不得不删除一个集群节点，建议采用这种方式。

```
[root@node2 ~]# rabbitmqctl stop_app
Stopping rabbit application on node rabbit@node2
[root@node2 ~]# rabbitmqctl reset
Resetting node rabbit@node2
[root@node2 ~]# rabbitmqctl start_app
Starting node rabbit@node2
```

如果从 node2 节点上检查集群的状态，会发现它现在是独立的节点。同样在集群中剩余的节点 node1 和 node3 上看到 node2 已不再是集群中的一部分了。

正如之前所说的，rabbitmqctl reset 命令将清空节点的状态，并将其恢复到空白状态。当重设的节点是集群中的一部分时，该命令也会和集群中的磁盘节点进行通信，告诉它们该节点正在离开集群。不然集群会认为该节点出了故障，并期望其最终能够恢复过来。

7.1.4 集群节点的升级

如果 RabbitMQ 集群由单独的一个节点组成，那么升级版本很容易，只需关闭原来的服务，然后解压新的版本再运行即可。不过要确保原节点的 Mnesia 中的数据不被变更，且新节点中的 Mnesia 路径的指向要与原节点中的相同。或者说保留原节点 Mnesia 数据，然后解压新版本到相应的目录，再将新版本的 Mnesia 路径指向保留的 Mnesia 数据的路径（也可以直接复制保留的 Mnesia 数据到新版本中相应的目录），最后启动新版本的服务即可。

如果 RabbitMQ 集群由多个节点组成，那么也可以参考单个节点的情形。具体步骤：

（1）关闭所有节点的服务，注意采用 `rabbitmqctl stop` 命令关闭。

（2）保存各个节点的 Mnesia 数据。

（3）解压新版本的 RabbitMQ 到指定的目录。

（4）指定新版本的 Mnesia 路径为步骤 2 中保存的 Mnesia 数据路径。

（5）启动新版本的服务，注意先重启原版本中最后关闭的那个节点。

其中步骤 4 和步骤 5 可以一起操作，比如执行 `RABBITMQ_MNESIA_BASE=/opt/mnesia rabbitmq-server -detached` 命令，其中 `/opt/mnesia` 为原版本保存 Mnesia 数据的路径。

RabbitMQ 的版本有很多，难免会有数据格式不兼容的现象，这个缺陷在越旧的版本中越发凸显，所以在对不同版本升级的过程中，最好先测试两个版本互通的可能性，然后再在线上环境中实地操作。

如果原集群上的配置和数据都可以舍弃，则可以删除原版本的 RabbitMQ，然后再重新安装配置即可；如果配置和数据不可丢弃，则按照 7.4.1 节所述保存元数据，之后再关闭所有生产者并等待消费者消费完队列中的所有数据，紧接着关闭所有消费者，然后重新安装 RabbitMQ 并重建元数据等。

当然如果有个新版本的集群，那么从旧版本迁移到新版本的集群中也不失为一个升级的好办法，集群的迁移可以参考 7.4 节。

7.1.5 单机多节点配置

由于某些因素的限制,有时候不得不在单台物理机器上去创建一个多 RabbitMQ 服务节点的集群。或者只想要实验性地验证集群的某些特性,也不需要浪费过多的物理机器去实现。

在一台机器上部署多个 RabbitMQ 服务节点,需要确保每个节点都有独立的名称、数据存储位置、端口号(包括插件的端口号)等。我们在主机名称为 node1 的机器上创建一个由 rabbit1@node1、rabbit2@node1 和 rabbit3@node1 这 3 个节点组成 RabbitMQ 集群。

首先需要确保机器上已经安装了 Erlang 和 RabbitMQ 的程序。其次,为每个 RabbitMQ 服务节点设置不同的端口号和节点名称来启动相应的服务。

```
[root@node1 ~]# RABBITMQ_NODE_PORT=5672 RABBITMQ_NODENAME=rabbit1
rabbitmq-server -detached
[root@node1 ~]# RABBITMQ_NODE_PORT=5673 RABBITMQ_NODENAME=rabbit2
rabbitmq-server -detached
[root@node1 ~]# RABBITMQ_NODE_PORT=5674 RABBITMQ_NODENAME=rabbit3
rabbitmq-server -detached
```

在启动 rabbit1@node1 节点的服务之后,继续启动 rabbit2@node1 和 rabbit3@node1 服务节点会遇到启动失败的情况。这种情况大多数是由于配置发生了冲突而造成后面的服务节点启动失败,需要进一步确认是否开启了某些功能,比如 RabbitMQ Management 插件。如果开启了 RabbitMQ Management 插件,就需要为每个服务节点配置一个对应插件端口号,具体内容如下所示。

```
[root@node1 ~]# RABBITMQ_NODE_PORT=5672 RABBITMQ_NODENAME=rabbit1
RABBITMQ_SERVER_START_ARGS="-rabbitmq_management listener [{port,15672}]"
rabbitmq-server -detached
[root@node1 ~]# RABBITMQ_NODE_PORT=5673 RABBITMQ_NODENAME=rabbit2
RABBITMQ_SERVER_START_ARGS="-rabbitmq_management listener [{port,15673}]"
rabbitmq-server -detached
[root@node1 ~]# RABBITMQ_NODE_PORT=5674 RABBITMQ_NODENAME=rabbit3
RABBITMQ_SERVER_START_ARGS="-rabbitmq_management listener [{port,15674}]"
rabbitmq-server -detached
```

启动各节点服务之后,将 rabbit2@node1 节点加入 rabbit1@node1 的集群之中:

```
[root@node1 ~]# rabbitmqctl -n rabbit2@node1 stop_app
Stopping rabbit application on node rabbit2@node1
[root@node1 ~]# rabbitmqctl -n rabbit2@node1 reset
Resetting node rabbit2@node1
[root@node1 ~]# rabbitmqctl -n rabbit2@node1 join_cluster rabbit1@node1
```

```
Clustering node rabbit2@node1 with rabbit1@node1
[root@node1 ~]# rabbitmqctl -n rabbit2@node1 start_app
Starting node rabbit2@node1
```

紧接着可以执行相似的操作将 rabbit3@node1 也加入进来。最后通过 `rabbitmqctl cluster_status` 命令来查看各个服务节点的集群状态：

```
[root@node1 ~]# rabbitmqctl -n rabbit1@node1 cluster_status
Cluster status of node rabbit1@node1
[{nodes,[{disc,[rabbit1@node1,rabbit2@node1,rabbit3@node1]}]},
 {running_nodes,[rabbit3@node1,rabbit2@node1,rabbit1@node1]},
 {cluster_name,<<"rabbit1@node1">>},
 {partitions,[]},
 {alarms,[{rabbit3@node1,[]},{rabbit2@node1,[]},{rabbit1@node1,[]}]}]
[root@node1 ~]# rabbitmqctl -n rabbit2@node1 cluster_status
Cluster status of node rabbit2@node1
[{nodes,[{disc,[rabbit1@node1,rabbit2@node1,rabbit3@node1]}]},
 {running_nodes,[rabbit3@node1,rabbit1@node1,rabbit2@node1]},
 {cluster_name,<<"rabbit1@node1">>},
 {partitions,[]},
 {alarms,[{rabbit3@node1,[]},{rabbit1@node1,[]},{rabbit2@node1,[]}]}]
[root@node1 ~]# rabbitmqctl -n rabbit3@node1 cluster_status
Cluster status of node rabbit3@node1
[{nodes,[{disc,[rabbit1@node1,rabbit2@node1,rabbit3@node1]}]},
 {running_nodes,[rabbit1@node1,rabbit2@node1,rabbit3@node1]},
 {cluster_name,<<"rabbit1@node1">>},
 {partitions,[]},
 {alarms,[{rabbit1@node1,[]},{rabbit2@node1,[]},{rabbit3@node1,[]}]}]
```

RabbitMQ 的单机多节点配置大多用于实验性论证，如果需要在真实生产环境中使用，最好还是参考 7.1.2 节搭建一个多机多节点的集群。搭建集群不仅可以扩容，也能有效地进行容灾。

7.2 查看服务日志

如果在使用 RabbitMQ 的过程中出现了异常情况，通过翻阅 RabbitMQ 的服务日志可以让你在处理异常的过程中事半功倍。RabbitMQ 日志中包含各种类型的事件，比如连接尝试、服务启动、插件安装及解析请求时的错误等。本节首先举几个例子来展示一下 RabbitMQ 服务日志的内容和日志的等级，接着再来阐述如何通过程序化的方式来获得日志及对服务日志的监控。

RabbitMQ 的日志默认存放在 $RABBITMQ_HOME/var/log/rabbitmq 文件夹内。在这个文件夹内 RabbitMQ 会创建两个日志文件：RABBITMQ_NODENAME-sasl.log 和 RABBITMQ_NODENAME.log。

SASL（System Application Support Libraries，系统应用程序支持库）是库的集合，作为 Erlang-OTP 发行版的一部分。它们帮助开发者在开发 Erlang 应用程序时提供一系列标准，其中之一是日志记录格式。所以当 RabbitMQ 记录 Erlang 相关信息时，它会将日志写入文件 RABBITMQ_NODENAME-sasl.log 中。举例来说，可以在这个文件中找到 Erlang 的崩溃报告，有助于调试无法启动的 RabbitMQ 节点。

如果想查看 RabbitMQ 应用服务的日志，则需要查阅 RABBITMQ_NODENAME.log 这个文件，所谓的 RabbitMQ 服务日志指的就是这个文件。

各位读者实际使用的 RabbitMQ 版本各有差异，这里我们挑选一个稍旧版本（3.6.2）来统筹说明，以期不会有太大的偏差。所幸各个版本的日志大致相同，只是有略微变化。读者需要培养一种使用服务日志来解决问题的思路，本节只做抛砖引玉之用。

1. 启动 RabbitMQ 服务

启动 RabbitMQ 服务可以使用 `rabbitmq-server -detached` 命令，这个命令会顺带启动 Erlang 虚拟机和 RabbitMQ 应用服务，而 `rabbitmqctl start_app` 用来启动 RabbitMQ 应用服务。注意，RabbitMQ 应用服务启动的前提是 Erlang 虚拟机是运转正常的。首先来看一下在执行完 `rabbitmq-server -detached` 命令后其相应的服务日志是什么。

```
Starting RabbitMQ 3.6.2 on Erlang 19.1
Copyright (C) 2007-2016 Pivotal Software, Inc.
Licensed under the MPL. See http://www.rabbitmq.com/

=INFO REPORT==== 3-Oct-2017::10:52:08 ===
node : rabbit@node1
home dir : /root
config file(s) : /opt/rabbitmq/etc/rabbitmq/rabbitmq.config (not found)
cookie hash : VCwbL3S9/ydrGgVsrLjVkA==
log : /opt/rabbitmq/var/log/rabbitmq/rabbit@node1.log
sasl log : /opt/rabbitmq/var/log/rabbitmq/rabbit@node1-sasl.log
database dir : /opt/rabbitmq/var/lib/rabbitmq/mnesia/rabbit@node1

=INFO REPORT==== 3- Oct -2017::10:52:09 ===
```

```
Memory limit set to 3148MB of 7872MB total.

=INFO REPORT==== 3- Oct -2017::10:52:09 ===
Disk free limit set to 50MB

=INFO REPORT==== 3- Oct -2017::10:52:09 ===
Limiting to approx 924 file handles (829 sockets)

=INFO REPORT==== 3- Oct -2017::10:52:09 ===
FHC read buffering: OFF
FHC write buffering: ON

=INFO REPORT==== 3- Oct -2017::10:52:09 ===
Database directory at /opt/rabbitmq/var/lib/rabbitmq/mnesia/rabbit@node1 is empty. Initialising from scratch...

=INFO REPORT==== 3- Oct -2017::10:52:10 ===
Priority queues enabled, real BQ is rabbit_variable_queue

=INFO REPORT==== 3- Oct -2017::10:52:10 ===
Adding vhost '/'

=INFO REPORT==== 3- Oct -2017::10:52:10 ===
Creating user 'guest'

=INFO REPORT==== 3- Oct -2017::10:52:10 ===
Setting user tags for user 'guest' to [administrator]

=INFO REPORT==== 3- Oct -2017::10:52:10 ===
Setting permissions for 'guest' in '/' to '.*', '.*', '.*'

=INFO REPORT==== 3- Oct -2017::10:52:10 ===
msg_store_transient: using rabbit_msg_store_ets_index to provide index

=INFO REPORT==== 3- Oct -2017::10:52:10 ===
msg_store_persistent: using rabbit_msg_store_ets_index to provide index

=WARNING REPORT==== 3- Oct -2017::10:52:10 ===
msg_store_persistent: rebuilding indices from scratch

=INFO REPORT==== 3- Oct -2017::10:52:10 ===
started TCP Listener on [::]:5672

=INFO REPORT==== 3- Oct -2017::10:52:10 ===
Server startup complete; 0 plugins started.
```

这段日志包含了 RabbitMQ 的版本号、Erlang 的版本号、RabbitMQ 服务节点名称、cookie

的 hash 值、RabbitMQ 配置文件地址、内存限制、磁盘限制、默认账户 guest 的创建及权限配置等。

注意到上面日志中有"WARNING REPORT"和"INFO REPORT"这些字样，有过编程经验的读者应该可以猜出这与日志级别有关。在 RabbitMQ 中，日志级别有 none、error、warning、info、debug 这 5 种，下一层级别的日志输出均包含上一层级别的日志输出，比如 warning 级别的日志包含 warning 和 error 级别的日志，none 表示不输出日志。日志级别可以通过 rabbitmq.config 配置文件中的 log_levels 参数来进行设置，默认为[{connection, info}]，详细内容可参考第 6.2 节。

如果开启了 RabbitMQ Management 插件，则在启动 RabbitMQ 的时候会多打印一些日志：

```
=INFO REPORT==== 3- Oct -2017::10:57:05 ===
Server startup complete; 6 plugins started.
 * rabbitmq_management
 * rabbitmq_management_agent
 * rabbitmq_web_dispatch
 * webmachine
 * mochiweb
 * amqp_client
```

当然还包括一些统计值信息的初始化日志，类似如下：

```
=INFO REPORT==== 3- Oct -2017::10:57:05 ===
Statistics garbage collector started for table {aggr_queue_stats_fine_stats,
5000}.
```

与 aggr_queue_stats_fine_stats 日志一起的还有很多项指标，比如 aggr_queue_stats_deliver_get 和 aggr_queue_stats_queue_msg_counts，由于篇幅所限，这里不再赘述，有兴趣的读者可以自行查看相关版本的统计指标。不同的版本可能略有差异，一般情况下对此无须过多探究。

如果使用 rabbitmqctl stop_app 命令关闭的 RabbitMQ 应用服务，那么在使用 rabbitmqctl start_app 命令开启 RabbitMQ 应用服务时的启动日志和 rabbitmq-server 的启动日志相同。

2. 关闭 RabbitMQ 服务

如果使用 `rabbitmqctl stop` 命令，会将 Erlang 虚拟机一同关闭，而 `rabbitmqctl stop_app` 只关闭 RabbitMQ 应用服务，在关闭的时候要多加注意它们的区别。下面先看一下 `rabbitmqctl stop_app` 所对应的服务日志：

```
=INFO REPORT==== 3-Oct-2017::10:54:01 ===
Stopping RabbitMQ

=INFO REPORT==== 3- Oct -2017::10:54:01 ===
stopped TCP Listener on [::]:5672

=INFO REPORT==== 3- Oct -2017::10:54:01 ===
Stopped RabbitMQ application
```

如果使用 `rabbitmqctl stop` 来进行关闭操作，则会多出下面的日志信息，即关闭 Erlang 虚拟机。

```
=INFO REPORT==== 3- Oct -2017::10:54:01 ===
Halting Erlang VM
```

3. 建立集群

建立集群也是一种常用的操作。这里举例将节点 rabbit@node2 与 rabbit@node1 组成一个集群，有关如何建立 RabbitMQ 集群的细节可以参考 7.1 节。

首先在节点 rabbit@node2 中执行 `rabbitmq-server -detached` 开启 Erlang 虚拟机和 RabbitMQ 应用服务，之后再执行 `rabbitmqctl stop_app` 来关闭 RabbitMQ 应用服务，具体的日志可以参考前面的内容。之后需要重置节点 rabbit@node2 中的数据 `rabbitmqctl reset`，相应地在节点 rabbit@node2 上输出的日志如下：

```
=INFO REPORT==== 3- Oct -2017::11:25:01 ===
Resetting Rabbit
```

在 rabbit@node2 节点上执行 `rabbitmqctl join_clcuster rabbit@node1`，将其加入 rabbit@node1 中以组成一个集群，相应地在 rabbit@node2 节点中会打印日志：

```
=INFO REPORT==== 3- Oct -2017::11:30:46 ===
Clustering with [rabbit@node1] as disc node
```

与此同时在 rabbit@node1 中会有以下日志：

```
=INFO REPORT==== 3- Oct -2017::11:30:56 ===
node rabbit@node2 up
```

如果此时在 rabbit@node2 节点上执行 `rabbitmqctl stop_app` 的动作，那么在 rabbit@node1 节点中会有如下信息：

```
=INFO REPORT==== 3- Oct -2017::11:54:01 ===
rabbit on node rabbit@node2 down

=INFO REPORT==== 3- Oct -2017::11:54:01 ===
Keep rabbit@node2 listeners: the node is already back
```

通过上面的日志可以看出某个 RabbitMQ 节点在某个时段的关闭/启动的动作。

4. 其他

再比如客户端与 RabbitMQ 建立连接：

```
=INFO REPORT==== 14-Oct-2017::16:24:55 ===
accepting AMQP connection <0.5865.0> (192.168.0.9:61601 -> 192.168.0.2:5672)
```

当客户端强制中断连接时：

```
=WARNING REPORT==== 14-Jul-2017::16:36:57 ===
closing AMQP connection <0.5909.0> (192.168.0.9:61629 -> 192.168.0.2:5672)
connection_closed_abruptly
```

可以通过尝试各种的操作以收集相应的服务日志，之后组成一个知识集，这个知识集不单单指一个日志列表，需要通过后期的强化训练掌握其规律，让这个知识集了然于心。在真正遇到异常故障的时候可以通过查看服务日志来迅速定位问题，之后再采取相应的措施以解决问题。

心得体会：

这里笔者有个心得仅供参考，在执行任何 RabbitMQ 操作之前，都会打开一个新的窗口运行 `tail -f $RABBITMQ_HOME/var/log/rabbitmq/rabbit@$HOSTNAME.log -n 200` 命令来实时查看相应操作所对应的服务日志是什么，久而久之即可在脑海中建立一个相对完备的"知识集"。

有时候 RabbitMQ 服务持久运行，其对应的日志也越来越多，尤其是在遇到故障的时候会打印很多信息。有时候也需要对日志按照某种规律进行切分，以便于后期的管理。RabbitMQ 中可以通过 `rabbitmqctl rotate_logs {suffix}` 命令来轮换日志，比如手工切换当前的日志：

```
rabbitmqctl rotate_logs .bak
```

之后可以看到在日志目录下会建立新的日志文件，并且将老的日志文件以添加".bak"后缀的方式进行区分保存：

```
[root@node1 rabbitmq]# ls -al
-rw-r--r-- 1 root root     0 Jul 23 00:50 rabbit@node1.log
-rw-r--r-- 1 root root 22646 Jul 23 00:50 rabbit@node1.log.bak
-rw-r--r-- 1 root root     0 Jul 23 00:50 rabbit@node1-sasl.log
-rw-r--r-- 1 root root     0 Jul 23 00:50 rabbit@node1-sasl.log.bak
```

也可以执行一个定时任务，比如使用 Linux crontab，以当前日期为后缀，每天执行一次切换日志的任务，这样在后面需要查阅日志的时候可以根据日期快速定位到相应的日志文件。

在 RabbitMQ 中，查看服务日志的方式不止有人工查看 rabbit@$HOSTNAME.log 文件这一种。下面介绍如何通过程序化的方式来查看相应的日志，RabbitMQ 默认会创建一些交换器，其中 amq.rabbitmq.log 就是用来收集 RabbitMQ 日志的，集群中所有的服务日志都会发往这个交换器中。这个交换器的类型为 topic，可以收集如前面所说的 debug、info、warning 和 error 这 4 个级别的日志。

如图 7-1 所示，我们创建 4 个日志队列 queue.debug、queue.info、queue.warning 和 queue.error，分别采用 debug、info、warning 和 error 这 4 个路由键来绑定 amq.rabbitmq.log。如果要使用一个队列来收集所有级别的日志，可以使用"#"这个路由键，详细内容可以参考 2.1.4 节。

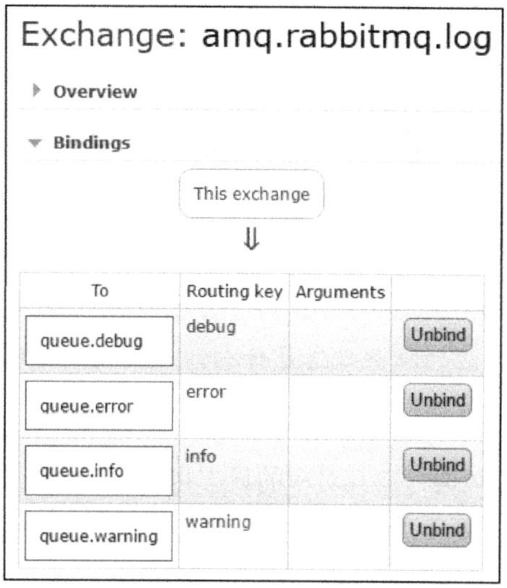

图 7-1　创建日志队列

如果 RabbitMQ 集群中只有一个节点,那么这 4 个日志队列可以收集到此节点的所有日志。对于集群中有多个节点的情况同样适用,值得注意的是:对于每个级别的日志队列来说,比如 queue.info,它会收到每个节点的 info 级别的日志,不过这些日志是交错的,不能区分是哪个具体节点的日志。相关示例代码可以参考代码清单 7-1。

代码清单 7-1　接收服务日志示例程序

```java
public class ReceiveLog {
public static void main(String[] args) {
    try {
        //省略创建 connection…详细内容可参考代码清单 1-1
        Channel channelDebug = conncection.createChannel();
        Channel channelInfo = conncection.createChannel();
        Channel channelWarn = conncection.createChannel();
        Channel channelError = conncection.createChannel();
        //省略 channel.basicQos(int prefetch_count);
        channelDebug.basicConsume("queue.debug", false, "DEBUG",
            new ConsumerThread(channelDebug));
        channelInfo.basicConsume("queue.info", false, "INFO",
            new ConsumerThread(channelInfo));
        channelWarn.basicConsume("queue.warning", false, "WARNING",
            new ConsumerThread(channelWarn));
        channelError.basicConsume("queue.error", false, "ERROR",
            new ConsumerThread(channelError));
    } catch (IOException e) {
        e.printStackTrace();
    } catch (TimeoutException e) {
        e.printStackTrace();
    }
}
public static class ConsumerThread extends DefaultConsumer {
    public ConsumerThread(Channel channel) {
        super(channel);
    }
    @Override
    public void handleDelivery(String consumerTag, Envelope envelope,
                    AMQP.BasicProperties properties,
                    byte[] body) throws IOException {
        String log = new String(body);
        System.out.println("="+consumerTag+" REPORT====\n"+log);
        //对日志进行相应的处理
        getChannel().basicAck(envelope.getDeliveryTag(),false);
    }
}
}
```

通过程序化的方式查看服务日志，可以设置相应的逻辑规则，将有用的日志信息过滤并保存起来以便后续的服务应用。也可以对服务日志添加监控，比如对其日志内容进行关键字检索，在第 10 章中我们会讨论网络分区的概念，可以通过检索日志的 `running_partitioned_network` 关键字来及时地探测到网络分区的发生，之后可以迅速采取措施以保证集群服务的鲁棒性。当然对于日志的监控处理也可以采用第 3 方工具实现，如 Logstash[2] 等，有兴趣的读者可以进行拓展学习。

7.3 单节点故障恢复

在 RabbitMQ 使用过程中，或多或少都会遇到一些故障。对于集群层面来说，更多的是单点故障。所谓的单点故障是指集群中单个节点发生了故障，有可能会引起集群服务不可用、数据丢失等异常。配置数据节点冗余（镜像队列）可以有效地防止由于单点故障而降低整个集群的可用性、可靠性，具体细节可以参考 9.4 节。本节主要讨论的是单节点故障有哪些，以及怎么恢复或者处理相应类型的单节点故障。

单节点故障包括：机器硬件故障、机器掉电、网络异常、服务进程异常。

单节点机器硬件故障包括机器硬盘、内存、主板等故障造成的死机，无法从软件角度来恢复。此时需要在集群中的其他节点中执行 `rabbitmqctl forget_cluster_node {nodename}` 命令来将故障节点剔除，其中 nodename 表示故障机器节点名称。如果之前有客户端连接到此故障节点上，在故障发生时会有异常报出，此时需要将故障节点的 IP 地址从连接列表里删除，并让客户端重新与集群中的节点建立连接，以恢复整个应用。如果此故障机器修复或者原本有备用机器，那么也可以选择性的添加到集群中，添加节点的操作可以参考 7.1 节。

当遇到机器掉电故障，需要等待电源接通之后重启机器。此时这个机器节点上的 RabbitMQ 处于 stop 状态，但是此时不要盲目重启服务，否则可能会引起网络分区（详细参考第 10 章的内容）。此时同样需要在其他节点上执行 `rabbitmqctl forget_cluster_node {nodename}` 命令将此节点从集群中剔除，然后删除当前故障机器的 RabbitMQ 中的 Mnesia 数据（相当于重置），然后再重启 RabbitMQ 服务，最后再将此节点作为一个新的节点加入到

---

[2] Logstash 是一款强大的数据处理工具，它可以实现数据传输、格式处理、格式化输出，还有强大的插件功能，常用于日志处理。

当前集群中。

网线松动或者网卡损坏都会引起网络故障的发生。对于网线松动，无论是彻底断开，还是"藕断丝连"，只要它不降速，RabbitMQ 集群就没有任何影响。但是为了保险起见，建议先关闭故障机器的 RabbitMQ 进程，然后对网线进行更换或者修复操作，之后再考虑是否重新开启 RabbitMQ 进程。而网卡故障极易引起网络分区的发生，如果监控到网卡故障而网络分区尚未发生时，理应第一时间关闭此机器节点上的 RabbitMQ 进程，在网卡修复之前不建议再次开启。如果已经发生了网络分区，可以参考 10.5 节进行手动恢复网络分区。

对于服务进程异常，如 RabbitMQ 进程非预期终止，需要预先思考相关风险是否在可控范围之内。如果风险不可控，可以选择抛弃这个节点。一般情况下，重新启动 RabbitMQ 服务进程即可。

以上列举了几种常见的 RabbitMQ 单点故障，但是并不代表只有这些故障，读者可以集思广益，并实践验证如何解决相应的单点故障。

7.4 集群迁移

对于 RabbitMQ 运维层面来说，扩容和迁移是必不可少的。扩容比较简单，一般往集群中添加新的机器节点即可，不过新的机器节点中是没有队列创建的，只有后面新创建的队列才有可能进入这个新的节点中。或者如果集群配置了镜像队列，可以通过一点"小手术"将原先队列"漂移"到这个新的节点中，具体可以参考第 10.5 节。

迁移同样可以解决扩容的问题，将旧的集群中的数据（包括元数据信息和消息）迁移到新的且容量更大的集群中即可。RabbitMQ 中的集群迁移更多的是用来解决集群故障不可短时间内修复而将所有的数据、客户端连接等迁移到新的集群中，以确保服务的可用性。相比于单点故障而言，集群故障的危害性就大得多，比如 IDC 整体停电、网线被挖断等。这时候就需要通过集群迁移重新建立起一个新的集群。

RabbitMQ 集群迁移包括元数据重建、数据迁移，以及与客户端连接的切换。

7.4.1 元数据重建

元数据重建是指在新的集群中创建原集群的队列、交换器、绑定关系、vhost、用户、权限和 Parameter 等数据信息。元数据重建之后才可将原集群中的消息及客户端连接迁移过来。

有很多种方法可以重建元数据，比如通过手工创建或者使用客户端创建。但是在这之前最耗时耗力的莫过于对元数据的整理，如果事先没有统筹规划，通过人工的方式来完成这项工作是极其烦琐、低效的，且时效性太差，不到万不得已不建议使用。高效的手段莫过于通过 Web 管理界面的方式重建，在 Web 管理界面的首页最下面有如图 7-2 所示的内容，这里展示的是 3.6.10 版本的界面，之前的很多版本下面的两项是并排排列的，而非竖着排列，但总体上没有任何影响。

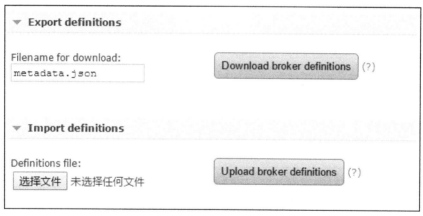

图 7-2 元数据上传与下载

可以在原集群上点击"Download broker definitions"按钮下载集群的元数据信息文件，此文件是一个 JSON 文件，比如命名为 metadata.json，其内部详细内容可以参考附录 A。之后再在新集群上的 Web 管理界面中点击"Upload broker definitions"按钮上传 metadata.json 文件，如果导入成功则会跳转到如图 7-3 所示的页面，这样就迅速在新集群中创建了元数据信息。注意，如果新集群有数据与 metadata.json 中的数据相冲突，对于交换器、队列及绑定关系这类非可变对象而言会报错，而对于其他可变对象如 Parameter、用户等则会被覆盖，没有发生冲突的则不受影响。如果过程中发生错误，则导入过程终止，导致 metadata.json 中只有部分数据加载成功。

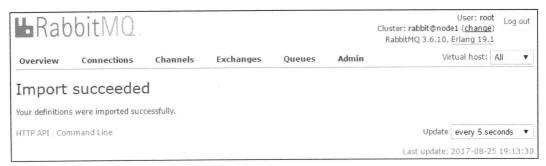

图 7-3 导入成功后跳转的页面

上面这种方式需要考虑三个问题。第一，如果原集群突发故障，又或者开启 RabbitMQ Management 插件的那个节点机器故障不可修复，就无法获取原集群的元数据 metadata.json，这样元数据重建就无从谈起。这个问题也很好解决，我们可以采取一个通用的备份任务，在元数据有变更或者达到某个存储周期时将最新的 metadata.json 备份至另一处安全的地方。这样在遇到需要集群迁移时，可以获取到最新的元数据。

第二个问题是，如果新旧集群的 RabbitMQ 版本不一致时会出现异常情况，比如新建立了一个 3.6.10 版本的集群，旧集群版本为 3.5.7，这两个版本的元数据就不相同。3.5.7 版本中的 user 这一项的内容如下，与 3.6.10 版本的加密算法是不一样的。可以参考附录 A 中的相关项以进行对比。

```
"users": [
    {
        "name": "guest",
        "password_hash": "l575p97Bd6fYgsjFrCVBsW09Jhs=",
        "tags": "administrator"
    },
    {
        "name": "root",
        "password_hash": "z48XwYsMasTeRE4zzhDuj3ItVx0=",
        "tags": "administrator"
    }
],
```

再者，3.6.10 版本中的元数据 JSON 文件比 3.5.7 版本中多了 global_parameters 这一项。一般情况下，RabbitMQ 是能够做到向下兼容的，在高版本的 RabbitMQ 中可以上传低版本的元数据文件。然而如果在低版本中上传高版本的元数据文件就没有那么顺利了，就以 3.6.10 版本的元数据加载到 3.5.7 版本中就会出现用户登录失败的情况为例，因为密码加密方式变了，这里可以简单地在 Shell 控制台输入变更密码的方式来解决这个问题：
`rabbitmqctl change_password {username} {new_password}`

如果还是不能成功上传元数据，那么就需要进一步采取措施了。在此之前，我们首选需要明确一个概念，就是对于用户、策略、权限这种元数据来说内容相对固定，且内容较少，手工重建的代价较小。而且在一个新集群中要能让 Web 管理界面运作起来，本身就需要创建用户、设置角色及添加权限等。相反，集群中元数据最多且最复杂的要数队列、交换器和绑定这三项的内容，这三项内容还涉及其内容的参数设置，如果采用人工重建的方式代价太大，重建元数据的意义其实就在于重建队列、交换器及绑定这三项的相关信息。

这里有个小窍门，可以将 3.6.10 的元数据从 `queues` 这一项前面的内容，包括 `rabbit_version`、`users`、`vhosts`、`permissions`、`parameters`、`global_parameters` 和 `policies` 这几项内容复制后替换 3.5.7 版本中的 `queues` 这一项前面的所有内容，然后再保存。之后将修改并保存过后的 3.5.7 版本的元数据 JSON 文件上传到新集群 3.6.10 版本的 Web 管理界面中，至此就完成了集群的元数据重建（阅读这一段落时可以对照着附录 A 的内容来加深理解）。

第三个问题就是如果采用上面的方法将元数据在新集群上重建，则所有的队列都只会落到同一个集群节点上，而其他节点处于空置状态，这样所有的压力将会集中到这单台节点之上。举个例子，新集群由 node1、node2、node3 节点组成，其节点的 IP 地址分别为 192.168.0.2、192.168.0.3 和 192.168.0.4。当访问 http://192.168.0.2:15672 页面时，并上传了原集群的元数据文件 metadata.json，那么原集群的所有队列将只会在 node1 节点上重新建立，如图 7-4 中方框标记所示。

Name	Node	Features	State	Ready	Unacked	Total
queue1	node1 +1	D p1	idle	0	0	0
queue2	node1 +1	D TTL Lim DLX p1	idle	0	0	0
queue3	node1 +1	D p1	idle	0	0	0

图 7-4　重建示例

处理这个问题，有两种方式，都是通过程序（或者脚本）的方式在新集群上建立元数据，而非简单地在页面上上传元数据文件而已。第一种方式是通过 HTTP API 接口创建相应的数据。下面通过一个相对完整的 Java 程序来详细介绍第一种方式，这里主要是创建队列、交换器和绑定关系，而其他内容则忽略。

首先需要创建队列、交换器和绑定关系对应的 JavaBean，分别为 Queue.java、Exchange.java 和 Binding.java。详细内容参考下方代码清单 7-2。

代码清单 7-2　Queue, Exchange and Binding

```java
public class Queue {//与附录A中相关内容一一对应
    private String name;
    private String vhost;
    private Boolean durable;
    private Boolean auto_delete;
    private Map<String, Object> arguments;
    //省略Getter和Setter方法…
}

public class Exchange {
    private String name;
    private String vhost;
    private String type;
    private Boolean durable;
    private Boolean auto_delete;
    private Boolean internal;
    private Map<String, Object> arguments;
    //省略Getter和Setter方法…
}

public class Binding {
    private String source;
    private String vhost;
    private String destination;
    private String destination_type;
    private String routing_key;
    private Map<String, Object> arguments;
    //省略Getter和Setter方法…
}
```

进一步，需要解析原集群的 metadata.json 文件。下面程序采用 Gson[3] 来解析此文件中的 `queues`、`exchanges` 和 `bindings` 这三项内容，并分别保存到相应的列表之中。详细请参考代码清单 7-3。

代码清单 7-3　解析 metadata.json

```java
private static List<Queue> queueList = new ArrayList<Queue>();
private static List<Exchange> exchangeList = new ArrayList<Exchange>();
```

---

[3] Gson 是 Google 开发的 Java API，用于转换 Java 对象和 JSON 对象。

```java
    private static List<Binding> bindingList = new ArrayList<Binding>();

private static void parseJson(String filename) {
    JsonParser parser = new JsonParser();
    try {
        JsonObject json = (JsonObject) parser.parse(new
                FileReader(filename));
        JsonArray jsonQueueArray = json.get("queues").getAsJsonArray();
        for (int i = 0; i < jsonQueueArray.size(); i++) {
            JsonObject subObject = jsonQueueArray.get(i).getAsJsonObject();
            Queue queue = parseQueue(subObject);
            queueList.add(queue);
        }
        JsonArray jsonExchangeArray =
                json.get("exchanges").getAsJsonArray();
        for(int i=0;i<jsonExchangeArray.size();i++) {
            JsonObject subObject =
                    jsonExchangeArray.get(i).getAsJsonObject();
            Exchange exchange = parseExchange(subObject);
            exchangeList.add(exchange);
        }
        JsonArray jsonBindingArray = json.get("bindings").getAsJsonArray();
        for(int i=0;i<jsonBindingArray.size();i++) {
            JsonObject subObject = jsonBindingArray.get(i).getAsJsonObject();
            Binding binding = parseBinding(subObject);
            bindingList.add(binding);
        }
    } catch (FileNotFoundException e) {
        e.printStackTrace();
    }
}

//解析队列信息
private static Queue parseQueue(JsonObject subObject) {
    Queue queue = new Queue();
    queue.setName(subObject.get("name").getAsString());
    queue.setVhost(subObject.get("vhost").getAsString());
    queue.setDurable(subObject.get("durable").getAsBoolean());
    queue.setAuto_delete(subObject.get("auto_delete").getAsBoolean());
    JsonObject argsObject = subObject.get("arguments").getAsJsonObject();
    Map<String, Object> map = parseArguments(argsObject);
    queue.setArguments(map);
    return queue;
}

//解析交换器信息
private static Exchange parseExchange(JsonObject subObject) {
```

```
        //省略，具体参考parseQueue方法进行推演
    }
    //解析绑定信息
    private static Binding parseBinding(JsonObject subObject) {
        //省略，具体参考parseQueue方法进行推演
    }

    //解析参数arguments这一项内容
    private static Map<String,Object> parseArguments(JsonObject argsObject){
        Map<String, Object> map = new HashMap<String, Object>();
        Set<Map.Entry<String, JsonElement>> entrySet = argsObject.entrySet();
        for (Map.Entry<String, JsonElement> mapEntry : entrySet) {
            map.put(mapEntry.getKey(), mapEntry.getValue());
        }
        return map;
    }
```

在解析完队列、交换器及绑定关系之后，只需要遍历 queueList、exchangeList 和 bindingList，然后调用 HTTP API 创建相应的数据即可。注意在下面代码清单 7-4 的 createQueues 方法中，我们随机挑选一个节点并明确指明了 "node" 节点这一参数来创建队列，如此便可解决集群内部队列分布不均匀的问题。当然首先需要确定新集群中节点名称的列表，如以下 nodeList 所示。

代码清单 7-4　创建元数据

```
    private static final String ip = "192.168.0.2";
    private static final String username = "root";
    private static final String password = "root123";
    private static final List<String> nodeList = new ArrayList<String>(){{
        add("rabbit@node1");
        add("rabbit@node2");
        add("rabbit@node3");
    }};

    //创建队列
    private static Boolean createQueues() {
        try {
            for(int i=0;i<queueList.size();i++) {
                Queue queue = queueList.get(i);
                //注意将特殊字符转义，比如默认的vhost="/"，将其转成%2F
                String url = String.format("http://%s:15672/api/queues/%s/%s", ip,
                        encode(queue.getVhost(),"UTF-8"),
                        encode(queue.getName(),"UTF-8"));
                Map<String, Object> map = new HashMap<String, Object>();
                map.put("auto_delete", queue.getAuto_delete());
```

```java
                    map.put("durable", queue.getDurable());
                    map.put("arguments", queue.getArguments());
                    //随机挑选一个节点,并在此节点上创建相应的队列
                    //int index = (int) (Math.random() * nodeList.size());
                    //map.put("node", nodeList.get(index));
                    Collections.shuffle(nodeList);
                    map.put("node", nodeList.get(0));
                    String data = new Gson().toJson(map);

                    System.out.println(url);
                    System.out.println(data);
                    httpPut(url,data,username,password);
                }
        } catch (UnsupportedEncodingException e) {
            e.printStackTrace();
            return false;
        } catch (IOException e) {
            e.printStackTrace();
            return false;
        }
        return true;
    }

    //创建交换器
    private static Boolean createExchanges(){
        //省略,具体参考createQueues方法进行推演,关键信息如url
        String url = String.format("http://%s:15672/api/exchanges/%s/%s",ip,
                encode(exchange.getVhost(),"UTF-8"),
                encode(exchange.getName(),"UTF-8"));

    }

    //创建绑定关系
    private static Boolean createBindings(){
        //省略,具体参考createQueues方法进行推演,关键信息如url
        String url = null;
        //绑定有两种:交换器与队列,交换器与交换器
        if (binding.getDestination_type().equals("queue")) {
            url = String.format("http://%s:15672/api/bindings/%s/e/%s/q/%s", ip,
                    encode(binding.getVhost(),"UTF-8"),
                    encode(binding.getSource(),"UTF-8"),
                    encode(binding.getDestination(),"UTF-8"));
        } else {
            url = String.format("http://%s:15672/api/bindings/%s/e/%s/e/%s", ip,
                    encode(binding.getVhost(),"UTF-8"),
                    encode(binding.getSource(),"UTF-8"),
                    encode(binding.getDestination(),"UTF-8"));
```

```
            }
        }
        // http Put
        public static int httpPut(String url, String data, String username, String
password) throws IOException {
            HttpClient client = new HttpClient();
            client.getState().setCredentials(AuthScope.ANY,
                    new UsernamePasswordCredentials(username, password));
            PutMethod putMethod = new PutMethod(url);
            putMethod.setRequestHeader("Content-Type","application/json;
                charset=UTF-8");
            putMethod.setRequestEntity(new
                    StringRequestEntity(data,"application/json","UTF-8"));
            int statusCode = client.executeMethod(putMethod);
            //System.out.println(statusCode);
            return statusCode;
        }
        public static int httpPost(String url, String data, String username, String
password) throws IOException {
            //省略，具体参考httpPut方法进行推演
        }
```

通过使用 Gson 解析 metadata.json 文件，进而使用 HttpClient[4]调用相应的 HTTP API 在随机的节点上创建相应的队列进程，从而达到了集群节点负载均衡的目的。建议读者试着将上面的 Java 程序转换成相应的脚本程序，可以更加方便地执行与修改。

上面介绍了通过调用 HTTP API 的接口来指定相应的节点进行创建队列。这里还有一种方式是随机连接集群中不同的节点的 IP 地址，然后再创建队列。与前一种方式需要节点名称的列表不同，这里需要的是节点 IP 地址列表，如代码清单 7-5 所示。

代码清单 7-5 节点 IP 地址列表

```
    private static List<String> ipList = new ArrayList<String>(){{
        add("192.168.0.2");
        add("192.168.0.3");
        add("192.168.0.4");
    }};
```

客户端通过连接不同的 IP 地址来创建不同的 connection 和 channel，然后将 channel 存入一个缓冲池，如图 7-5 所示的 channelList。之后随机从 channelList 中获取一个 channel，再根据 queueList 中的信息创建相应的队列。

---

[4] 这里采用的 HttpClient 是指 org.apache.commons.httpclient.HttpClient。

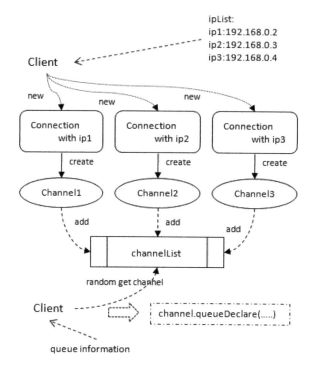

图 7-5 随机创建队列

每一个 channel 对应一个 connection, 而每一个 connection 又对应一个 IP, 这样串起来就能保证 channelList 中不会遗留任何节点, 最终实现与第一种方式相同的功能。对应的队列创建代码如代码清单 7-6 所示。

代码清单 7-6 创建队列

```
private static void createQueuesNew(){
    List<Channel> channelList = new ArrayList<Channel>();
    List<Connection> connectionList = new ArrayList<Connection>();
    try {
        for (int i = 0; i < ipList.size(); i++) {
            String ip = ipList.get(i);
            ConnectionFactory connectionFactory = new ConnectionFactory();
            connectionFactory.setUsername(username);
            connectionFactory.setPassword(password);
            connectionFactory.setHost(ip);
            connectionFactory.setPort(5672);
            Connection connection = connectionFactory.newConnection();
            Channel channel = connection.createChannel();
            channelList.add(channel);
```

```
                connectionList.add(connection);
            }
            createQueueByChannel(channelList);
        } catch (IOException e) {
            e.printStackTrace();
        } catch (TimeoutException e) {
            e.printStackTrace();
        } finally {
            for (Connection connection : connectionList) {
                try {
                    connection.close();
                } catch (IOException e) {
                    e.printStackTrace();
                }
            }
        }
    }
    private static void createQueueByChannel(List<Channel> channelList) {
        for(int i=0;i<queueList.size();i++) {
            Queue queue = queueList.get(i);
            //随机获取相应的channel
            Collections.shuffle(channelList);
            Channel channel = channelList.get(0);
            try {
                Map<String, Object> mapArgs = queue.getArguments();
                //do something with mapArgs.
                channel.queueDeclare(queue.getName(), queue.getDurable(),
                        false, queue.getAuto_delete(), mapArgs);
            } catch (IOException e) {
                e.printStackTrace();
            }
        }
    }
```

7.4.2 数据迁移和客户端连接的切换

上一节陈述如何重建 RabbitMQ 元数据，此为集群迁移前必要的准备工作，本节阐述在迁移过程中的主要工作。

首先需要将生产者的客户端与原 RabbitMQ 集群的连接断开，然后再与新的集群建立新的连接，这样就可以将新的消息流转入到新的集群中。

之后就需要考虑消费者客户端的事情，一种是等待原集群中的消息全部消费完之后再将连接断开，然后与新集群建立连接进行消费作业。可以通过 Web 页面查看消息是否消费完成，可以参考图 7-4。也可以通过 `rabbitmqctl list_queues name messages messages_ready messages_unacknowledged` 命令来查看是否有未被消费的消息。

当原集群服务不可用或者出现故障造成服务质量下降而需要迅速将消息流切换到新的集群中时，此时就不能等待消费完原集群中的消息，这里需要及时将消费者客户端的连接切换到新的集群中，那么在原集群中就会残留部分未被消费的消息，此时需要做进一步的处理。如果原集群损坏，可以等待修复之后将数据迁移到新集群中，否则会丢失数据。

如图 7-6 所示，数据迁移的主要原理是先从原集群中将数据消费出来，然后存入一个缓存区中，另一个线程读取缓存区中的消息再发布到新的集群中，如此便完成了数据迁移的动作。笔者将此命名为"RabbitMQ ForwardMaker"，读者可以自行编写一个小工具来实现这个功能。RabbitMQ 本身提供的 Federation 和 Shovel 插件都可以实现 RabbitMQ ForwardMaker 的功能，确切地说 Shovel 插件更贴近 RabbitMQ ForwardMaker，详细可以参考第 8 章，不过自定义的 RabbitMQ ForwardMaker 工具可以让迁移系统更加高效、灵活。

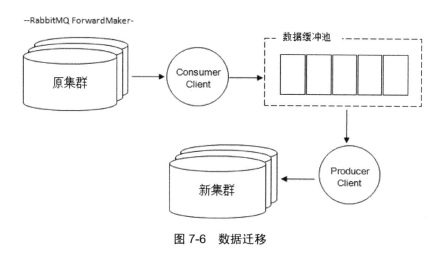

图 7-6　数据迁移

7.4.3 自动化迁移

要实现集群自动化迁移，需要在使用相关资源时就做好一些准备工作，方便在自动化迁移过程中进行无缝切换。与生产者和消费者客户端相关的是交换器、队列及集群的信息，如果这3种类型的资源发生改变时需要让客户端迅速感知，以便进行相应的处理，则可以通过将相应的资源加载到 ZooKeeper 的相应节点中，然后在客户端为对应的资源节点加入 watcher 来感知变化，当然这个功能使用 etcd[5] 或者集成到公司层面的资源配置中心中会更加标准、高效。

如图 7-7 所示，将整个 RabbitMQ 集群资源的使用分为三个部分：客户端、集群、ZooKeeper 配置管理。

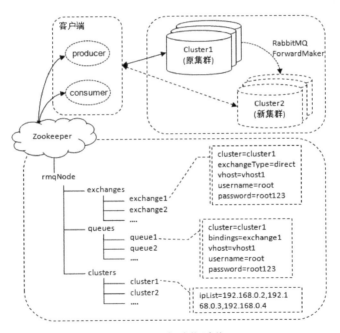

图 7-7 自动化迁移

在集群中创建元数据资源时都需要在 ZooKeeper 中生成相应的配置，比如在 cluster1 集群中创建交换器 exchange1 之后，需要在 /rmqNode/exchanges 路径下创建实节点 exchange1，并赋予节点的数据内容为：

---

[5] etcd 是一个分布式一致性 k-v 存储系统，可用于服务注册发现与共享配置。官网地址为 https://coreos.com/etcd/。

```
cluster=cluster1 #表示此交换器所在的集群名称
exchangeType=direct #表示此交换器的类型
vhost=vhost1 #表示此交换器所在的vhost
username=root #表示用户名
password=root123 #表示密码
```

同样，在 cluster1 集群中创建队列 queue1 之后，需要在/rmqNode/queues 路径下创建实节点 queue1，并赋予节点的数据内容为：

```
cluster=cluster1
bindings=exchange1 #表示此队列所绑定的交换器
#如果有需要，也可以添加一些其他信息，比如路由键等
vhost=vhost1
username=root
password=root123
```

对应集群的数据在/rmqNode/clusters 路径下，比如 cluster1 集群，其对应节点的数据内容包含 IP 地址列表信息：

```
ipList=192.168.0.2,192.168.0.3,192.168.0.4 #集群中各个节点的IP地址信息
```

客户端程序如果与其上的交换器或者队列进行交互，那么需要在相应的 ZooKeeper 节点中添加 watcher，以便在数据发生变更时进行相应的变更，从而达到自动化迁移的目的。

生产者客户端在发送消息之前需要先连接 ZooKeeper，然后根据指定的交换器名称如 exchange1 到相应的路径/rmqNode/exchanges 中寻找 exchange1 的节点，之后再读取节点中的数据，并同时对此节点添加 watcher。在节点的数据第一条"cluster=cluster1"中找到交换器所在的集群名称，然后再从路径/rmqNode/clusters 中寻找 cluster1 节点，然后读取其对应的 IP 地址列表信息。这样整个发送端所需要的连接串数据（IP 地址列表、vhost、username、password 等）都已获取，接下就可以与 RabbitMQ 集群 cluster1 建立连接然后发送数据了。

对于消费者客户端而言，同样需要连接 ZooKeeper，之后根据指定的队列名称（queue1）到相应的路径/rmqNode/queues 中寻找 queue1 节点，继而找到相应的连接串，然后与 RabbitMQ 集群 cluster1 建立连接进行消费。当然对/rmqNode/queues/queue1 节点的 watcher 必不可少。

当 cluster1 集群需要迁移到 cluster2 集群时，首先需要将 cluster1 集群中的元数据在 cluster2 集群中重建。之后通过修改 zk 的 channel 和 queue 的元数据信息，比如原 cluster1 集群中有交换器 exchange1、exchange2 和队列 queue1、queue2，现在通过脚本或者程序将其中的"cluster=cluster1"

数据修改为"cluster=cluster2"。客户端会立刻感知节点的变化，然后迅速关闭当前连接之后再与新集群 cluster2 建立新的连接后生产和消费消息，在此切换客户端连接的过程中是可以保证数据零丢失的。迁移之后，生产者和消费者都会与 cluster2 集群进行互通，此时原 cluster1 集群中可能还有未被消费完的数据，此时需要使用 7.4.2 节所述的 RabbitMQ ForwardMaker 工具将 cluster1 集群中未被消费完的数据同步到 cluster2 集群中。

如果没有准备 RabbitMQ ForwardMaker 工具，也不想使用 Federation 或者 Shovel 插件，那么在变更完交换器相关的 ZooKeeper 中的节点数据之后，需要等待原集群中的所有队列都消费完全之后，再将队列相关的 ZooKeeper 中的节点数据变更，进而使得消费者的连接能够顺利迁移到新的集群之上。可以通过下面的命令来查看是否有队列中的消息未被消费完：

```
rabbitmqctl list_queues -p / -q | awk '{if($2>0) print $0}'
```

上面的自动化迁移立足于将现有集群迁移到空闲的备份集群，如果由于原集群硬件升级等原因迁移也无可厚非。很多情况下，自动化迁移作为容灾手段中的一种，如果有很多个正在运行的 RabbitMQ 集群，为每个集群都配备一个空闲的备份集群无疑是一种资源的浪费。当然可以采取几个集群共用一个备份集群来减少这种浪费，那么有没有更优的解决方案呢？

就以 4 个 RabbitMQ 集群为例，其被分配 4 个独立的业务使用。如图 7-8 所示，cluster1 集群中的元数据备份到 cluster2 集群中，而 cluster2 集群中的元数据备份到 cluster3 集群中，如此可以两两互备。比如在 cluster1 集群中创建了一个交换器 exchange1，此时需要在 cluster2 集群中同样创建一个交换器 exchange1。在正常情况下，使用的是 cluster1 集群中的 exchange1，而 exchange1 在 cluster2 集群中只是一份记录，并不消耗 cluster2 集群的任何性能。而当需要将 cluster1 迁移时，只需要将交换器及队列相对应的 ZooKeeper 节点数据项变更即可完成迁移的工作。如此既不用耗费额外的硬件资源，又不用再迁移的时候重新建立元数据信息。

为了更加稳妥起见，也可以准备一个空闲的备份集群以备后用。当 cluster1 集群需要迁移到 cluster2 集群中时，cluster2 集群已经发生故障被关闭或者被迁移到 cluster3 集群中了，那么这个空闲的备份集群可以当作 "Plan B" 来增强整体服务的可靠性。如果既想不浪费多余的硬件资源又想具备更加稳妥的措施，可以参考图 7-9，将 cluster1 中的元数据备份到 cluster2 和 cluster3 中，这样 "以 1 备 2" 的方式即可解决这个难题。

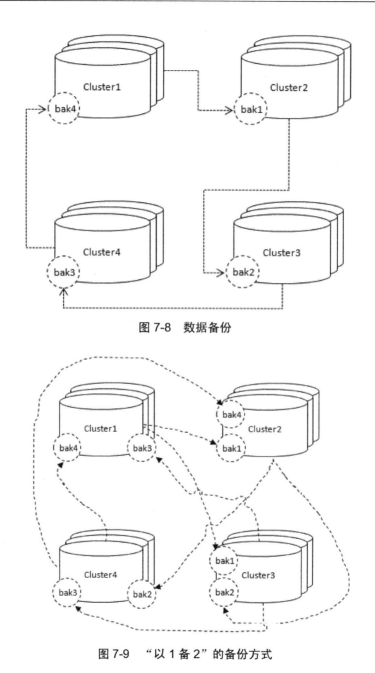

图 7-8 数据备份

图 7-9 "以 1 备 2"的备份方式

对于上面介绍的多集群间互备的解决方案需要配套一个完备的实施系统,比如具备资源管理、执行下发、数据校对等功能,并且对于 ZooKeeper 节点中的数据项设计也需要细细斟酌,最好能够根据实际使用情况将这些整合到一个大的平台化系统之中。

7.5 集群监控

任何应用功能再强大、性能再优越，如果没有与之匹配的监控那么一切都是虚无缥缈的。监控不仅可以提供运行时的数据为应用提供依据参考，还可以迅速定位问题、提供预防及告警等功能，很大程度上增强了整体服务的鲁棒性。RabbitMQ 扩展的 RabbitMQ Management 插件就能提供一定的监控功能，参考图 5-1，Web 管理界面提供了很多的统计值信息：如发送速度、确认速度、消费速度、消息总数、磁盘读写速度、句柄数、Socket 连接数、Connection 数、Channel 数、内存信息等。总体上来说，RabbitMQ Management 插件提供的监控页面是相对完善的，在实际应用中具有很高的使用价值。但是有一个遗憾就是其难以和公司内部系统平台关联，对于业务资源的使用情况、相应的预防及告警的联动无法顺利贯通。如果在人力、物力等条件允许的情况下，自定义一套监控系统非常有必要。

7.5.1 通过 HTTP API 接口提供监控数据

那么监控数据从哪里来呢？RabbitMQ Management 插件不仅提供了一个优秀的 Web 管理界面，还提供了 HTTP API 接口以供调用。下面以集群、交换器和队列这 3 个角度来阐述如何通过 HTTP API 获取监控数据。

假设集群中一共有 4 个节点 node1、node2、node3 和 node4，有一个交换器 exchange 通过同一个路由键 "rk" 绑定了 3 个队列 queue1、queue2 和 queue3。

下面首先收集集群节点的信息，集群节点的信息可以通过 /api/nodes 接口来获取。有关从 /api/nodes 接口中获取到数据的结构可以参考附录 B，其中包含了很多的数据统计项，可以挑选感兴趣的内容进行数据收集。

集群节点信息统计数据项示例如代码清单 7-7 所示。

代码清单 7-7　ClusterNode 类

```java
public class ClusterNode {
    private long diskFree;//磁盘空闲
    private long diskFreeLimit;
    private long fdUsed;//句柄使用数
    private long fdTotal;
    private long socketsUsed;//Socket 使用数
    private long socketsTotal;
    private long memoryUsed;//内存使用值
    private long memoryLimit;
    private long procUsed;//Erlang 进程使用数
    private long procTotal;
    @Override
    public String toString() {
        return "{disk_free="+diskFree+", "+
                "disk_free_limit="+diskFreeLimit+", "+
                "fd_used="+fdUsed+", "+
                "fd_total="+fdTotal+", "+
                "sockets_used="+socketsUsed+", "+
                "sockets_total="+socketsTotal+", "+
                "mem_used="+memoryUsed+", "+
                "mem_limit="+memoryLimit+", "+
                "proc_used="+procUsed+", "+
                "proc_total="+procTotal+"}";
    }
    //省略 Getter 和 Setter 方法
}
```

在真正读取 /api/nodes 接口获取数据之前，我们还需要做一些准备工作，比如使用 org.apache.commons.httpclient.HttpClient 对 HTTP GET 方法进行封装，方便后续程序直接调用。相关示例如代码清单 7-8 所示。

代码清单 7-8　封装 HTTP GET

```java
public class HttpUtils {
    public static String httpGet(String url, String username, String password)
    throws IOException {
        HttpClient client = new HttpClient();
        client.getState().setCredentials(AuthScope.ANY,
            new UsernamePasswordCredentials(username, password));
        GetMethod getMethod = new GetMethod(url);
        int ret = client.executeMethod(getMethod);
        String data = getMethod.getResponseBodyAsString();
        System.out.println(data);
        return data;
```

之后就是真正获取集群节点的数据了，通过 HTTP GET 方法获取 http://xxx.xxx.xxx.xxx:15672/api/nodes 的 JSON 数据，然后通过 GSON 进行解析，之后即可采集到感兴趣的数据项。GSON 的解析过程是根据获取的 JSON 的数据格式进行相应的编码的，这里需要注意的是不同的版本有可能会有略微的变动。示例代码如代码清单 7-9 所示（注意在这里调用 HTTP API 接口来获取数据时都是需要用户名和密码认证的）。

代码清单 7-9　采集集群节点数据

```java
public static List<ClusterNode> getClusterData(String ip, int port,
String username, String password) {
    List<ClusterNode> list = new ArrayList<ClusterNode>();
    String url = "http://" + ip + ":" + port + "/api/nodes";
    System.out.println(url);
    try {
        String urlData = HttpUtils.httpGet(url, username, password);
        parseClusters(urlData,list);
    } catch (IOException e) {
        e.printStackTrace();
    }
    System.out.println(list);
    return list;
}
private static void parseClusters(String urlData, List<ClusterNode> list) {
    JsonParser parser = new JsonParser();
    JsonArray jsonArray = (JsonArray) parser.parse(urlData);
    for(int i=0;i<jsonArray.size();i++) {
        JsonObject jsonObjectTemp = jsonArray.get(i).getAsJsonObject();
        ClusterNode cluster = new ClusterNode();
        cluster.setDiskFree(jsonObjectTemp.get("disk_free").getAsLong());
        cluster.setDiskFreeLimit(jsonObjectTemp. get("disk_free_ limit")
            .getAsLong());
        cluster.setFdUsed(jsonObjectTemp.get("fd_used").getAsLong());
        cluster.setFdTotal(jsonObjectTemp.get("fd_total").getAsLong());
        cluster.setSocketsUsed(jsonObjectTemp.get("sockets_used"). getAsLong());
        cluster.setSocketsTotal(jsonObjectTemp.get("sockets_total").getAsLong());
        cluster.setMemoryUsed(jsonObjectTemp.get("mem_used").getAsLong());
        cluster.setMemoryLimit(jsonObjectTemp.get("mem_limit").getAsLong());
        cluster.setProcUsed(jsonObjectTemp.get("proc_used").getAsLong());
        cluster.setProcTotal(jsonObjectTemp.get("proc_total").getAsLong());
        list.add(cluster);
    }
}
```

数据采集完之后并没有结束，图 7-10 中简单囊括了从数据采集到用户使用的过程。首先采集程序通过定时调用 HTTP API 接口获取 JSON 数据，然后进行 JSON 解析之后再进行持久化处理。对于这种基于时间序列的数据非常适合使用 OpenTSDB[6] 来进行存储。监控管理系统可以根据用户的检索条件来从 OpenTSDB 中获取相应的数据并展示到页面之中。监控管理系统本身还可以具备报表、权限管理等功能，同时也可以实时读取所采集的数据，对其进行分析处理，对于异常的数据需要及时报告给相应的人员。

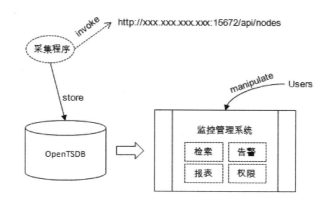

图 7-10　从数据采集到用户使用的过程

对于集群的各节点信息展示可以参考下方，图 7-11 展示了各个节点实时的内存占用情况，图 7-12 展示了各个节点实时的磁盘使用情况。

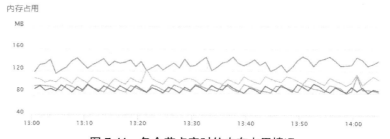

图 7-11　各个节点实时的内存占用情况

---

[6] OpenTSDB：基于 Hbase 的分布式的，可伸缩的时间序列数据库。主要用途就是做监控系统，比如收集大规模集群（包括网络设备、操作系统、应用程序）的监控数据并进行存储、查询。

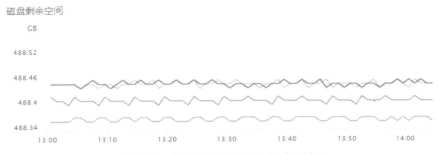

图 7-12　各个节点实时的磁盘使用情况

对于交换器而言的数据采集可以调用/api/exchanges/vhost/name 接口，比如需要调用虚拟主机为默认的"/"、交换器名称为 exchange 的数据，只需要使用 HTTP GET 方法获取 http://xxx.xxx.xxx.xxx:15672/api/exchanges/%2F/exchange 的数据即可。注意，这里需要将"/"进行 HTML 转义成"%2F"，否则会出错。对应的数据内容可以参考下方：

```
{
    "message_stats": {
        "publish_in_details": {
            "rate": 0.4//数据流入的速率
        },
        "publish_in": 9,//数据流入的总量
        "publish_out_details": {
            "rate": 1.2//数据流出的速率
        },
        "publish_out": 27//数据流出的总量
    },
    "outgoing": [],
    "incoming": [],
    "arguments": {},
    "internal": false,
    "auto_delete": false,
    "durable": true,
    "type": "direct",
    "vhost": "/",
    "name": "exchange"
}
```

对于1个交换器绑定3个队列的情况，向交换器发送1条消息，那么流入就是1条，而流出就是3条。在应用的时候根据实际情况挑选数据流入速率或者数据流出速率作为发送数量，以及挑选数据流入的量还是数据流出的量作为发送量。

相应的示例详情如代码清单 7-10 所示。

代码清单7-10 采集交换器数据

```java
public class Exchange {
    private double publishInRate;
    private long publishIn;
    private double publishOutRate;
    private long publishOut;
    @Override
    public String toString() {
        return "{publish_in_rate=" + publishInRate +
            ", publish_in=" + publishIn +
            ", publish_out_rate=" + publishOutRate +
            ", publish_out=" + publishOut+"}";
    }
    //省略Getter和Setter方法
}

public class ExchangeMonitor {
    public static void main(String[] args) {
        try {
            getExchangeData("192.168.0.2", 15672, "root", "root123", "/",
                "exchange");
        } catch (IOException e) {
            e.printStackTrace();
        }
    }
    public static Exchange getExchangeData(String ip, int port, String username,
String password, String vhost, String exchange) throws IOException {
        String url = "http://" + ip + ":" + port + "/api/exchanges/"
            + encode(vhost, "UTF-8") + "/" + encode(exchange, "UTF-8");
        System.out.println(url);
        String urlData = HttpUtils.httpGet(url, username, password);
        System.out.println(urlData);
        Exchange exchangeAns = parseExchange(urlData);
        System.out.println(exchangeAns);
        return exchangeAns;
    }
    private static Exchange parseExchange(String urlData) {//解析程序
        Exchange exchange = new Exchange();
        JsonParser parser = new JsonParser();
        JsonObject jsonObject = (JsonObject) parser.parse(urlData);
        JsonObject msgStats =
            jsonObject.get("message_stats").getAsJsonObject();
        double publish_in_details_rate =
            msgStats.get("publish_in_details").getAsJsonObject().get("rate")
            .getAsDouble();
        double publish_out_details_rate =
```

```
                msgStats.get("publish_out_details").
                getAsJsonObject().get("rate").getAsDouble();
        long publish_in = msgStats.get("publish_in").getAsLong();
        long publish_out = msgStats.get("publish_out").getAsLong();
        exchange.setPublishInRate(publish_in_details_rate);
        exchange.setPublishOutRate(publish_out_details_rate);
        exchange.setPublishIn(publish_in);
        exchange.setPublishOut(publish_out);
        return exchange;
    }
}
```

对于队列而言的数据采集相关的接口为/api/queues/vhost/name，对应的数据结构可以参考下方内容。同时参考前面的内容进行相应的编码逻辑，这里就留给读者自行思考。

```
{
    "consumer_details": [],
    "incoming": [],
    "deliveries": [],
    "messages_details": { "rate": 0 },
    "messages": 12,
    "messages_unacknowledged_details": { "rate": 0 },
    "messages_unacknowledged": 0,
    "messages_ready_details": { "rate": 0 },
    "messages_ready": 12,
    "reductions_details": { "rate": 0 },
    "reductions": 577759,
    "message_stats": { "publish_details": { "rate": 0 }, "publish": 12 },
    "node": "rabbit@node2",
    "arguments": {},
    "exclusive": false,
    "auto_delete": false,
    "durable": true,
    "vhost": "/",
    "name": "queue1",
    "message_bytes_paged_out": 0,
    "messages_paged_out": 0,
    "backing_queue_status": {
        "mode": "default", "q1": 0, "q2": 0,
        "delta": ["delta", "undefined", 0, 0, "undefined" ],
        "q3": 0, "q4": 12, "len": 12, "target_ram_count": "infinity",
        "next_seq_id": 12,
        "avg_ingress_rate": 0.0501007133625864,
        "avg_egress_rate": 0, "mirror_seen": 0,
        "avg_ack_ingress_rate": 0, "avg_ack_egress_rate": 0,
        "mirror_senders": 0
    },
```

```
    "head_message_timestamp": null,
    "message_bytes_persistent": 28,
    "message_bytes_ram": 28,
    "message_bytes_unacknowledged": 0,
    "message_bytes_ready": 28,
    "message_bytes": 28,
    "messages_persistent": 12,
    "messages_unacknowledged_ram": 0,
    "messages_ready_ram": 12,
    "messages_ram": 12,
    "garbage_collection": {
        "minor_gcs": 492, "fullsweep_after": 65535, "min_heap_size": 233,
        "min_bin_vheap_size": 46422, "max_heap_size": 0
    },
    "state": "running",
    "recoverable_slaves": [ "rabbit@node1" ],
    "synchronised_slave_nodes": [ "rabbit@node1" ],
    "slave_nodes": [ "rabbit@node1" ],
    "memory": 143272,
    "consumer_utilisation": null,
    "consumers": 0,
    "exclusive_consumer_tag": null,
    "policy": "policy1"
}
```

7.5.2 通过客户端提供监控数据

除了 HTTP API 接口可以提供监控数据，Java 版客户端（3.6.x 版本开始）中 Channel 接口中也提供了两个方法来获取数据。方法定义如下：

```
/**
 * Returns the number of messages in a queue ready to be delivered
 * to consumers. This method assumes the queue exists. If it doesn't,
 * an exception will be closed with an exception.
 * @param queue the name of the queue
 * @return the number of messages in ready state
 * @throws IOException Problem transmitting method.
 */
long messageCount(String queue) throws IOException;
/**
 * Returns the number of consumers on a queue.
 * This method assumes the queue exists. If it doesn't,
 * an exception will be closed with an exception.
```

```
 * @param queue the name of the queue
 * @return the number of consumers
 * @throws IOException Problem transmitting method.
 */
long consumerCount(String queue) throws IOException;
```

messageCount(String queue)用来查询队列中的消息个数，可以为监控消息堆积的情况提供数据。consumerCount(String queue)用来查询队列中的消费者个数，可以为监控消费者的情况提供数据。相应的监控视图可以参考图 7-13 和图 7-14。

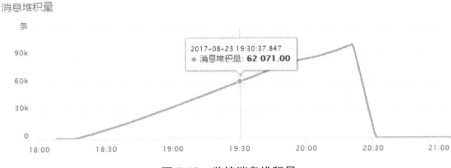

图 7-13　监控消息堆积量

图 7-14　监控消费者实例数

除了这两个方法，也可以通过连接的状态进行监控。Java 客户端中 Connection 接口提供了 addBlockedListener(BlockedListener listener)方法（用来监听连接阻塞信息）和 addShutdownListener(ShutdownListener listener) 方法（用来监听连接关闭信息）。相关示例如代码清单 7-11 所示。

代码清单 7-11　监听 Connection 的状态

```
try {
    Connection connection = connectionFactory.newConnection();
```

```
        connection.addShutdownListener(new ShutdownListener() {
            public void shutdownCompleted(ShutdownSignalException cause) {
                //处理并记录连接关闭事项
            }
        });
        connection.addBlockedListener(new BlockedListener() {
            public void handleBlocked(String reason) throws IOException {
                //处理并记录连接阻塞事项
            }
            public void handleUnblocked() throws IOException {
                //处理并记录连接阻塞取消事项
            }
        });
        Channel channel = connection.createChannel();
        long msgCount = channel.messageCount("queue1");
        long consumerCount = channel.consumerCount("queue1");
        //记录 msgCount 和 consumerCount
    } catch (IOException e) {
        e.printStackTrace();
    } catch (TimeoutException e) {
        e.printStackTrace();
    }
```

用户客户端还可以自行定义一些数据进行埋点，比如客户端成功发送的消息个数和发送失败的消息个数，进一步可以计算发送消息的成功率等。相应的代码示例如代码清单 7-12 所示。

代码清单 7-12　自定义埋点数据

```
    public static volatile int successCount = 0;//记录发送成功的次数
    public static volatile int failureCount = 0;//记录发送失败的次数
    //下面代码内容包含在某方法体内
    try {
        channel.confirmSelect();
        channel.addReturnListener(new ReturnListener() {
            public void handleReturn(int replyCode, String replyText,
                    String exchange, String routingKey, AMQP
                    .BasicProperties properties, byte[] body) throws IOException {
                failureCount++;
            }
        });
        channel.basicPublish("","",true,MessageProperties.PERSISTENT_TEXT_PLAIN,
            "msg".getBytes());
        if (channel.waitForConfirms() == true) {
            successCount++;
        } else {
            failureCount++;
        }
```

```
    } catch (IOException e) {
        e.printStackTrace();
        failureCount++;
    } catch (InterruptedException e) {
        e.printStackTrace();
        failureCount++;
    }
```

上面的代码中只是简单地对 successCount 和 failureCount 进行累加操作，这里推荐引入 metrics 工具（比如 com.codahale.metrics.*）来进行埋点，这样既方便又高效。同样的方式也可以统计消费者消费成功的条数和消费失败的条数，这个就留给读者自行思考。

7.5.3　检测 RabbitMQ 服务是否健康

不管是通过 HTTP API 接口还是客户端，获取的数据都是以作监控视图之用，不过这一切都基于 RabbitMQ 服务运行完好的情况下。虽然可以通过某些其他工具或方法来检测 RabbitMQ 进程是否在运行（如 ps aux | grep rabbitmq），或者 5672 端口是否开启（如 telnet xxx.xxx.xxx.xxx 5672），但是这样依旧不能真正地评判 RabbitMQ 是否还具备服务外部请求的能力。这里就需要使用 AMQP 协议来构建一个类似于 TCP 协议中的 Ping 的检测程序。当这个测试程序与 RabbitMQ 服务无法建立 TCP 协议层面的连接，或者无法构建 AMQP 协议层面的连接，再或者构建连接超时时，则可判定 RabbitMQ 服务处于异常状态而无法正常为外部应用提供相应的服务。示例程序如代码清单 7-13 所示。

代码清单 7-13　AMQP-ping 测试程序

```
/**
 * AMQP-ping 测试程序返回的状态
 */
enum PING_STATUS{
    OK,//正常
    EXCEPTION//异常
}

public class AMQPPing {
    private static String host = "localhost";
    private static int port = 5672;
    private static String vhost = "/";
    private static String username = "guest";
    private static String password = "guest";
```

```java
/**
 * 读取 rmq_cfg.properties 中的内容，如果没有配置相应的项则采用默认值
 */
static {
    Properties properties = new Properties();
    try {
        properties.load(AMQPPing.class.getClassLoader().
            getResourceAsStream("rmq_cfg.properties"));
        host = properties.getProperty("host");
        port = Integer.valueOf(properties.getProperty("port"));
        vhost = properties.getProperty("vhost");
        username = properties.getProperty("username");
        password = properties.getProperty("password");
    } catch (Exception e) {
        e.printStackTrace();
    }
}

/**
 * AMQP-ping 测试程序，如有 IOException 或者 TimeoutException，则说明 RabbitMQ
 * 服务出现异常情况
 */
public static PING_STATUS checkAMQPPing(){
    PING_STATUS ping_status = PING_STATUS.OK;
    ConnectionFactory connectionFactory = new ConnectionFactory();
    connectionFactory.setHost(host);
    connectionFactory.setPort(port);
    connectionFactory.setVirtualHost(vhost);
    connectionFactory.setUsername(username);
    connectionFactory.setPassword(password);
    Connection connection = null;
    Channel channel = null;
    try {
        connection = connectionFactory.newConnection();
        channel = connection.createChannel();
    } catch (IOException | TimeoutException e ) {
        e.printStackTrace();
        ping_status = PING_STATUS.EXCEPTION;
    } finally {
        if (connection != null) {
            try {
                connection.close();
            } catch (IOException e) {
                e.printStackTrace();
            }
        }
```

```
        }
        return ping_status;
    }
}
```

示例中涉及 `rmq_cfg.properties` 配置文件，这个文件用来灵活地配置与 RabbitMQ 服务的连接所需的连接信息，包括 IP 地址、端口号、vhost、用户名和密码等。如果没有配置相应的项则可以采用默认的值。

监控应用时，可以定时调用 `AMQPPing.checkAMQPPing()` 方法来获取检测信息，方法返回值是一个枚举类型，示例中只具备两个值：`PING_STATUS.OK` 和 `PING_STATUS.EXCEPTION`，分别代表 RabbitMQ 服务正常和异常的情况，这里可以根据实际应用情况来细分返回值的粒度。

AMQPPing 这个类能够检测 RabbitMQ 是否能够接收新的请求和构造 AMQP 信道，但是要检测 RabbitMQ 服务是否健康还需要进一步的措施。值得庆幸的是 RabbitMQ Management 插件提供了 `/api/aliveness-test/vhost` 的 HTTP API 形式的接口，这个接口通过 3 个步骤来验证 RabbitMQ 服务的健康性：

（1）创建一个以 "aliveness-test" 为名称的队列来接收测试消息。

（2）用队列名称，即 "aliveness-test" 作为消息的路由键，将消息发往默认交换器。

（3）到达队列时就消费该消息，否则就报错。

这个 HTTP API 接口背后的检测程序也称之为 aliveness-test，其运行在 Erlang 虚拟机内部，因此它不会受到网络问题的影响。如果在虚拟机外部，则网络问题可能会阻止外部客户端连接到 RabbitMQ 的 5672 端口。aliveness-test 程序不会删除创建的队列，对于频繁调用这个接口的情况，它可以避免数以千计的队列元数据事务对 Mnesia 数据库造成巨大的压力。如果 RabbitMQ 服务完好，调用 `/api/aliveness-test/vhost` 接口会返回 `{"status":"ok"}`，HTTP 状态码为 200。示例程序如代码清单 7-14 所示。

代码清单 7-14　AlivenessTest 程序

```
/**
 * AlivenessTest 程序返回的状态
 * OK 表示健康，EXCEPTION 表示异常
 */
enum ALIVE_STATUS{
    OK,
    EXCEPTION
```

```
}
public class AlivenessTest {
    public static ALIVE_STATUS checkAliveness(String url, String username, String
            password){
        ALIVE_STATUS alive_status = ALIVE_STATUS.OK;
        HttpClient client = new HttpClient();
        client.getState().setCredentials(AuthScope.ANY,
                new UsernamePasswordCredentials(username, password));
        GetMethod getMethod = new GetMethod(url);
        String data = null;
        int ret = -1;
        try {
            ret = client.executeMethod(getMethod);
            data = getMethod.getResponseBodyAsString();
            if (ret != 200 || !data.equals("{\"status\":\"ok\"}")) {
                alive_status = ALIVE_STATUS.EXCEPTION;
            }
        } catch (IOException e) {
            e.printStackTrace();
            alive_status = ALIVE_STATUS.EXCEPTION;
        }
        return alive_status;
    }
}
//调用示例
//AlivenessTest.checkAliveness("http://192.168.0.2:
//15672/api/aliveness-test/%2F",
//"root", "root123");
```

监控应用时，可以定时调用 `AlivenessTest.checkAliveness()` 方法来获取检测信息，方法返回值是一个枚举类型，示例中只具备两个值：`ALIVE_STATUS.OK` 和 `ALIVE_STATUS.EXCEPTION`，分别代表 RabbitMQ 服务正常和异常的情况，这里可以根据实际应用情况来细分返回值的粒度。

这里的 aliveness-test 程序配合前面的 AMQPPing 程序一起使用可以从内部和外部这两个方面来全面地监控 RabbitMQ 服务。表 5-2 中还提及另外两个接口 /api/healthchecks/node 和 /api/healthchecks/node/node，这两个 HTTP API 接口分别表示对当前节点或指定节点进行基本的健康检查，包括 RabbitMQ 应用、信道、队列是否运行正常，是否有告警产生等。使用方式可以参考 /api/aliveness-test/vhost，在此不再赘述。

7.5.4 元数据管理与监控

确保 RabbitMQ 能够健康运行还不足以让人放松警惕。考虑这样一种情况：小明为小张创建了一个队列并绑定了一个交换器，之后某人由于疏忽而阴差阳错地删除了这个队列而无人得知，最后小张在使用这个队列的时候就会报出"NOT FOUND"的错误。如果这些在测试环境中发生，那么还可以弥补。在实际生产环境中，如果误删了一个队列，必然会造成不可估计的影响。此时业务方如果正在使用这个队列，正常情况下会立刻报出异常，相关人员可以迅速做出动作以尽可能地降低影响。试想如果是一个定时任务调用此队列，并在深夜 3 点执行相应的逻辑，此时报出异常想必也会对相关人员造成不小的精神骚扰。

不止删除队列这一个方面，还有删除了一个交换器，或者修改了绑定信息，再或者是胡乱建立了一个队列绑定到现有的一个交换器中，同时又没有消费者订阅消费此队列，从而留下消息堆积的隐患等都会对使用 RabbitMQ 服务的业务应用造成影响。所以对于 RabbitMQ 元数据的管理与监控也尤为重要。

许多应用场景是在业务逻辑代码中创建相应的元数据资源（交换器、队列及绑定关系）并使用。对于排他的、自动删除的这类非高可靠性要求的元数据资源可以在一定程度上忽略元数据变更的影响。但是对于两个非常重要的且通过消息中间件交互的业务应用，在使用相应的元数据资源时最好进行相应的管控，如果一方或者其他方肆意变更所使用的元数据，必然对另一方造成不小的损失。管控的介入自然会降低消息中间件的灵活度，但是可以增强系统的可靠性。比如通过专用的"元数据审核系统"来配置相应的元数据资源，提供给业务方使用的用户只有可读和可写的权限，这样可以进一步降低风险。

非管控的元数据可以天马行空，业务方可以在这一时刻创建，下一时刻就删除，对其监控也无太大的意义。对于管控的元数据来说，监控的介入就会有意义也会有必要很多。虽然对于只有可读写权限的用户不能够变更元数据信息，也难免会被其他具有可配置权限的超级用户篡改。RabbitMQ 中在创建元数据资源的时候是以一种声明的形式完成的：无则创建、有则不变，不过在对应的元数据存在的情况下，对其再次声明时使用不同的属性会报出相应的错误信息。我们可以利用这一特性来监控元数据的变更，通过定时程序来将记录中的元数据信息重新声明一次，查看是否有异常报出。不过这种方法非常具有局限性，只能增加元数据的信息而不能减少。比如有一个队列没有消费者且以后也不会被使用，我们对其进行了解绑操作，这样就没有更多的消息流入而造成消息堆积，不过这一变更由于某些局限性没有及时将记录变更以通知到那个定时程序，此时又重新将此队列绑定到原交换器中。

这里列举一个简单的元数据管控和监控的示例来应对此种情况，此系统并非最优，但可以给读者在实际应用时提供一种解决对应问题的思路。

如图 7-15 所示，所有的业务应用都需要通过元数据审核系统来申请创建（当然也可以包含查询、修改及删除）相应的元数据信息。在申请动作完成之后，由专门的人员进行审批，之后在数据库中存储和在 RabbitMQ 集群中创建相应的元数据，这两个步骤可以同时进行，而且也无须为这两个动作添加强一致性的事务逻辑。在数据库和 RabbitMQ 集群之间会有一个元数据一致性校验程序来检测元数据不一致的地方，然后将不一致的数据上送到监控管理系统。监控管理系统中可以显示元数据不一致的记录信息，也可以以告警的形式推送出来，然后相应的管理人员可以选择手动或者自动地进行元数据修正。这里的不一致有可能是由于数据库的记录未被正确及时地更新，也有可能是 RabbitMQ 集群中元数据被异常篡改。元数据修正需慎之又慎，在整个系统修正逻辑完备之前，建议优先采用人工的方式，毕竟不一致的元数据仅占少数，人工修正的工作量并不太大。

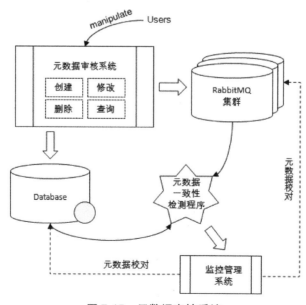

图 7-15　元数据审核系统

RabbitMQ 的元数据可以很顺利地以表的形式记录在数据库中，参考附录 A，主要的元数据是 queues、exchanges 和 bindings，可以分别建立三张表。

- Table 1：队列信息表，名称为 rmq_queues。列名有 name、vhost、durable、auto_delete、arguments、cluster_name、description，其中 name、durable、auto_delete、arguments 可以参考 3.2.2 节中的内容。vhost 表示虚拟主机。cluster_name 表示队列所在的集群名称，毕竟一般一个公司所用的 RabbitMQ 集群并非只有一个。description 是相应的描述信息，相当于备注，通常可置为空。

- Table 2：交换器信息表，名称为 rmq_exchanges。列名有 name、vhost、type、durable、auto_delete、internal、arguments、cluster_name、description。其中 name、type、durable、auto_delete、internal、arguments 可参考 3.2.1 节中的内容。vhost、cluster_name 和 description 可参考 Table 1。

- Table 3：绑定信息表，名称为 rmq_bindings。列名有 source、vhost、destination、destination_type、routing_key、arguments、cluster_name、description。其中 source、vhost、destination、destination_type、routing_key、arguments 可以参考 3.2.3 节和 3.2.4 节中的内容。vhost、cluster_name 和 description 可参考 Table 1。

元数据一致性检测程序可以通过 /api/definitions 的 HTTP API 接口获取集群的元数据信息，通过解析之后与数据库中的记录一一比对，查看是否有不一致的地方。可以参考 7.5.3 节的风格，具体的实现示例就留着读者自己动手实践了。

7.6 小结

RabbitMQ 作为一个成熟的消息中间件，不仅要为应用提供强大的功能支持，也要能够维护自身状态的稳定，而这个维护就需要强大的运维层面的支撑。运维本身就是一个大学问，涵盖多方面的内容，比如容量评估、资源分配、集群管控、系统调优、升级扩容、故障修复、监控告警、负载均衡等。本章从最基本的集群搭建开始到故障修复，从集群迁移再到集群监控，并不要求能解决所有 RabbitMQ 的运维问题，希望能够在多个层面为读者提供解决问题的方法和思路。

第 8 章
跨越集群的界限

　　RabbitMQ 可以通过 3 种方式实现分布式部署：集群、Federation 和 Shovel。这 3 种方式不是互斥的，可以根据需要选择其中的一种或者以几种方式的组合来达到分布式部署的目的。Federation 和 Shovel 可以为 RabbitMQ 的分布式部署提供更高的灵活性，但同时也提高了部署的复杂性。

　　本章主要阐述 Federation 与 Shovel 的相关的原理、用途及使用方式等。最后在小结部分中将集群与 Federation/Shovel 的部署方式进行对比区分，以加深对相关知识点的理解。

8.1 Federation

Federation 插件的设计目标是使 RabbitMQ 在不同的 Broker 节点之间进行消息传递而无须建立集群，该功能在很多场景下都非常有用：

- Federation 插件能够在不同管理域（可能设置了不同的用户和 vhost，也可能运行在不同版本的 RabbitMQ 和 Erlang 上）中的 Broker 或者集群之间传递消息。
- Federation 插件基于 AMQP 0-9-1 协议在不同的 Broker 之间进行通信，并设计成能够容忍不稳定的网络连接情况。
- 一个 Broker 节点中可以同时存在联邦交换器（或队列）或者本地交换器（或队列），只需要对特定的交换器（或队列）创建 Federation 连接（Federation link）。
- Federation 不需要在 N 个 Broker 节点之间创建 $O(N^2)$ 个连接（尽管这是最简单的使用方式），这也就意味着 Federation 在使用时更容易扩展。

Federation 插件可以让多个交换器或者多个队列进行联邦。一个联邦交换器（federated exchange）或者一个联邦队列（federated queue）接收上游（upstream）的消息，这里的上游是指位于其他 Broker 上的交换器或者队列。联邦交换器能够将原本发送给上游交换器（upstream exchange）的消息路由到本地的某个队列中；联邦队列则允许一个本地消费者接收到来自上游队列（upstream queue）的消息。

为了能够详细解释 Federation，我们先从架构来分析联邦交换器和联邦队列，之后再来讲解如何使用 Federtation。

8.1.1 联邦交换器

假设图 8-1 中 broker1 部署在北京，broker2 部署在上海，而 broker3 部署在广州，彼此之间相距甚远，网络延迟是一个不得不面对的问题。

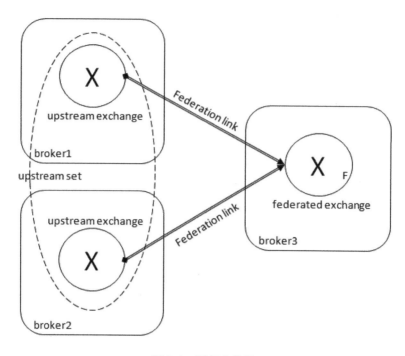

图 8-1 联邦交换器

有一个在广州的业务 ClientA 需要连接 broker3，并向其中的交换器 exchangeA 发送消息，此时的网络延迟很小，ClientA 可以迅速将消息发送至 exchangeA 中，就算在开启了 publisher confirm 机制或者事务机制的情况下，也可以迅速收到确认信息。此时又有一个在北京的业务 ClientB 需要向 exchangeA 发送消息，那么 ClientB 与 broker3 之间有很大的网络延迟，ClientB 将发送消息至 exchangeA 会经历一定的延迟，尤其是在开启了 publisher confirm 机制或者事务机制的情况下，ClientB 会等待很长的延迟时间来接收 broker3 的确认信息，进而必然造成这条发送线程的性能降低，甚至造成一定程度上的阻塞。

那么要怎么优化业务 ClientB 呢？将业务 ClientB 部署到广州的机房中可以解决这个问题，但是如果 ClientB 调用的另一些服务都部署在北京，那么又会引发新的时延问题，总不见得将所有业务全部部署在一个机房，那么容灾又何以实现？这里使用 Federation 插件就可以很好地解决这个问题。

如图 8-2 所示，在 broker3 中为交换器 exchangeA（broker3 中的队列 queueA 通过 "rkA" 与 exchangeA 进行了绑定）与北京的 broker1 之间建立一条单向的 Federation link。此时 Federation

插件会在 broker1 上会建立一个同名的交换器 exchangeA（这个名称可以配置，默认同名），同时建立一个内部的交换器"exchangeA→broker3 B"，并通过路由键"rkA"将这两个交换器绑定起来。这个交换器"exchangeA→broker3 B"名字中的"broker3"是集群名，可以通过 `rabbitmqctl set_cluster_name {new_name}` 命令进行修改。与此同时 Federation 插件还会在 broker1 上建立一个队列"federation: exchangeA→broker3 B"，并与交换器"exchangeA→broker3 B"进行绑定。Federation 插件会在队列"federation: exchangeA→broker3 B"与 broker3 中的交换器 exchangeA 之间建立一条 AMQP 连接来实时地消费队列"federation: exchangeA→broker3 B"中的数据。这些操作都是内部的，对外部业务客户端来说这条 Federation link 建立在 broker1 的 exchangeA 和 broker3 的 exchangeA 之间。

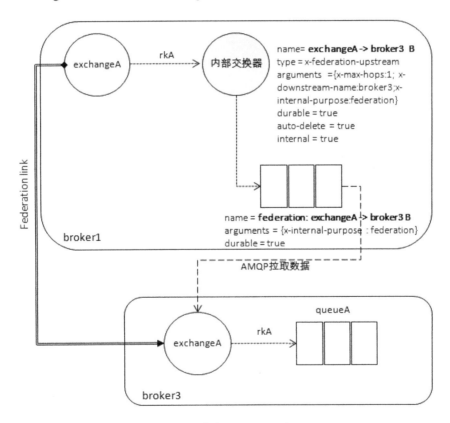

图 8-2　建立 Federation link

回到前面的问题，部署在北京的业务 ClientB 可以连接 broker1 并向 exchangeA 发送消息，这样 ClientB 可以迅速发送完消息并收到确认信息,而之后消息会通过 Federation link 转发到 broker3 的交换器 exchangeA 中。最终消息会存入与 exchangeA 绑定的队列 queueA 中,消费者最终可以消费队列 queueA 中的消息。经过 Federation link 转发的消息会带有特殊的 headers 属性标记。例如向 broker1 中的交换器 exchangeA 发送一条内容为"federation test payload."的持久化消息,之后可以在 broker3 中的队列 queueA 中消费到这条消息,详细如图 8-3 所示。

```
Exchange      exchangeA
Routing Key   rkA
Redelivered   •
Properties    delivery_mode: 2
              headers: x-received-from:
                                          uri: amqp://192.168.0.2:5672
                                          exchange: exchangeA
                                          redelivered: false
                                          cluster-name: broker1
Payload
23 bytes      federation test payload
Encoding: string
```

图 8-3　消息的内容

Federation 不仅便利于消息生产方,同样也便利于消息消费方。假设某生产者将消息存入 broker1 中的某个队列 queueB,在广州的业务 ClientC 想要消费 queueB 的消息,消息的流转及确认必然要忍受较大的网络延迟,内部编码逻辑也会因这一因素变得更加复杂,这样不利于 ClientC 的发展。不如将这个消息转发的过程以及内部复杂的编程逻辑交给 Federation 去完成,而业务方在编码时不必再考虑网络延迟的问题。Federation 使得生产者和消费者可以异地部署而又让这两方感受不到过多的差异。

图 8-2 中 broker1 的队列"federation: exchangeA -> broker3 B"是一个相对普通的队列,可以直接通过客户端进行消费。假设此时还有一个客户端 ClientD 通过 Basic.Consume 来消费队列"federation: exchangeA→broker3 B"的消息,那么发往 broker1 中 exchangeA 的消息会有一部分(一半)被 ClientD 消费掉,而另一半会发往 broker3 的 exchangeA。所以如果业务应用有要求所有发往 broker1 中 exchangeA 的消息都要转发至 broker3 的 exchangcA 中,此时就要注意队列"federation: exchangeA→broker3 B"不能有其他的消费者;而对于"异地均摊消费"这种特殊需求,队列"federation: exchangeA→broker3 B"这种天生特性提供了支持。对于 broker1 的交换器 exchangeA 而言,它是一个普通的交换器,可以创建一个新的队列绑定它,对它的用法没有什么特殊之处。

如图 8-4 所示，一个 federated exchange 同样可以成为另一个交换器的 upstream exchange。同样如图 8-5 所示，两方的交换器可以互为 federated exchange 和 upstream exchange。其中参数"max_hops=1"表示一条消息最多被转发的次数为 1。

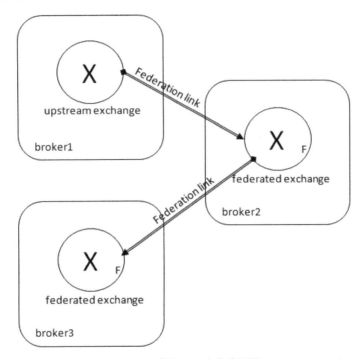

图 8-4　federated exchange 成为另一个交换器的 upstream exchange

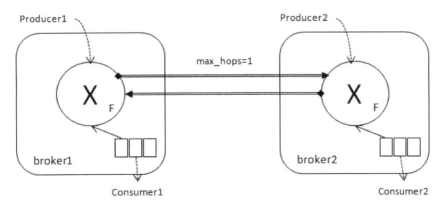

图 8-5　两方的交换器互为 federated exchange 和 upstream exchange

需要特别注意的是，对于默认的交换器（每个 vhost 下都会默认创建一个名为""的交换器）和内部交换器而言，不能对其使用 Federation 的功能。

对于联邦交换器而言，还有更复杂的拓扑逻辑部署方式。比如图 8-6 中"fan-out"的多叉树形式，或者图 8-7 中"三足鼎立"的情形。

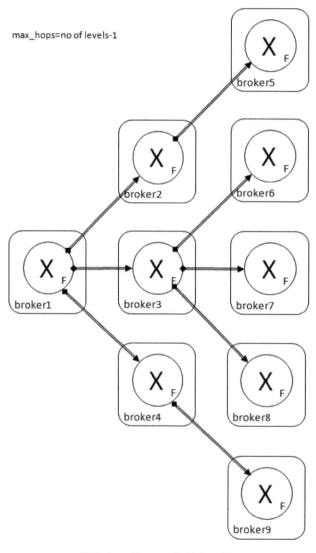

图 8-6　"fan-out"的多叉树

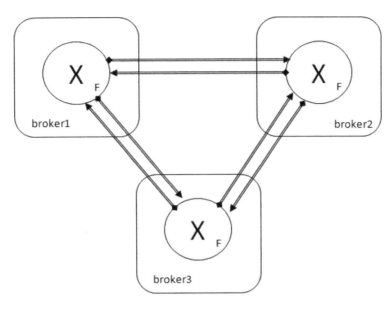

图 8-7　"三足鼎立"

还有环形的拓扑部署,如图 8-8 所示。关于更多的拓扑部署就留给读者自行思考了。

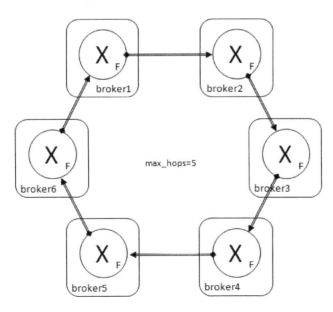

图 8-8　环形的拓扑部署

8.1.2 联邦队列

除了联邦交换器，RabbitMQ 还可以支持联邦队列（federated queue）。联邦队列可以在多个 Broker 节点（或者集群）之间为单个队列提供均衡负载的功能。一个联邦队列可以连接一个或者多个上游队列（upstream queue），并从这些上游队列中获取消息以满足本地消费者消费消息的需求。

图 8-9 演示了位于两个 Broker 中的几个联邦队列（灰色）和非联邦队列（白色）。队列 queue1 和 queue2 原本在 broker2 中，由于某种需求将其配置为 federated queue 并将 broker1 作为 upstream。Federation 插件会在 broker1 上创建同名的队列 queue1 和 queue2，与 broker2 中的队列 queue1 和 queue2 分别建立两条单向独立的 Federation link。当有消费者 ClientA 连接 broker2 并通过 `Basic.Consume` 消费队列 queue1（或 queue2）中的消息时，如果队列 queue1（或 queue2）中本身有若干消息堆积，那么 ClientA 直接消费这些消息，此时 broker2 中的 queue1（或 queue2）并不会拉取 broker1 中的 queue1（或 queue2）的消息；如果队列 queue1（或 queue2）中没有消息堆积或者消息被消费完了，那么它会通过 Federation link 拉取在 broker1 中的上游队列 queue1（或 queue2）中的消息（如果有消息），然后存储到本地，之后再被消费者 ClientA 进行消费。

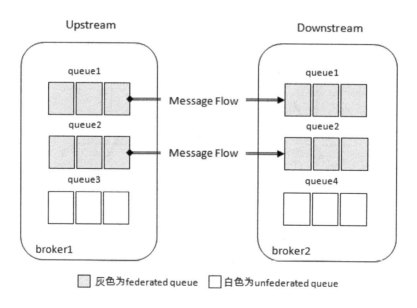

图 8-9 联邦队列

消费者既可以消费 broker2 中的队列，又可以消费 broker1 中的队列，Federation 的这种分布式队列的部署可以提升单个队列的容量。如果在 broker1 一端部署的消费者来不及消费队列 queue1 中的消息，那么 broker2 一端部署的消费者可以为其分担消费，也可以达到某种意义上的负载均衡。

和 federated exchange 不同，一条消息可以在联邦队列间转发无限次。如图 8-10 中两个队列 queue 互为联邦队列。

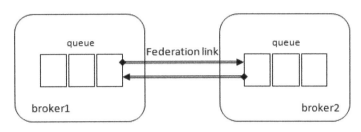

图 8-10　互为联邦队列

队列中的消息除了被消费，还会转向有多余消费能力的一方，如果这种"多余的消费能力"在 broker1 和 broker2 中来回切换，那么消费也会在 broker1 和 broker2 中的队列 queue 中来回转发。

可以在其中一个队列上发送一条消息"msg"，然后再分别创建两个消费者 ClientB 和 ClientC 分别连接 broker1 和 broker2，并消费队列 queue 中的消息，但是并不需要确认消息（消费完消息不需要调用 `Basic.Ack`）。来回开启/关闭 ClientB 和 ClientC 可以发现消息"msg"会在 broker1 和 broker2 之间窜来窜去。

图 8-11 中的 broker2 的队列 queue 没有消息堆积或者消息被消费完之后并不能通过 `Basic.Get` 来获取 broker1 中队列 queue 的消息。因为 `Basic.Get` 是一个异步的方法，如果要从 broker1 中队列 queue 拉取消息，必须要阻塞等待通过 Federation link 拉取消息存入 broker2 中的队列 queue 之后再消费消息，所以对于 federated queue 而言只能使用 `Basic.Consume` 进行消费。

federated queue 并不具备传递性。考虑图 8-11 的情形，队列 queue2 作为 federated queue 与队列 queue1 进行联邦，而队列 queue2 又作为队列 queue3 的 upstream queue，但是这样队列 queue1 与 queue3 之间并没有产生任何联邦的关系。如果队列 queue1 中有消息堆积，消费者连接 broker3 消费 queue3 中的消息，无论 queue3 处于何种状态，这些消费者都消费不到 queue1 中的消息，除非 queue2 有消费者。

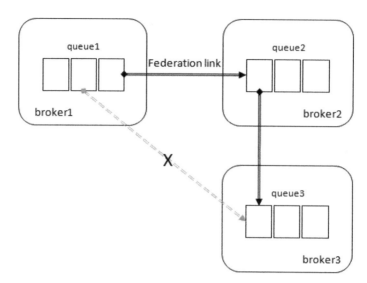

图 8-11　联邦队列的传递性

注意要点：

理论上可以将一个 federated queue 与一个 federated exchange 绑定起来，不过这样会导致一些不可预测的结果，如果对结果评估不足，建议慎用这种搭配方式。

8.1.3　Federation 的使用

为了能够使用 Federation 功能，需要配置以下 2 个内容：

（1）需要配置一个或多个 upstream，每个 upstream 均定义了到其他节点的 Federation link。这个配置可以通过设置运行时的参数（Runtime Parameter）来完成，也可以通过 federation management 插件来完成。

（2）需要定义匹配交换器或者队列的一种/多种策略（Policy）。

Federation 插件默认在 RabbitMQ 发布包中，执行 `rabbitmq-plugins enable rabbitmq_federation` 命令可以开启 Federation 功能，示例如下：

```
[root@node1 ~]# rabbitmq-plugins enable rabbitmq_federation
The following plugins have been enabled:
  amqp_client
```

```
  rabbitmq_federation
Applying plugin configuration to rabbit@node1... started 2 plugins.
```

由前面的讲解可知，Federation 内部基于 AMQP 协议拉取数据，所以在开启 rabbitmq_federation 插件的时候，默认会开启 amqp_client 插件。同时，如果要开启 Federation 的管理插件，需要执行 rabbitmq-plugins enable rabbitmq_federation_management 命令，示例如下：

```
[root@node1 ~]# rabbitmq-plugins enable rabbitmq_federation_management
The following plugins have been enabled:
  cowlib
  cowboy
  rabbitmq_web_dispatch
  rabbitmq_management_agent
  rabbitmq_management
  rabbitmq_federation_management
Applying plugin configuration to rabbit@node1... started 6 plugins.
```

开启 rabbitmq_federation_management 插件之后，在 RabbitMQ 的管理界面中 "Admin" 的右侧会多出 "Federation Status" 和 "Federation Upstreams" 两个 Tab 页，如图 8-12 所示：

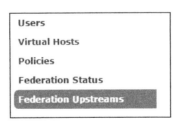

图 8-12　Federation 的 Tab 页

rabbitmq_federation_management 插件依附于 rabbitmq_management 插件，所以开启 rabbitmq_federation_management 插件的同时默认也会开启 rabbitmq_management 插件。

注意要点：

当需要在集群中使用 Federation 功能的时候，集群中所有的节点都应该开启 Federation 插件。

有关 Federation upstream 的信息全部都保存在 RabbitMQ 的 Mnesia 数据库中，包括用户信息、权限信息、队列信息等。在 Federation 中存在 3 种级别的配置。

(1) `Upstreams`：每个 upstream 用于定义与其他 Broker 建立连接的信息。

(2) `Upstream sets`：每个 upstream set 用于对一系列使用 Federation 功能的 upstream 进行分组。

(3) `Policies`：每一个 Policy 会选定出一组交换器，或者队列，亦或者两者皆有而进行限定，进而作用于一个单独的 upsteam 或者 upstream set 之上。

实际上，在简单使用场景下，基本上可以忽略 upstream set 的存在，因为存在一种名为"all"并且隐式定义的 upstream set，所有的 upstream 都会添加到这个 set 之中。`Upstreams` 和 `Upstream sets` 都属于运行时参数，就像交换器和队列一样，每个 vhost 都持有不同的参数和策略的集合。有关运行时参数和策略的更多信息，可以参考第 6.3 节的内容。

Federation 相关的运行时参数和策略都可以通过下面 3 种方式进行设置：

(1) 通过 `rabbitmqctl` 工具。

(2) 通过 RabbitMQ Management 插件提供的 HTTP API 接口，详细参考第 5.6 节。

(3) 通过 `rabbitmq_federation_management` 插件提供的 Web 管理界面的方式（最方便且通用）。不过基于 Web 管理界面的方式不能提供全部功能，比如无法针对 upstream set 进行管理。

下面就详细讲解如何正确地使用 Federation 插件，首先以图 8-2 中 broker1（IP 地址：192.168.0.2）和 broker3（IP 地址：192.168.0.4）的关系来讲述如何建立 federated exchange。

第一步

需要在 broker1 和 broker3 中开启 `rabbitmq_federation` 插件，最好同时开启 `rabbitmq_federation_management` 插件。

第二步

在 broker3 中定义一个 upstream。

第一种是通过 `rabbitmqctl` 工具的方式，详细如下：

```
rabbitmqctl set_parameter federation-upstream f1
'{"uri":"amqp://root:root123@192.168.0.2:5672","ack-mode":"on-confirm"}'
```

第二种是通过调用 HTTP API 接口的方式，详细如下：

```
curl -i -u root:root123 -XPUT -d
'{"value":{"uri":"amqp://root:root123@192.168.0.2:5672","ack-mode":"on-confi
rm"}}'
    http://192.168.0.4:15672/api/parameters/federation-upstream/%2f/f1
```

第三种是通过在 Web 管理界面中添加的方式，在"Admin"→"Federation Upstreams"→"Add a new upstream"中创建，可参考图 8-13。

各个参数的含义如下，括号中对应的是采用设置 Runtime Parameter 或者调用 HTTP API 接口的方式所对应的相关参数名称。

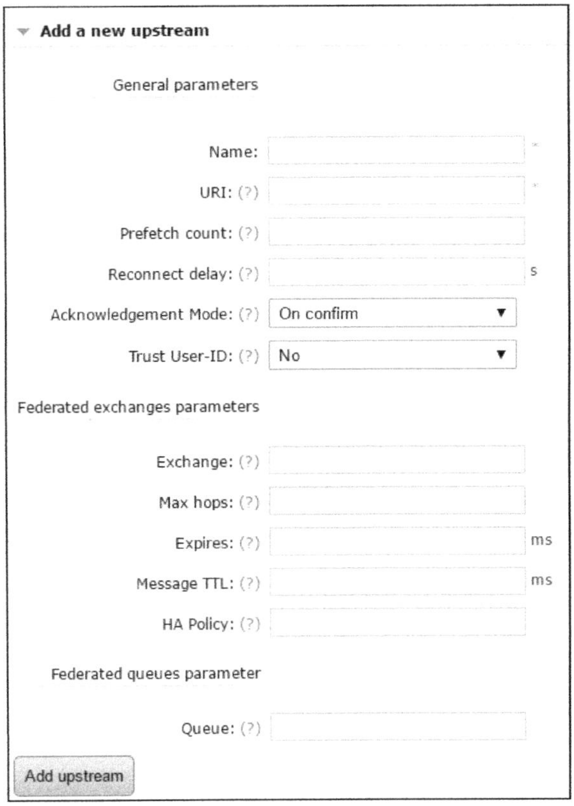

图 8-13 参数设置

通用的参数如下所述。

◇ Name：定义这个 upstream 的名称。必填项。

◇ URI (uri)：定义 upstream 的 AMQP 连接。必填项。本示例中可以填写为

amqp://root:root123@192.168.0.2:5672。

- `Prefetch count (prefetch_count)`：定义 Federation 内部缓存的消息条数，即在收到上游消息之后且在发送到下游之前缓存的消息条数。

- `Reconnect delay (reconnect-delay)`：Federation link 由于某种原因断开之后，需要等待多少秒开始重新建立连接。

- `Acknowledgement Mode (ack-mode)`：定义 Federation link 的消息确认方式。共有 3 种：`on-confirm`、`on-publish`、`no-ack`。默认为 `on-confirm`，表示在接收到下游的确认消息（等待下游的 `Basic.Ack`）之后再向上游发送消息确认，这个选项可以确保网络失败或者 Broker 宕机时不会丢失消息，但也是处理速度最慢的选项。如果设置为 `on-publish`，则表示消息发送到下游后（并不需要等待下游的 `Basic.Ack`）再向上游发送消息确认，这个选项可以确保在网络失败的情况下不会丢失消息，但不能确保 Broker 宕机时不会丢失消息。`no-ack` 表示无须进行消息确认，这个选项处理速度最快，但也最容易丢失消息。

- `Trust User-ID (trust-user-id)`：设定 Federation 是否使用"Validated User-ID"这个功能。如果设置为 false 或者没有设置，那么 Federation 会忽略消息的 `user_id` 这个属性；如果设置为 true，则 Federation 只会转发 `user_id` 为上游任意有效的用户的消息。

所谓的"Validated User-ID"功能是指发送消息时验证消息的 `user_id` 的属性，在 3.3 节中讲到 channel.basicPublish 方法中有个参数是 BasicProperties，这个 BasicProperties 类中有个属性为 userId。可以通过如下的方法设置消息的 `user_id` 属性为"root"：

```
AMQP.BasicProperties properties = new AMQP.BasicProperties();
properties.setUserId("root");
channel.basicPublish("amq.fanout", "", properties, "test user id".getBytes());
```

如果在连接 Broker 时所用的用户名为"root"，当发送"test user id"这条消息时设置的 `user_id` 的属性为"guest"，那么这条消息会发送失败，具体报错为 406 PRECONDITION_FAILED - user_id property set to 'guest' but authenticated user was 'root'，只有当 `user_id` 设置为"root"时这条消息才会发送成功。

只适合 federated exchange 的参数如下所述。

- `Exchange (exchange)`：指定 upstream exchange 的名称，默认情况下和 federated exchange 同名，即图 8-2 中的 exchangeA。
- `Max hops (max-hops)`：指定消息被丢弃前在 Federation link 中最大的跳转次数。默认为 1。注意即使设置 `max-hops` 参数为大于 1 的值，同一条消息也不会在同一个 Broker 中出现 2 次，但是有可能会在多个节点中被复制。
- `Expires (expires)`：指定 Federation link 断开之后，federated queue 所对应的 upstream queue（即图 8-2 中的队列"federation: exchangeA→broker3 B"）的超时时间，默认为"none"，表示为不删除，单位为 ms。这个参数相当于设置普通队列的 `x-expires` 参数。设置这个值可以避免 Federation link 断开之后，生产者一直在向 broker1 中的 exchangeA 发送消息，这些消息又不能被转发到 broker3 中而被消费掉，进而造成 broker1 中有大量的消息堆积。
- `Message TTL (message-ttl)`：为 federated queue 所对应的 upstream queue（即图 8-2 中的队列"federation: exchangeA→broker3 B"）设置，相当于普通队列的 `x-message-ttl` 参数。默认为"none"，表示消息没有超时时间。
- `HA policy (ha-policy)`：为 federated queue 所对应的 upstream queue（即图 8-2 中的队列"federation: exchangeA→broker3 B"）设置，相当于普通队列的 `x-ha-policy` 参数，默认为"none"，表示队列没有任何 HA。

只适合 federated queue 的参数如下所述。

`Queue (queue)`：执行 upstream queue 的名称，默认情况下和 federated queue 同名，可以参考图 8-10 中的 queue。

第三步

定义一个 Policy 用于匹配交换器 exchangeA，并使用第二步中所创建的 upstream。

第一种是通过 `rabbitmqctl` 工具的方式，如下（定义所有以"exchange"开头的交换器作为 federated exchange）：

```
rabbitmqctl set_policy --apply-to exchanges p1 "^exchange" '{"federation-upstream":"f1"}'
```

第二种是通过 HTTP API 接口的方式，如下：

```
curl -i -u root:root123 -XPUT -d
'{"pattern":"^exchange","definition":{"federation-upstream":"f1"},"apply-to"
:"exchanges"}'
    http://192.168.0.4:15672/api/policies/%2F/p1
```

第三种是通过在 Web 管理界面中添加的方式，在 "Admin"→"Policies"→"Add/ update a policy"中创建，可参考图 8-14。

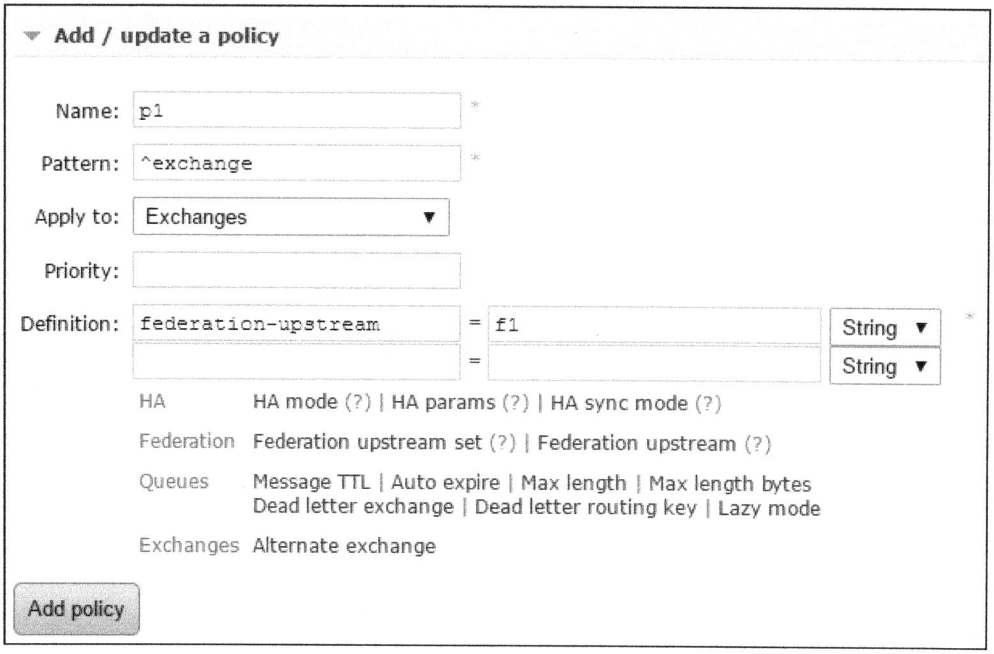

图 8-14 通过 Web 管理界面方式添加

这样就创建了一个 Federation link，可以在 Web 管理界面中"Admin"→"Federation Status" →"Running Links"查看到相应的链接。

还可以通过 rabbitmqctl eval 'rabbit_federation_status:status().' 命令来查看相应的 Federation link。示例如下：

```
[root@node2 ~]# rabbitmqctl eval 'rabbit_federation_status:status().'
[[{exchange,<<"exchangeA">>},
  {upstream_exchange,<<"exchangeA">>},
  {type,exchange},
  {vhost,<<"/">>},
  {upstream,<<"f1">>},
  {id,<<"fad51c1713586d453b7dc9cd1a28641192a94f41">>},
```

```
{status,running},
{local_connection,<<"<rabbit@node2.1.15217.10>">>},
{uri,<<"amqp://192.168.0.2:5672">>},
{timestamp,{{2017,10,15},{0,7,48}}}]]
```

对于 federated queue 的建立，首先同样也是定义一个 upstream。之后定义 Policy 的时候略微有变化，比如使用 rabbitmqctl 工具的情况（定义所有以"queue"开头的队列作为 federated queue）：

```
rabbitmqctl set_policy --apply-to queues p2 "^queue" '{"federation-upstream":"f1"}'
```

通常情况下，针对每个 upstream 都会有一条 Federation link，该 Federation link 对应到一个交换器上。例如，3 个交换器与 2 个 upstream 分别建立 Federation link 的情况下，会有 6 条连接。

8.2 Shovel

与 Federation 具备的数据转发功能类似，Shovel 能够可靠、持续地从一个 Broker 中的队列（作为源端，即 source）拉取数据并转发至另一个 Broker 中的交换器（作为目的端，即 destination）。作为源端的队列和作为目的端的交换器可以同时位于同一个 Broker 上，也可以位于不同的 Broker 上。Shovel 可以翻译为"铲子"，是一种比较形象的比喻，这个"铲子"可以将消息从一方"挖到"另一方。Shovel 的行为就像优秀的客户端应用程序能够负责连接源和目的端、负责消息的读写及负责连接失败问题的处理。

Shovel 的主要优势在于：

- 松耦合。Shovel 可以移动位于不同管理域中的 Broker（或者集群）上的消息，这些 Broker（或者集群）可以包含不同的用户和 vhost，也可以使用不同的 RabbitMQ 和 Erlang 版本。
- 支持广域网。Shovel 插件同样基于 AMQP 协议在 Broker 之间进行通信，被设计成可以容忍时断时续的连通情形，并且能够保证消息的可靠性。
- 高度定制。当 Shovel 成功连接后，可以对其进行配置以执行相关的 AMQP 命令。

8.2.1 Shovel 的原理

图 8-15 展示的是 Shovel 的结构示意图。这里一共有两个 Broker：broker1（IP 地址：192.168.0.2）和 broker2（IP 地址：192.168.0.3）。broker1 中有交换器 exchange1 和队列 queue1，且这两者通过路由键 "rk1" 进行绑定；broker2 中有交换器 exchange2 和队列 queue2，且这两者通过路由键 "rk2" 进行绑定。在队列 queue1 和交换器 exchange2 之间配置一个 Shovel link，当一条内容为 "shovel test payload" 的消息从客户端发送至交换器 exchange1 的时候，这条消息会经过图 8-15 中的数据流转最后存储在队列 queue2 中。如果在配置 Shovel link 时设置了 `add_forward_headers` 参数为 true，则在消费到队列 queue2 中这条消息的时候会有特殊的 `headers` 属性标记，详细内容可参考图 8-16。

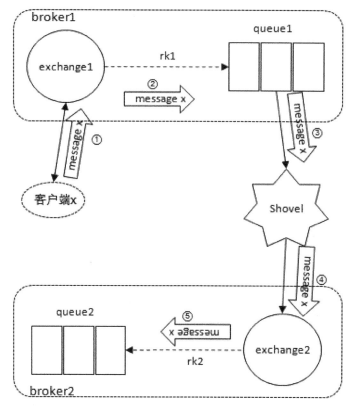

图 8-15　Shovel 的结构

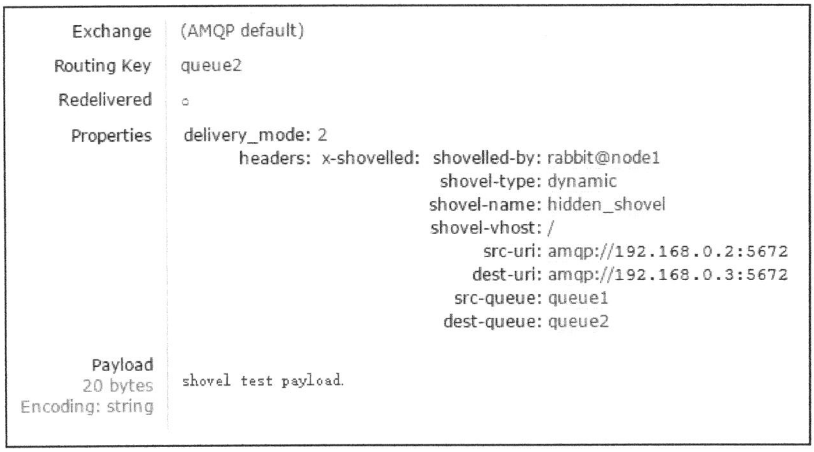

Exchange
(AMQP default)
Routing Key
queue2
Redelivered
○
Properties
delivery_mode: 2
headers: x-shovelled: shovelled-by: rabbit@node1
shovel-type: dynamic
shovel-name: hidden_shovel
shovel-vhost: /
src-uri: amqp://192.168.0.2:5672
dest-uri: amqp://192.168.0.3:5672
src-queue: queue1
dest-queue: queue2
Payload
20 bytes
Encoding: string
shovel test payload.

图 8-16　消息的内容

通常情况下，使用 Shovel 时配置队列作为源端，交换器作为目的端，就如图 8-15 一样。同样可以将队列配置为目的端，如图 8-17 所示。虽然看起来队列 queue1 是通过 Shovel link 直接将消息转发至 queue2 的，其实中间也是经由 broker2 的交换器转发，只不过这个交换器是默认的交换器而已。

broker1
exchange1
rk1
queue1
②
message x
message x
①
message x
③
Shovel
message x
④
queue2
⑤
message x
exchange
(default)
broker2

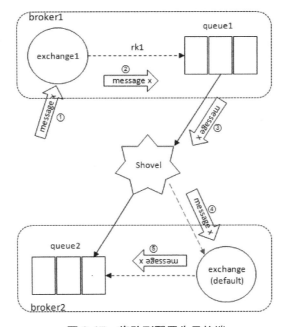

图 8-17　将队列配置为目的端

如图 8-18 所示，配置交换器为源端也是可行的。虽然看起来交换器 exchange1 是通过 Shovel link 直接将消息转发至 exchange2 上的，实际上在 broker1 中会新建一个队列（名称由 RabbitMQ 自定义，比如图 8-18 中的"amq.gen-ZwolUsoUchY6a7xaPyrZZH"）并绑定 exchange1，消息从交换器 exchange1 过来先存储在这个队列中，然后 Shovel 再从这个队列中拉取消息进而转发至交换器 exchange2。

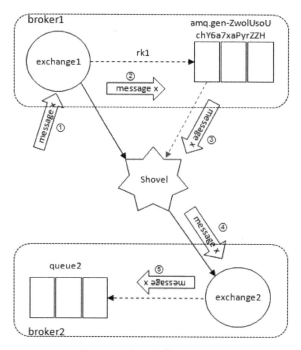

图 8-18　配置交换器为源端

前面所阐述的 broker1 和 broker2 中的 exchange1、queue1、exchange2 及 queue2 都可以在 Shovel 成功连接源端或者目的端 Broker 之后再第一次创建（执行一系列相应的 AMQP 配置声明时），它们并不一定需要在 Shovel link 建立之前创建。Shovel 可以为源端或者目的端配置多个 Broker 的地址，这样可以使得源端或者目的端的 Broker 失效后能够尝试重连到其他 Broker 之上（随机挑选）。可以设置 `reconnect_delay` 参数以避免由于重连行为导致的网络泛洪，或者可以在重连失败后直接停止连接。针对源端和目的端的所有配置声明会在重连成功之后被重新发送。

8.2.2 Shovel 的使用

Shovel 插件默认也在 RabbitMQ 的发布包中，执行 rabbitmq-plugins enable rabbitmq_shovel 命令可以开启 Shovel 功能，示例如下：

```
[root@node2 opt]# rabbitmq-plugins enable rabbitmq_shovel
The following plugins have been enabled:
  amqp_client
  rabbitmq_shovel
Applying plugin configuration to rabbit@node2... started 2 plugins.
```

由前面的讲解可知，Shovel 内部也是基于 AMQP 协议转发数据的，所以在开启 rabbitmq_shovel 插件的时候，默认也会开启 amqp_client 插件。同时，如果要开启 Shovel 的管理插件，需要执行 rabbitmq-plugins enable rabbitmq_shovel_management 命令，示例如下：

```
[root@node2 opt]# rabbitmq-plugins enable rabbitmq_shovel_management
The following plugins have been enabled:
  cowlib
  cowboy
  rabbitmq_web_dispatch
  rabbitmq_management_agent
  rabbitmq_management
  rabbitmq_shovel_management
Applying plugin configuration to rabbit@node2... started 6 plugins.
```

开启 rabbitmq_shovel_management 插件之后，在 RabbitMQ 的管理界面中"Admin"的右侧会多出"Shovel Status"和"Shovel Management"两个 Tab 页，如图 8-19 所示。rabbitmq_shovel_management 插件依附于 rabbitmq_management 插件，所以开启 rabbitmq_shovel_management 插件的同时默认也会开启 rabbitmq_management 插件。

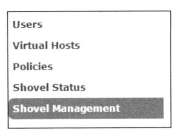

图 8-19 Shovel 的 Tab 页

Shovel 既可以部署在源端，也可以部署在目的端。有两种方式可以部署 Shovel：静态方式

（static）和动态方式（dynamic）。静态方式是指在 rabbitmq.config 配置文件中设置，而动态方式是指通过 Runtime Parameter 设置。

静态方式

在 rabbitmq.config 配置文件中针对 Shovel 插件的配置信息是一种 Erlang 项式，由单条 Shovel 条目构成（shovels 部分的下一层）：

```
{rabbitmq_shovel, [ {shovels, [ {shovel_name, [ ... ]}, ... ]} ]}
```

每一条 Shovel 条目定义了源端与目的端的转发关系，其名称（shovel_name）必须是独一无二的。每一条 Shovel 的定义都像下面这样：

```
{shovel_name, [ {sources, [ ... ]}
              , {destinations, [ ... ]}
              , {queue, queue_name}
              , {prefetch_count, count}
              , {ack_mode, a_mode}
              , {publish_properties, [ ... ]}
              , {publish_fields, [ ... ]}
              , {reconnect_delay, reconn_delay}
              ]}
```

其中 sources、destination 和 queue 这三项是必需的，其余的都可以默认。对应于图 8-15 的详细的 Shovel 配置如代码清单 8-1 所示。

代码清单 8-1　Shovel 的配置

```
[{rabbitmq_shovel,
    [{shovels,
        [{hidden_shovel,
            [{sources,
                [{broker, "amqp://root:root123@192.168.0.2:5672"},
                 {declarations,
                    [
                        {'queue.declare',[{queue, <<"queue1">>}, durable]},
                        {'exchange.declare',[
                            {exchange, <<"exchange1">>},
                            {type, <<"direct">>},
                            durable
                          ]
                        },
                        {'queue.bind',[
                            {exchange, <<"exchange1">>},
                            {queue, <<"queue1">>},
```

```
                    {routing_key, <<"rk1">>}
                ]
            }]}]},
        {destinations,
          [{broker, "amqp://root:root123@192.168.0.3:5672"},
           {declarations,
            [
              {'queue.declare',[{queue, <<"queue2">>}, durable]},
              {'exchange.declare',[
                    {exchange, <<"exchange2">>},
                    {type, <<"direct">>},
                    durable
                ]
              },
              {'queue.bind',[
                    {exchange, <<"exchange2">>},
                    {queue, <<"queue2">>},
                    {routing_key, <<"rk2">>}
                ]
            }]}]},
        {queue, <<"queue1">>},
        {ack_mode, no_ack},
        {prefetch_count, 64},
        {publish_properties, [{delivery_mode, 2}]},
        {add_forward_headers, true},
        {publish_fields, [{exchange, <<"exchange2">>},
            {routing_key,<<"rk2">>}]},
        {reconnect_delay, 5}]
    }]
  }]
}].
```

在代码清单 8-1 中，sources 和 destinations 两者都包含了同样类型的配置：

```
{sources, [ {broker[或brokers], broker_list}
          , {declarations, declaration_list}
          ]}
```

其中 broker 项配置的是 URI，定义了用于连接 Shovel 两端的服务器地址、用户名、密码、vhost 和端口号等。如果 sources 或者 destinations 是 RabbitMQ 集群，那么就使用 brokers，并在其后用多个 URI 字符串以 "[]" 的形式包裹起来，比如{brokers,["amqp://root:root123@192.168.0.2:5672","amqp://root:root123@192.168.0.4:5672"]}，这样的定义能够使得 Shovel 在主节点故障时转移到另一个集群节点上。

declarations 这一项是可选的，declaration_list 指定了可以使用的 AMQP 命令的

列表，声明了队列、交换器和绑定关系。比如代码清单 8-1 中 sources 的 declarations 这一项声明了队列 queue1（'queue.declare'）、交换器 exchange1（'exchange.declare'）及其之间的绑定关系（'queue.bind'）。注意其中所有的字符串并不是简单地用引号标注，而是同时用双尖括号包裹，比如<<"queue1">>。这里的双尖括号是要让 Erlang 程序不要将其视为简单的字符串，而是 binary 类型的字符串。如果没有双尖括号包裹，那么 Shovel 在启动的时候就会出错。与 queue1 一起的还有一个 durable 参数，它不需要像其他参数一样需要包裹在大括号内，这是因为像 durable 这种类型的参数不需要赋值，它要么存在，要么不存在，只有在参数需要赋值的时候才需要加上大括号。

与 sources 和 destinations 同级的 queue 表示源端服务器上的队列名称。可以将 queue 设置为"<<>>"，表示匿名队列（队列名称由 RabbitMQ 自动生成，参考图 8-18 中 broker1 的队列）。

prefetch_count 参数表示 Shovel 内部缓存的消息条数，可以参考 Federation 的相关参数。Shovel 的内部缓存是源端服务器和目的端服务器之间的中间缓存部分，可以参考 7.4.2 节的 RabbitMQ ForwardMaker。

ack_mode 表示在完成转发消息时的确认模式，和 Federation 的 ack_mode 一样也有三种取值：no_ack 表示无须任何消息确认行为；on_publish 表示 Shovel 会把每一条消息发送到目的端之后再向源端发送消息确认；on_confirm 表示 Shovel 会使用 publisher confirm 机制，在收到目的端的消息确认之后再向源端发送消息确认。Shovel 的 ack_mode 默认也是 on_confirm，并且官方强烈建议使用该值。如果选择使用其他值，整体性能虽然会有略微提升，但是发生各种失效问题的情况时，消息的可靠性得不到保障。

publish_properties 是指消息发往目的端时需要特别设置的属性列表。默认情况下，被转发的消息的各个属性是被保留的，但是如果在 publish_properties 中对属性进行了设置则可以覆盖原先的属性值。publish_properties 的属性列表包括 content_type、content_encoding、headers、delivery_mode、priority、correlation_id、reply_to、expiration、message_id、timestamp、type、user_id、app_id 和 cluster_id。

add_forward_headers 如果设置为 true，则会在转发的消息内添加 x-shovelled 的 header 属性，参考图 8-16。

publish_fields 定义了消息需要发往目的端服务器上的交换器以及标记在消息上的路由键。如果交换器和路由键没有定义，则 Shovel 会从原始消息上复制这些被忽略的设置。

reconnect_delay 指定在 Shovel link 失效的情况下，重新建立连接前需要等待的时间，单位为秒。如果设置为 0，则不会进行重连动作，即 Shovel 会在首次连接失效时停止工作。reconnect_delay 默认为 5 秒。

动态方式

与 Federation upstream 类似，Shovel 动态部署方式的配置信息会被保存到 RabbitMQ 的 Mnesia 数据库中，包括权限信息、用户信息和队列信息等内容。每一个 Shovel link 都由一个相应的 Parameter 定义，这个 Parameter 同样可以通过 rabbitmqctl 工具、RabbitMQ Management 插件的 HTTP API 接口或者 rabbitmq_shovel_management 提供的 Web 管理界面的方式设置。

下面展示的是对应图 8-15 的 3 种设置 Parameter 的示例用法。

第一种是通过 rabbitmqctl 工具的方式，详细如下：

```
rabbitmqctl set_parameter shovel hidden_shovel \
'{"src-uri":"amqp://root:root123@192.168.0.2:5672",
"src-queue":"queue1",
"dest-uri":"amqp://root:root123@192.168.0.3:5672","src-exchange-key":"rk2",
"prefetch-count":64, "reconnect-delay":5, "publish-properties":[],
"add-forward-headers":true, "ack-mode":"on-confirm"}'
```

第二种是通过调用 HTTP API 接口的方式，详细如下：

```
curl -i -u root:root123 -XPUT -d
'{"value":{"src-uri":"amqp://root:root123@192.168.0.2:5672","src-queue":"queue1",
"dest-uri":"amqp://root:root123@192.168.0.3:5672","src-exchange-key":"rk2",
"prefetch-count":64, "reconnect-delay":5, "publish-properties":[],
"add-forward-headers":true, "ack-mode":"on-confirm"}}'
http://192.168.0.2:15672/api/parameters/shovel/%2f/hidden_shovel
```

第三种是通过 Web 管理界面中添加的方式，在 "Admin" → "Shovel Management" → "Add a new shovel" 中创建，可参考图 8-20。

图 8-20　通过 Web 管理界面添加

在创建了一个 Shovel link 之后，可以在 Web 管理界面中 "Admin" → "Shovel Status" 中查看到相应的信息，也可以通过 rabbitmqctl eval 'rabbit_shovel_status:status().' 命令直接查询 Shovel 的状态信息，该命令会调用 rabbitmq_shovel 插件模块中的 status 方法，该方法将返回一个 Erlang 列表，其中每一个元素对应一个已配置好的 Shovel。示例如下：

```
[root@node1 ~]# rabbitmqctl eval 'rabbit_shovel_status:status().'
[{{<<"/">>,<<"hidden_shovel">>},
  dynamic,
  {running,[{src_uri,<<"amqp://192.168.0.2:5672">>},
            {dest_uri,<<"amqp://192.168.0.3:5672">>}]},
  {{2017,10,16},{11,41,58}}}]
```

列表中的每一个元素都以一个四元组的形式构成：{Name, Type, Status, Timestamp}。具体含义如下：

- `Name` 表示 Shovel 的名称。
- `Type` 表示类型，有 2 种取值——`static` 和 `dynamic`。
- `Status` 表示目前 Shovel 的状态。当 Shovel 处于启动、连接和创建资源时状态为 `starting`；当 Shovel 正常运行时是 `running`；当 Shovel 终止时是 `terminated`。
- `Timestamp` 表示该 Shovel 进入当前状态的时间戳，具体格式是`{{YYYY, MM, DD}, {HH, MM, SS}}`。

8.2.3 案例：消息堆积的治理

消息堆积是在使用消息中间件过程中遇到的最正常不过的事情。消息堆积是一把双刃剑，适量的堆积可以有削峰、缓存之用，但是如果堆积过于严重，那么就可能影响到其他队列的使用，导致整体服务质量的下降。对于一台普通的服务器来说，在一个队列中堆积 1 万至 10 万条消息，丝毫不会影响什么。但是如果这个队列中堆积超过 1 千万乃至一亿条消息时，可能会引起一些严重的问题，比如引起内存或者磁盘告警而造成所有 Connection 阻塞，详细可以参考 9.2 节。

消息堆积严重时，可以选择清空队列，或者采用空消费程序丢弃掉部分消息。不过对于重要的数据而言，丢弃消息的方案并无用武之地。另一种方案是增加下游消费者的消费能力，这个思路可以通过后期优化代码逻辑或者增加消费者的实例数来实现。但是后期的代码优化在面临紧急情况时总归是"远水解不了近渴"，并且有些业务场景也并非可以简单地通过增加消费实例而得以增强消费能力。

在一筹莫展之时，不如试一下 Shovel。当某个队列中的消息堆积严重时，比如超过某个设定的阈值，就可以通过 Shovel 将队列中的消息移交给另一个集群。

如图 8-21 所示，这里有如下几种情形。

- 情形 1：当检测到当前运行集群 cluster1 中的队列 queue1 中有严重消息堆积，比如通过 /api/queues/vhost/name 接口获取到队列的消息个数（messages）超过 2 千万或者消息占用大小（messages_bytes）超过 10GB 时，就启用 shovel1 将队列 queue1 中的消息转发至备份集群 cluster2 中的队列 queue2。

◇ 情形 2：紧随情形 1，当检测到队列 queue1 中的消息个数低于 1 百万或者消息占用大小低于 1GB 时就停止 shovel1，然后让原本队列 queue1 中的消费者慢慢处理剩余的堆积。

◇ 情形 3：当检测到队列 queue1 中的消息个数低于 10 万或者消息占用大小低于 100MB 时，就开启 shovel2 将队列 queue2 中暂存的消息返还给队列 queue1。

◇ 情形 4：紧随情形 3，当检测到队列 queue1 中的消息个数超过 1 百万或者消息占用大小高于 1GB 时就将 shovel2 停掉。

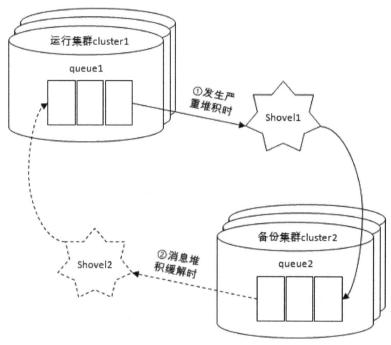

图 8-21　消息堆积的治理

如此，队列 queue1 就拥有了队列 queue2 这个 "保镖" 为它保驾护航。这里是 "一备一" 的情形，如果需要要 "一备多"，可以采用镜像队列或者引入 Federation。

8.3 小结

集群是在第 7 章中一直在讲述的一种部署方式，也是最为通用的一种方式。集群将多个 Broker 节点连接起来组成逻辑上独立的单个 Broker。集群内部借助 Erlang 进行消息传输，所以集群中的每个节点的 Erlang cookie 务必要保持一致。同时，集群内部的网络必须是可靠的，RabbitMQ 和 Erlang 的版本也必须一致。虚拟主机、交换器、用户、权限等都会自动备份到集群中的各个节点。队列可能部署单个节点或被镜像到多个节点中。连接到任意节点的客户端能够看到集群中所有的队列，即使该队列不在所连接的节点之上。通常使用集群的部署方式来提高可靠性和吞吐量，不过集群只能部署在局域网内。

Federation，可以翻译为"联邦"。Federation 可以通过 AMQP 协议（可配置 SSL）让原本发送到某个 Broker（或集群）中的交换器（或队列）上的消息能够转发到另一个 Broker（或集群）中的交换器（或队列）上，两方的交换器（或队列）看起来是以一种"联邦"的形式在运作。当然必须要确保这些"联邦"的交换器或者队列都具备合适的用户和权限。

联邦交换器（federated exchange）通过单向点对点的连接（Federation link）形式进行通信。默认情况下，消息只会由 Federation 连接转发一次，可以允许有复杂的路由拓扑来提高转发次数。在 Federation 连接上，消息可能不会被转发，如果消息到达了联邦交换器之后路由不到合适的队列，那么它也不会被再次转发到原来的地方（这里指上游交换器，即 upstream exchange）。可以通过 Federation 连接广域网中的各个 RabbitMQ 服务器来生产和消费消息。联邦队列（federated queue）也是通过单向点对点连接进行通信的，消息可以根据具体的配置消费者的状态在联邦队列中游离任意次数。

通过 Shovel 来连接各个 RabbitMQ Broker，概念上与 Federation 的情形类似，不过 Shovel 工作在更低一层。鉴于 Federation 从一个交换器中转发消息到另一个交换器（如果必要可以确认消息是否被转发），Shovel 只是简单地从某个 Broker 上的队列中消费消息，然后转发消息到另一个 Broker 上的交换器而已。Shovel 也可以在单独的一台服务器上去转发消息，比如将一个队列中的数据移动到另一个队列中。如果想获得比 Federation 更多的控制，可以在广域网中使用 Shovel 连接各个 RabbitMQ Broker 来生产或消费消息。

通过以上分析，会发现这三种方式间有着一定的区别和联系，具体请看表 8-1。

表 8-1　Federation/Shovel 与集群的区别和联系

Federation/Shovel	集　　群
各个 Broker 节点之间逻辑分离	逻辑上是一个 Broker 节点
各个 Broker 节点之间可以运行不同版本的 Erlang 和 RabbitMQ	各个 Broker 节点之间必须运行相同版本的 Erlang 和 RabbitMQ
各个 Broker 节点之间可以在广域网中相连，当然必须要授予适当的用户和权限	各个 Broker 节点之间必须在可信赖的局域网中相连，通过 Erlang 内部节点传递消息，但节点间需要有相同的 Erlang cookie
各个 Broker 节点之间能以任何拓扑逻辑部署，连接可以是单向的或者是双向的	所有 Broker 节点都双向连接所有其他节点
从 CAP 理论中选择可用性和分区耐受性，即 AP	从 CAP 理论中选择一致性和可用性，CA
一个 Broker 中的交换器可以是 Federation 生成的或者是本地的	集群中所有 Broker 节点中的交换器都是一样的，要么全有要么全无
客户端所能看到它所连接的 Broker 节点上的队列	客户端连接到集群中的任何 Broker 节点都可以看到所有的队列

第 9 章
RabbitMQ 高阶

到目前为止，我们了解了 RabbitMQ 客户端的使用、服务端的管理及运维操控，也可谓是 RabbitMQ 实战小能手了，不过我们还没有从原理层面来进一步剖析。了解一些 RabbitMQ 的实现原理也是很有必要的，它可以让你在遇到问题时能透过现象看本质。比如一个队列的内部存储其实是由 5 个子队列来流转运作的，队列中的消息可以有 4 种不同的状态等，通过这些可以明白在使用 RabbitMQ 时尽量不要有过多的消息堆积，不然会影响整体服务的性能。

9.1 存储机制

不管是持久化的消息还是非持久化的消息都可以被写入到磁盘。持久化的消息在到达队列时就被写入到磁盘，并且如果可以，持久化的消息也会在内存中保存一份备份，这样可以提高一定的性能，当内存吃紧的时候会从内存中清除。非持久化的消息一般只保存在内存中，在内存吃紧的时候会被换入到磁盘中，以节省内存空间。这两种类型的消息的落盘处理都在 RabbitMQ 的"持久层"中完成。

持久层是一个逻辑上的概念，实际包含两个部分：队列索引（rabbit_queue_index）和消息存储（rabbit_msg_store）。rabbit_queue_index 负责维护队列中落盘消息的信息，包括消息的存储地点、是否已被交付给消费者、是否已被消费者 ack 等。每个队列都有与之对应的一个 rabbit_queue_index。rabbit_msg_store 以键值对的形式存储消息，它被所有队列共享，在每个节点中有且只有一个。从技术层面上来说，rabbit_msg_store 具体还可以分为 msg_store_persistent 和 msg_store_transient，msg_store_persistent 负责持久化消息的持久化，重启后消息不会丢失；msg_store_transient 负责非持久化消息的持久化，重启后消息会丢失。通常情况下，习惯性地将 msg_store_persistent 和 msg_store_transient 看成 rabbit_msg_store 这样一个整体。

消息（包括消息体、属性和 headers）可以直接存储在 rabbit_queue_index 中，也可以被保存在 rabbit_msg_store 中。默认在$RABBITMQ_HOME/var/lib/mnesia/rabbit@$HOSTNAME/路径下包含 queues、msg_store_persistent、msg_store_transient 这 3 个文件夹（下面信息中加粗的部分），其分别存储对应的信息。

```
[root@node1 rabbit@node1]# pwd
/opt/rabbitmq/var/lib/rabbitmq/mnesia/rabbit@node1
[root@node1 rabbit@node1]# ll
-rw-r--r-- 1 root root   33    Sep  7 20:03 cluster_nodes.config
-rw-r--r-- 1 root root  155    Sep 10 10:51 DECISION_TAB.LOG
-rw-r--r-- 1 root root   91    Sep 10 10:51 LATEST.LOG
drwxr-xr-x 2 root root 4096    Sep  7 20:03 msg_store_persistent
drwxr-xr-x 2 root root 4096    Sep  7 20:03 msg_store_transient
-rw-r--r-- 1 root root   16    Sep  7 20:03 nodes_running_at_shutdown
drwxr-xr-x 6 root root 4096    Sep 10 11:12 queues
```

```
-rw-r--r-- 1 root root   2301  Sep 10 10:51 rabbit_durable_exchange.DCD
-rw-r--r-- 1 root root    817  Sep  9 23:48 rabbit_durable_queue.DCD
-rw-r--r-- 1 root root   1705  Sep 10 10:51 rabbit_durable_queue.DCL
-rw-r--r-- 1 root root   1117  Sep 10 10:51 rabbit_durable_route.DCD
-rw-r--r-- 1 root root    153  Sep 10 10:51 rabbit_runtime_parameters.DCD
-rw-r--r-- 1 root root      4  Sep  7 20:03 rabbit_serial
-rw-r--r-- 1 root root    354  Sep  6 18:52 rabbit_user.DCD
-rw-r--r-- 1 root root    483  Sep  6 18:48 rabbit_user_permission.DCD
-rw-r--r-- 1 root root    169  Sep  6 18:37 rabbit_vhost.DCD
-rw-r--r-- 1 root root   5464  Sep  7 20:03 recovery.dets
-rw-r--r-- 1 root root  21205  Sep  6 18:32 schema.DAT
-rw-r--r-- 1 root root    285  Sep  6 18:31 schema_version
```

最佳的配备是较小的消息存储在 rabbit_queue_index 中而较大的消息存储在 rabbit_msg_store 中。这个消息大小的界定可以通过 queue_index_embed_msgs_below 来配置，默认大小为 4096，单位为 B。注意这里的消息大小是指消息体、属性及 headers 整体的大小。当一个消息小于设定的大小阈值时就可以存储在 rabbit_queue_index 中，这样可以得到性能上的优化。

rabbit_queue_index 中以顺序（文件名从 0 开始累加）的段文件来进行存储，后缀为 ".idx"，每个段文件中包含固定的 SEGMENT_ENTRY_COUNT 条记录，SEGMENT_ENTRY_COUNT 默认值为 16384。每个 rabbit_queue_index 从磁盘中读取消息的时候至少要在内存中维护一个段文件，所以设置 queue_index_embed_msgs_below 值的时候要格外谨慎，一点点增大也可能会引起内存爆炸式的增长。

经过 rabbit_msg_store 处理的所有消息都会以追加的方式写入到文件中，当一个文件的大小超过指定的限制（file_size_limit）后，关闭这个文件再创建一个新的文件以供新的消息写入。文件名（文件后缀是 ".rdq"）从 0 开始进行累加，因此文件名最小的文件也是最老的文件。在进行消息的存储时，RabbitMQ 会在 ETS（Erlang Term Storage）表中记录消息在文件中的位置映射（Index）和文件的相关信息（FileSummary）。

在读取消息的时候，先根据消息的 ID（msg_id）找到对应存储的文件，如果文件存在并且未被锁住，则直接打开文件，从指定位置读取消息的内容。如果文件不存在或者被锁住了，则发送请求由 rabbit_msg_store 进行处理。

消息的删除只是从 ETS 表删除指定消息的相关信息，同时更新消息对应的存储文件的相关信息。执行消息删除操作时，并不立即对在文件中的消息进行删除，也就是说消息依然在文件中，仅仅是标记为垃圾数据而已。当一个文件中都是垃圾数据时可以将这个文件删除。当检测到前后两个文件中的有效数据可以合并在一个文件中，并且所有的垃圾数据的大小和所有文件（至少有 3 个文件存在的情况下）的数据大小的比值超过设置的阈值 GARBAGE_FRACTION（默认值为 0.5）时才会触发垃圾回收将两个文件合并。

执行合并的两个文件一定是逻辑上相邻的两个文件。如图 9-1 所示，执行合并时首先锁定这两个文件，并先对前面文件中的有效数据进行整理，再将后面文件的有效数据写入到前面的文件，同时更新消息在 ETS 表中的记录，最后删除后面的文件。

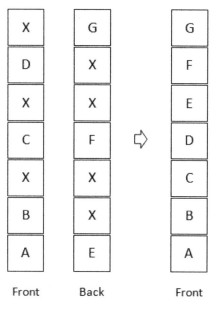

图 9-1　垃圾回收

9.1.1　队列的结构

通常队列由 rabbit_amqqueue_process 和 backing_queue 这两部分组成，rabbit_amqqueue_process 负责协议相关的消息处理，即接收生产者发布的消息、向消费者交付消息、处理消息的确认（包括生产端的 **confirm** 和消费端的 **ack**）等。backing_queue 是消息存储的具体形式和引擎，并向 rabbit_amqqueue_process 提供相关的接口以供调用。

如果消息投递的目的队列是空的，并且有消费者订阅了这个队列，那么该消息会直接发送给消费者，不会经过队列这一步。而当消息无法直接投递给消费者时，需要暂时将消息存入队列，以便重新投递。消息存入队列后，不是固定不变的，它会随着系统的负载在队列中不断地流动，消息的状态会不断发生变化。RabbitMQ 中的队列消息可能会处于以下 4 种状态。

- `alpha`：消息内容（包括消息体、属性和 `headers`）和消息索引都存储在内存中。
- `beta`：消息内容保存在磁盘中，消息索引保存在内存中。
- `gamma`：消息内容保存在磁盘中，消息索引在磁盘和内存中都有。
- `delta`：消息内容和索引都在磁盘中。

对于持久化的消息，消息内容和消息索引都必须先保存在磁盘上，才会处于上述状态中的一种。而 gamma 状态的消息是只有持久化的消息才会有的状态。

RabbitMQ 在运行时会根据统计的消息传送速度定期计算一个当前内存中能够保存的最大消息数量（`target_ram_count`），如果 alpha 状态的消息数量大于此值时，就会引起消息的状态转换，多余的消息可能会转换到 beta 状态、gamma 状态或者 delta 状态。区分这 4 种状态的主要作用是满足不同的内存和 CPU 需求。alpha 状态最耗内存，但很少消耗 CPU。delta 状态基本不消耗内存，但是需要消耗更多的 CPU 和磁盘 I/O 操作。delta 状态需要执行两次 I/O 操作才能读取到消息，一次是读消息索引（从 `rabbit_queue_index` 中），一次是读消息内容（从 `rabbit_msg_store` 中）；beta 和 gamma 状态都只需要一次 I/O 操作就可以读取到消息（从 `rabbit_msg_store` 中）。

对于普通的没有设置优先级和镜像的队列来说，`backing_queue` 的默认实现是 `rabbit_variable_queue`，其内部通过 5 个子队列 Q1、Q2、Delta、Q3 和 Q4 来体现消息的各个状态。整个队列包括 `rabbit_amqqueue_process` 和 `backing_queue` 的各个子队列，队列的结构可以参考图 9-2。其中 Q1、Q4 只包含 alpha 状态的消息，Q2 和 Q3 包含 beta 和 gamma 状态的消息，Delta 只包含 delta 状态的消息。一般情况下，消息按照 Q1→Q2→Delta→Q3→Q4 这样的顺序步骤进行流动，但并不是每一条消息都一定会经历所有的状态，这个取决于当前系统的负载状况。从 Q1 至 Q4 基本经历内存到磁盘，再由磁盘到内存这样的一个过程，如此可以在队列负载很高的情况下，能够通过将一部分消息由磁盘保存来节省内存空间，而在负载降低的时候，这部分消息又渐渐回到内存被消费者获取，使得整个队列具有很好的弹性。

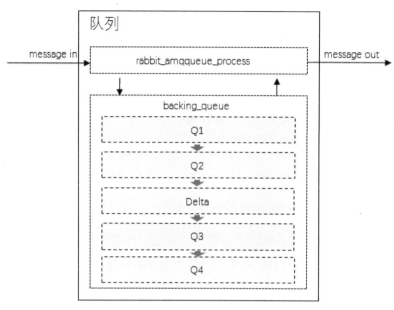

图 9-2 队列结构

消费者获取消息也会引起消息的状态转换。当消费者获取消息时，首先会从 Q4 中获取消息，如果获取成功则返回。如果 Q4 为空，则尝试从 Q3 中获取消息，系统首先会判断 Q3 是否为空，如果为空则返回队列为空，即此时队列中无消息。如果 Q3 不为空，则取出 Q3 中的消息，进而再判断此时 Q3 和 Delta 中的长度，如果都为空，则可以认为 Q2、Delta、Q3、Q4 全部为空，此时将 Q1 中的消息直接转移至 Q4，下次直接从 Q4 中获取消息。如果 Q3 为空，Delta 不为空，则将 Delta 的消息转移至 Q3 中，下次可以直接从 Q3 中获取消息。在将消息从 Delta 转移到 Q3 的过程中，是按照索引分段读取的，首先读取某一段，然后判断读取的消息的个数与 Delta 中消息的个数是否相等，如果相等，则可以判定此时 Delta 中已无消息，则直接将 Q2 和刚读取到的消息一并放入到 Q3 中；如果不相等，仅将此次读取到的消息转移到 Q3。

这里就有两处疑问，第一个疑问是：为什么 Q3 为空则可以认定整个队列为空？试想一下，如果 Q3 为空，Delta 不为空，那么在 Q3 取出最后一条消息的时候，Delta 上的消息就会被转移到 Q3，这样与 Q3 为空矛盾；如果 Delta 为空且 Q2 不为空，则在 Q3 取出最后一条消息时会将 Q2 的消息并入到 Q3 中，这样也与 Q3 为空矛盾；在 Q3 取出最后一条消息之后，如果 Q2、Delta、Q3 都为空，且 Q1 不为空时，则 Q1 的消息会被转移到 Q4，这与 Q4 为空矛盾。其实这一番论述也解释了另一个问题：为什么 Q3 和 Delta 都为空时，则可以认为 Q2、Delta、Q3、Q4 全部为空？

通常在负载正常时，如果消息被消费的速度不小于接收新消息的速度，对于不需要保证可靠不丢失的消息来说，极有可能只会处于 alpha 状态。对于 durable 属性设置为 true 的消息，它一定会进入 gamma 状态，并且在开启 publisher confirm 机制时，只有到了 gamma 状态时才会确认该消息已被接收，若消息消费速度足够快、内存也充足，这些消息也不会继续走到下一个状态。

在系统负载较高时，已接收到的消息若不能很快被消费掉，这些消息就会进入到很深的队列中去，这样会增加处理每个消息的平均开销。因为要花更多的时间和资源处理"堆积"的消息，如此用来处理新流入的消息的能力就会降低，使得后流入的消息又被积压到很深的队列中继续增大处理每个消息的平均开销，继而情况变得越来越恶化，使得系统的处理能力大大降低。

应对这一问题一般有 3 种措施：

（1）增加 prefetch_count 的值，即一次发送多条消息给消费者，加快消息被消费的速度，详细用法可以参考 4.9.1 节；

（2）采用 multiple ack，降低处理 ack 带来的开销，详细用法可以参考 3.5 节；

（3）流量控制，详细内容可以参考 9.3 节。

9.1.2 惰性队列

RabbitMQ 从 3.6.0 版本开始引入了惰性队列（Lazy Queue）的概念。惰性队列会尽可能地将消息存入磁盘中，而在消费者消费到相应的消息时才会被加载到内存中，它的一个重要的设计目标是能够支持更长的队列，即支持更多的消息存储。当消费者由于各种各样的原因（比如消费者下线、宕机，或者由于维护而关闭等）致使长时间内不能消费消息而造成堆积时，惰性队列就很有必要了。

默认情况下，当生产者将消息发送到 RabbitMQ 的时候，队列中的消息会尽可能地存储在内存之中，这样可以更加快速地将消息发送给消费者。即使是持久化的消息，在被写入磁盘的同时也会在内存中驻留一份备份。当 RabbitMQ 需要释放内存的时候，会将内存中的消息换页至磁盘中,这个操作会耗费较长的时间,也会阻塞队列的操作,进而无法接收新的消息。虽然 RabbitMQ 的开发者们一直在升级相关的算法,但是效果始终不太理想,尤其是在消息量特别大的时候。

惰性队列会将接收到的消息直接存入文件系统中,而不管是持久化的或者是非持久化的,这样可以减少了内存的消耗,但是会增加 I/O 的使用,如果消息是持久化的,那么这样的 I/O 操作不可避免,惰性队列和持久化的消息可谓是"最佳拍档"。注意如果惰性队列中存储的是非持久化的消息,内存的使用率会一直很稳定,但是重启之后消息一样会丢失。

队列具备两种模式:default 和 lazy。默认的为 default 模式,在 3.6.0 之前的版本无须做任何变更。lazy 模式即为惰性队列的模式,可以通过调用 channel.queueDeclare 方法的时候在参数中设置,也可以通过 Policy 的方式设置,如果一个队列同时使用这两种方式设置,那么 Policy 的方式具备更高的优先级。如果要通过声明的方式改变已有队列的模式,那么只能先删除队列,然后再重新声明一个新的。

在队列声明的时候可以通过 x-queue-mode 参数来设置队列的模式,取值为 default 和 lazy。下面示例演示了一个惰性队列的声明细节:

```
Map<String, Object> args = new HashMap<String, Object>();
args.put("x-queue-mode", "lazy");
channel.queueDeclare("myqueue", false, false, false, args);
```

对应的 Policy 设置方式为:

```
rabbitmqctl set_policy Lazy "^myqueue$" '{"queue-mode":"lazy"}' --apply-to queues
```

惰性队列和普通队列相比,只有很小的内存开销。这里很难对每种情况给出一个具体的数值,但是我们可以类比一下:发送 1 千万条消息,每条消息的大小为 1KB,并且此时没有任何的消费者,那么普通队列会消耗 1.2GB 的内存,而惰性队列只消耗 1.5MB 的内存。

据官方测试数据显示,对于普通队列,如果要发送 1 千万条消息,需要耗费 801 秒,平均发送速度约为 13000 条/秒。如果使用惰性队列,那么发送同样多的消息时,耗时是 421 秒,平均发送速度约为 24000 条/秒。出现性能偏差的原因是普通队列会由于内存不足而不得不将消息换页至磁盘。如果有消费者消费时,惰性队列会耗费将近 40MB 的空间来发送消息,对于一个消费者的情况,平均的消费速度约为 14000 条/秒。

如果要将普通队列转变为惰性队列，那么我们需要忍受同样的性能损耗，首先需要将缓存中的消息换页至磁盘中，然后才能接收新的消息。反之，当将一个惰性队列转变为普通队列的时候，和恢复一个队列执行同样的操作，会将磁盘中的消息批量地导入到内存中。

9.2　内存及磁盘告警

当内存使用超过配置的阈值或者磁盘剩余空间低于配置的阈值时，RabbitMQ 都会暂时阻塞（block）客户端的连接（Connection）并停止接收从客户端发来的消息，以此避免服务崩溃。与此同时，客户端与服务端的心跳检测也会失效。可以通过 `rabbitmqctl list_connections` 命令或者 Web 管理界面来查看它的状态，如图 9-3 所示。

User name	State	SSL / TLS	Protocol	Channels
root	blocking	○	AMQP 0-9-1	1
root	blocked	○	AMQP 0-9-1	1

图 9-3　Connection 的状态

被阻塞的 Connection 的状态要么是 `blocking`，要么是 `blocked`。前者对应于并不试图发送消息的 Connection，比如消费者关联的 Connection，这种状态下的 Connection 可以继续运行。而后者对应于一直有消息发送的 Connection，这种状态下的 Connection 会被停止发送消息。注意在一个集群中，如果一个 Broker 节点的内存或者磁盘受限，都会引起整个集群中所有的 Connection 被阻塞。

理想的情况是当发生阻塞时可以在阻止生产者的同时而又不影响消费者的运行。但是在 AMQP 协议中，一个信道（Channel）上可以同时承载生产者和消费者，同一个 Connection 中也可以同时承载若干个生产者的信道和消费者的信道，这样就会使阻塞逻辑错乱，虽然大多数情况下并不会发生任何问题，但还是建议生产和消费的逻辑可以分摊到独立的 Connection 之上而不发生任何交集。客户端程序可以通过添加 `BlockedListener` 来监听相应连接的阻塞信息，示例可以参考代码清单 7-11。

9.2.1 内存告警

RabbitMQ 服务器会在启动或者执行 `rabbitmqctl set_vm_memory_high_watermark fraction` 命令时计算系统内存的大小。默认情况下 `vm_memory_high_watermark` 的值为 0.4，即内存阈值为 0.4，表示当 RabbitMQ 使用的内存超过 40%时，就会产生内存告警并阻塞所有生产者的连接。一旦告警被解除（有消息被消费或者从内存转储到磁盘等情况的发生），一切都会恢复正常。

默认情况下将 RabbitMQ 所使用内存的阈值设置为 40%，这并不意味着此时 RabbitMQ 不能使用超过 40%的内存，这仅仅只是限制了 RabbitMQ 的消息生产者。在最坏的情况下，Erlang 的垃圾回收机制会导致两倍的内存消耗，也就是 80%的使用占比。

内存阈值可以通过 `rabbitmq.config` 配置文件来配置，下面示例中设置了默认的内存阈值为 0.4：

```
[
    {
        rabbit, [
            {vm_memory_high_watermark, 0.4}
        ]
    }
].
```

与此配置对应的 `rabbitmqctl` 系列的命令为：

```
rabbitmqctl set_vm_memory_high_watermark {fraction}
```

`fraction` 对应上面配置中的 0.4，表示占用内存的百分比，取值为大于等于 0 的浮点数。设置对应的百分比值之后，RabbitMQ 中会打印服务日志。当在内存为 7872MB 的节点中设置内存阈值为 0.4 时，会有如下信息：

```
=INFO REPORT==== 4-Sep-2017::20:30:09 ===
Memory limit set to 3148MB of 7872MB total.
```

此时又将 `fraction` 设置为 0.1，同时发出了内存告警，相应的服务日志会打印如下信息：

```
=INFO REPORT==== 4-Sep-2017::20:29:55 ===
Memory limit set to 787MB of 7872MB total.

=INFO REPORT==== 4-Sep-2017::20:29:55 ===
vm_memory_high_watermark set. Memory used:1163673112 allowed:825482444
```

```
=WARNING REPORT==== 4-Sep-2017::20:29:55 ===
memory resource limit alarm set on node rabbit@node1.

**********************************************************
*** Publishers will be blocked until this alarm clears ***
**********************************************************
```

之后又设置 fraction 为 0.4 以消除内存告警，相应的服务日志会打印如下信息：

```
=INFO REPORT==== 4-Sep-2017::20:30:01 ===
vm_memory_high_watermark clear. Memory used:693482232 allowed:825482444

=WARNING REPORT==== 4-Sep-2017::20:30:01 ===
memory resource limit alarm cleared on node rabbit@node1

=WARNING REPORT==== 4-Sep-2017::20:30:01 ===
memory resource limit alarm cleared across the cluster
```

如果设置 fraction 为 0，所有的生产者都会被停止发送消息。这个功能可以适用于需要禁止集群中所有消息发布的情况。正常情况下建议 vm_memory_high_watermark 取值在 0.4 到 0.66 之间，不建议取值超过 0.7。

假设机器的内存为 4GB，那么就代表 RabbitMQ 服务的内存阈值的绝对值为 4GB×0.4=1.6GB。如果是 32 位的 Windows 操作系统，那么可用内存被限制为 2GB，也就意味着 RabbitMQ 服务的内存阈值的绝对值为 820MB 左右。除了通过百分比的形式，RabbitMQ 也可以采用绝对值的形式来设置内存阈值，默认单位为 B。下面示例设置了内存阈值的绝对值为 1024MB（1024×1024×1024B=1073741824B）：

```
[
    {
        rabbit, [
            {vm_memory_high_watermark, {absolute, 1073741824}}
        ]
    }
].
```

纯数字的配置可读性较差，RabbitMQ 中也提供了单位的形式，对应的示例如下：

`[{rabbit, [{vm_memory_high_watermark, {absolute, "1024MiB"}}]}].`

可用的内存单位有：K 或 KiB 表示千字节，大小为 2^{10}B；M 或 MiB 表示兆字节，大小为 2^{20}B；G 或 GiB 表示千兆字节，大小为 2^{30}B。注意这里的内存单位还可以设置为：KB，大小为 10^3；MB，大小为 10^6；GB，大小为 10^9。

与绝对值配置对应的 rabbitmqctl 系列的命令为：

```
rabbitmqctl set_vm_memory_high_watermark absolute {memory_limit}
```

不管是这个命令还是 rabbitmqctl set_vm_memory_high_watermark {fraction} 命令，在服务器重启之后所设置的阈值都会失效，而通过配置文件的方式设置的阈值则不会在重启之后失效，但是修改后的配置需要在重启之后才能生效。

在某个 Broker 节点触及内存并阻塞生产者之前，它会尝试将队列中的消息换页到磁盘以释放内存空间。持久化和非持久化的消息都会被转储到磁盘中，其中持久化的消息本身就在磁盘中有一份副本，这里会将持久化的消息从内存中清除掉。

默认情况下，在内存到达内存阈值的 50% 时会进行换页动作。也就是说，在默认的内存阈值为 0.4 的情况下，当内存超过 0.4×0.5=0.2 时会进行换页动作。可以通过在配置文件中配置 vm_memory_high_watermark_paging_ratio 项来修改此值。下面示例中将换页比率从默认的 0.5 修改为 0.75：

```
[
    {rabbit,
        [
            {vm_memory_high_watermark_paging_ratio, 0.75},
            {vm_memory_high_watermark, 0.4}
        ]
    }
].
```

上面的配置会在 RabbitMQ 内存使用率达到 30% 时进行换页动作，并在 40% 时阻塞生产者。可以将 vm_memory_high_watermark_paging_ratio 值设置为大于 1 的浮点数，这种配置相当于禁用了换页功能。注意这里 RabbitMQ 中并没有类似 rabbitmqctl vm_memory_high_watermark_paging_ratio {xxx} 的命令。

如果 RabbitMQ 无法识别所在的操作系统，那么在启动的时候会在日志文件中追加一些信息，并将内存的值假定为 1GB。相应的日志信息参考如下：

```
=WARNING REPORT==== 5-Sep-2017::17:23:44 ===
Unknown total memory size for your OS {unix,magic_homebrew_os}. Assuming memory size is 1024MB.
```

对应 vm_memory_high_watermark 为 0.4 的情形来说，RabbitMQ 的内存阈值就约为 410MB。如果操作系统本身的内存大小为 8GB，可以将 vm_memory_high_watermark 设置

为 3，这样内存阈值就提高到了 3GB。

9.2.2 磁盘告警

当剩余磁盘空间低于确定的阈值时，RabbitMQ 同样会阻塞生产者，这样可以避免因非持久化的消息持续换页而耗尽磁盘空间导致服务崩溃。默认情况下，磁盘阈值为 50MB，这意味着当磁盘剩余空间低于 50MB 时会阻塞生产者并停止内存中消息的换页动作。这个阈值的设置可以减小但不能完全消除因磁盘耗尽而导致崩溃的可能性，比如在两次磁盘空间检测期间内，磁盘空间从大于 50MB 被耗尽到 0MB。一个相对谨慎的做法是将磁盘阈值设置为与操作系统所显示的内存大小一致。

在 Broker 节点启动的时候会默认开启磁盘检测的进程，相对应的服务日志为：

```
=INFO REPORT==== 7-Sep-2017::20:03:00 ===
Disk free limit set to 50MB
```

对于不识别的操作系统而言，磁盘检测功能会失效，对应的服务日志为：

```
=WARNING REPORT==== 7-Sep-2017::15:45:29 ===
Disabling disk free space monitoring
```

RabbitMQ 会定期检测磁盘剩余空间，检测的频率与上一次执行检测到的磁盘剩余空间大小有关。正常情况下，每 10 秒执行一次检测，随着磁盘剩余空间与磁盘阈值的接近，检测频率会有所增加。当要到达磁盘阈值时，检测频率为每秒 10 次，这样有可能会增加系统的负载。

可以通过在配置文件中配置 `disk_free_limit` 项来设置磁盘阈值。下面示例中将磁盘阈值设置为 1GB 左右：

```
[
    {
        rabbit, [
            {disk_free_limit, 1000000000}
        ]
    }
].
```

这里也可以使用单位设置，单位的选择可以参照内存阈值的设置（KB，KiB，MB，MiB，GB，GiB）。示例如下：

```
[{rabbit, [{disk_free_limit, "1GB"}]}].
```

还可以参考机器内存的大小为磁盘阈值设置一个相对的比值。比如将磁盘阈值设置为与集群内存一样大：

```
[
    {
        rabbit, [
            {disk_free_limit, {mem_relative, 1.0}}
        ]
    }
].
```

与绝对值和相对值这两种配置对应的 `rabbitmqctl` 系列的命令为：`rabbitmqctl set_disk_free_limit {disk_limit}` 和 `rabbitmqctl set_disk_free_limit mem_relative {fraction}`，和内存阈值的设置命令一样，Broker 重启之后将会失效。同样，通过配置文件的方式设置的阈值则不会在重启之后失效，但是修改后的配置需要在重启之后才能生效。正常情况下，建议 `disk_free_limit.mem_relative` 的取值为 1.0 和 2.0 之间。

9.3 流控

RabbitMQ 可以对内存和磁盘使用量设置阈值，当达到阈值后，生产者将被阻塞（block），直到对应项恢复正常。除了这两个阈值，从 2.8.0 版本开始，RabbitMQ 还引入了流控（Flow Control）机制来确保稳定性。流控机制是用来避免消息的发送速率过快而导致服务器难以支撑的情形。内存和磁盘告警相当于全局的流控（Global Flow Control），一旦触发会阻塞集群中所有的 Connection，而本节的流控是针对单个 Connection 的，可以称之为 Per-Connection Flow Control 或者 Internal Flow Control。

9.3.1 流控的原理

Erlang 进程之间并不共享内存（binary 类型的除外），而是通过消息传递来通信，每个进程都有自己的进程邮箱（mailbox）。默认情况下，Erlang 并没有对进程邮箱的大小进行限制，所以当有大量消息持续发往某个进程时，会导致该进程邮箱过大，最终内存溢出并崩溃。在 RabbitMQ 中，如果生产者持续高速发送，而消费者消费速度较低时，如果没有流控，很快就会使内部进程邮箱的大小达到内存阈值。

RabbitMQ 使用了一种基于信用证算法（credit-based algorithm）的流控机制来限制发送消息的速率以解决前面所提出的问题。它通过监控各个进程的进程邮箱，当某个进程负载过高而来不及处理消息时，这个进程的进程邮箱就会开始堆积消息。当堆积到一定量时，就会阻塞而不接收上游的新消息。从而慢慢地，上游进程的进程邮箱也会开始堆积消息。当堆积到一定量时也会阻塞而停止接收上游的消息，最后就会使负责网络数据包接收的进程阻塞而暂停接收新的数据。

就以图 9-4 为例，进程 A 接收消息并转发至进程 B，进程 B 接收消息并转发至进程 C。每个进程中都有一对关于收发消息的 `credit` 值。以进程 B 为例，`{{credit_from, C}, value}` 表示能发送多少条消息给 C，每发送一条消息该值减 1，当为 0 时，进程 B 不再往进程 C 发送消息也不再接收进程 A 的消息。`{{credit_to, A}, value}` 表示再接收多少条消息就向进程 A 发送增加 credit 值的通知，进程 A 接收到该通知后就增加 `{{credit_from, B}, value}` 所对应的值，这样进程 A 就能持续发送消息。当上游发送速率高于下游接收速率时，credit 值就会被逐渐耗光，这时进程就会被阻塞，阻塞的情况会一直传递到最上游。当上游进程收到来自下游进程的增加 credit 值的通知时，若此时上游进程处于阻塞状态则解除阻塞，开始接收更上游进程的消息，一个一个传导最终能够解除最上游的阻塞状态。由此可知，基于信用证的流控机制最终将消息发送进程的发送速率限制在消息处理进程的处理能力范围之内。

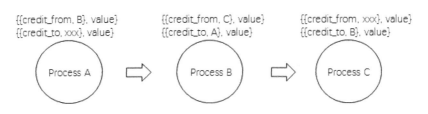

图 9-4　信用证算法

一个连接（Connection）触发流控时会处于 "`flow`" 的状态，也就意味着这个 Connection 的状态每秒在 `blocked` 和 `unblocked` 之间来回切换数次，这样可以将消息发送的速率控制在服务器能够支撑的范围之内。可以通过 `rabbitmqctl list_connections` 命令或者 Web

管理界面来查看 Connection 的状态，如图 9-5 所示。

User name	State	SSL / TLS	Details Protocol	Channels	Frame max
root	flow	○	AMQP 0-9-1	1	131072

图 9-5　Connection 的状态

处于 flow 状态的 Connection 和处于 running 状态的 Connection 并没有什么不同，这个状态只是告诉系统管理员相应的发送速率受限了。而对于客户端而言，它看到的只是服务器的带宽要比正常情况下要小一些。

流控机制不只是作用于 Connection，同样作用于信道（Channel）和队列。从 Connection 到 Channel，再到队列，最后是消息持久化存储形成一个完整的流控链，对于处于整个流控链中的任意进程，只要该进程阻塞，上游的进程必定全部被阻塞。也就是说，如果某个进程达到性能瓶颈，必然会导致上游所有的进程被阻塞。所以我们可以利用流控机制的这个特点找出瓶颈之所在。处理消息的几个关键进程及其对应的顺序关系如图 9-6 所示。

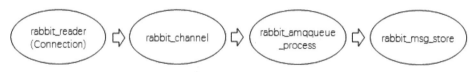

图 9-6　流控链

其中的各个进程如下所述。

- rabbit_reader：Connection 的处理进程，负责接收、解析 AMQP 协议数据包等。

- rabbit_channel：Channel 的处理进程，负责处理 AMQP 协议的各种方法、进行路由解析等。

- rabbit_amqqueue_process：队列的处理进程，负责实现队列的所有逻辑。

- rabbit_msg_store：负责实现消息的持久化。

当某个 Connection 处于 flow 状态，但这个 Connection 中没有一个 Channel 处于 flow 状态时，这就意味这个 Connection 中有一个或者多个 Channel 出现了性能瓶颈。某些 Channel 进程的运作（比如处理路由逻辑）会使得服务器 CPU 的负载过高从而导致了此种情形。尤其是在发送大量较小的非持久化消息时,此种情形最易显现。

当某个 Connection 处于 flow 状态,并且这个 Connection 中也有若干个 Channel 处于 flow 状态,但没有任何一个对应的队列处于 flow 状态时,这就意味着有一个或者多个队列出现了性能瓶颈。这可能是由于将消息存入队列的过程中引起服务器 CPU 负载过高,或者是将队列中的消息存入磁盘的过程中引起服务器 I/O 负载过高而引起的此种情形。尤其是在发送大量较小的持久化消息时,此种情形最易显现。

当某个 Connection 处于 flow 状态,同时这个 Connection 中也有若干个 Channel 处于 flow 状态,并且也有若干个对应的队列处于 flow 状态时,这就意味着在消息持久化时出现了性能瓶颈。在将队列中的消息存入磁盘的过程中引起服务器 I/O 负载过高而引起的此种情形。尤其是在发送大量较大的持久化消息时,此种情形最易显现。

9.3.2 案例:打破队列的瓶颈

图 9-6 中描绘了一条消息从接收到存储的一个必需的流控连。一般情况下,向一个队列里推送消息时,往往会在 rabbit_amqqueue_process 中(即队列进程中)产生性能瓶颈。在向一个队列中快速发送消息的时候,Connection 和 Channel 都会处于 flow 状态,而队列处于 running 状态,这样通过 9.3.1 节末尾的分析可以得出在队列进程中产生性能瓶颈的结论。在一台 CPU 主频为 2.6Hz、CPU 内核为 4、内存为 8GB、磁盘为 40GB 的虚拟机中测试向单个队列中发送非持久化、大小为 10B 的消息,消息发送的 QPS 平均为 18k 左右。如果开启 publisher confirm 机制、持久化消息及增大 payload 都会降低这个 QPS 的数值。

这里就引入了本节所要解决的问题:如何提升队列的性能?一般可以有两种解决方案:第一种是开启 Erlang 语言的 HiPE 功能,这样保守估计可以提高 30%~40%的性能,不过在较旧版本的 Erlang 中,这个功能不太稳定,建议使用较新版本的 Erlang,版本至少是 18.x。不管怎样,HiPE 显然不是本节的主题。第二种是寻求打破 rabbit_amqqueue_process 的性能瓶颈。这里的打破是指以多个 rabbit_amqqueue_process 替换单个 rabbit_amqqueue_process,这样可以充分利用上 rabbit_reader 或者 rabbit_channel 进程中被流控的性能,如图 9-7 所示。

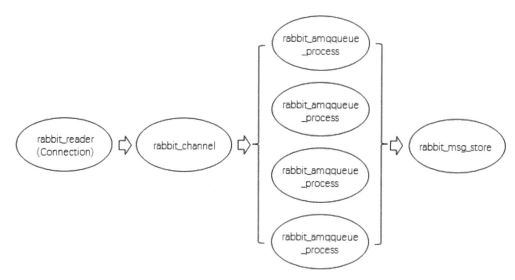

图 9-7 利用多个 rabbit_amqqueue_process 替换单个 rabbit_amqqueue_process

这里读者会有疑问，这不就变成了多个队列了吗？的确，如果在应用代码中直接使用多个队列，则会侵入原有代码的逻辑使其复杂化，同时可读性也差。这里所要做的一件事就是封装。将交换器、队列、绑定关系、生产和消费的方法全部进行封装，这样对于应用来说好比在操作一个（逻辑）队列。

为了将封装表述地更加清晰，这里分三个步骤来讲述其中的实现细节：（1）声明交换器、队列、绑定关系；（2）封装生产者；（3）封装消费者。

不管是哪个步骤，都需要先与 Broker 建立连接，可以参考代码清单 7-13 中 AMQPPing 类的实现方式来完成连接的逻辑。声明交换器和原先的实现没有什么差别，但是声明队列和绑定关系就需要注意了，在这个逻辑队列背后是多个实际的物理队列。物理队列的个数需要事先规划好，对于这个个数我们也可以称之为"分片数"，即代码清单 9-1 中的 subdivisionNum。假设这里的分片数为 4 个，那么实际声明队列和绑定关系就各自需要 4 次。比如逻辑队列名称为"queue"，那么就需要转变为类似"queue_0"、"queue_1"、"queue_2"、"queue_3"这 4 个物理队列，类似的路由键也需要从"rk"转变为"rk_0"、"rk_1"、"rk_2"、"rk_3"，最后达到如图 9-8 所示的效果。至于用"_"进行分割还是用"@"或者"#"之类的可以任凭开发者的喜好，这样做只是为了增加辨识度。

第 9 章 RabbitMQ 高阶

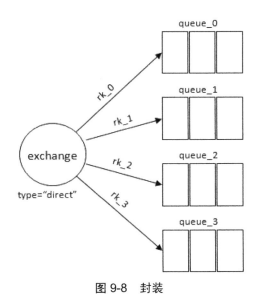

图 9-8 封装

声明交换器、队列、绑定关系的示例代码如代码清单 9-1 所示。

代码清单 9-1 封装声明的示例代码

```
/**
 * host、port、vhost、username、password 值可以在 rmq_cfg.properties 配置
 * 文件中配置，可以复用代码清单 7-17 中的相关代码
 */
public class RmqEncapsulation {
    private static String host = "localhost";
    private static int port = 5672;
    private static String vhost = "/";
    private static String username = "guest";
    private static String password = "guest";

    private static Connection connection;
    private int subdivisionNum;//分片数，表示一个逻辑队列背后的实际队列数

    public RmqEncapsulation(int subdivisionNum) {
        this.subdivisionNum = subdivisionNum;
    }
    //创建 Connection
    public static void newConnection() throws IOException, TimeoutException {
        ConnectionFactory connectionFactory = new ConnectionFactory();
        connectionFactory.setHost(host);
        connectionFactory.setVirtualHost(vhost);
        connectionFactory.setPort(port);
```

```java
        connectionFactory.setUsername(username);
        connectionFactory.setPassword(password);
        connection = connectionFactory.newConnection();
    }
    //获取Connection，若为null，则调用newConnection进行创建
    public static Connection getConnection() throws IOException,
            TimeoutException {
        if (connection == null) {
            newConnection();
        }
        return connection;
    }
    //关闭Connection
    public static void closeConnection() throws IOException {
        if (connection != null) {
            connection.close();
        }
    }
    //声明交换器
    public void exchangeDeclare(Channel channel, String exchange, String type,
        boolean durable, boolean autoDelete, Map<String, Object> arguments)
            throws IOException {
        channel.exchangeDeclare(exchange, type, durable, autoDelete,
            autoDelete, arguments);
    }
    //声明队列
    public void queueDeclare(Channel channel, String queue, boolean durable,
        boolean exclusive, boolean autoDelete, Map<String, Object> arguments)
            throws IOException {
        for (int i = 0; i < subdivisionNum; i++) {
            String queueName = queue + "_" + i;
            channel.queueDeclare(queueName, durable, exclusive, autoDelete,
                arguments);
        }
    }
    //创建绑定关系
    public void queueBind(Channel channel, String queue, String exchange, String
        routingKey, Map<String, Object> arguments) throws IOException {
        for (int i = 0; i < subdivisionNum; i++) {
            String rkName = routingKey + "_" + i;
            String queueName = queue + "_" + i;
            channel.queueBind(queueName, exchange, rkName, arguments);
        }
    }
}
```

上面示例之后除了基本的创建和关闭Connection的方法（newConnection方法、

getConnection 方法和 closeConnection 方法），还有 exchangeDeclare 方法、queueDeclare 方法、queueBind 方法分别用来声明交换器、队列及绑定关系。注意 queueDeclare 方法、queueBind 方法中名称转换的小细节。这里方法的取名也和原生客户端中的名称相同，这样可以尽量保持使用者原有的编程思维。这里的 queueDeclare 方法是针对单个 Broker 的情况设计的，如果集群中有多个节点，queueDeclare 方法需要做些修改，使得分片队列能够均匀地散开到集群中的各个节点中，以达到负载均衡的目的，具体实现可以参考代码清单 7-6。

代码清单 9-2 中演示了如何使用 RmqEncapsulation 类来声明交换器 "exchange"、队列 "queue" 及之间的绑定关系。

代码清单 9-2　RmqEncapsulation 使用示例

```
RmqEncapsulation rmqEncapsulation = new RmqEncapsulation(4);
try {
    Connection connection = RmqEncapsulation.getConnection();
    Channel channel = connection.createChannel();
    rmqEncapsulation.exchangeDeclare(channel, "exchange", "direct", true, false,
        null);
    rmqEncapsulation.queueDeclare(channel, "queue", true, false, false, null);
    rmqEncapsulation.queueBind(channel, "queue", "exchange", "rk", null);
} catch (IOException e) {
    e.printStackTrace();
} catch (TimeoutException e) {
    e.printStackTrace();
} finally {
    try {
        RmqEncapsulation.closeConnection();
    } catch (IOException e) {
        e.printStackTrace();
    }
}
```

生产者的封装代码非常简单，只需要转换下原先的路由键即可，代码清单 9-3 给出了具体实现。

代码清单 9-3　生产者的封装代码

```
public void basicPublish(Channel channel, String exchange, String routingKey,
        boolean mandatory, AMQP.BasicProperties props, byte[] body)
            throws IOException {
    //随机挑选一个队列发送
```

```
    Random random = new Random();
    int index = random.nextInt(subdivisionNum);
    String rkName = routingKey + "_" + index;
    channel.basicPublish(exchange, rkName, mandatory, props, body);
}
```

basicPublish 方法的使用示例如下:

```
Channel channel = connection.createChannel();
for(int i=0;i<100;i++) {
    Message message = new Message();
    message.setMsgSeq(i);
    message.setMsgBody("rabbitmq encapsulation");
    byte[] body = getBytesFromObject(message);
    rmqEncapsulation.basicPublish(channel, "exchange", "rk", false,
            MessageProperties.PERSISTENT_TEXT_PLAIN, body);
}
```

代码清单 9-3 中演示的是发送 100 条消息的情况。细心的读者可能会注意到这里引入了两个新的东西：Message 类和 getBytesFromObject 方法。Message 类的是用来封装消息的，具体定义如代码清单 9-4 所示。

代码清单 9-4　Message 类的实现

```
public class Message implements Serializable{
    private static final long serialVersionUID = 1L;
    private long msgSeq;
    private String msgBody;
    private long deliveryTag;
    //省略 Getter 和 Setter 方法
    @Override
    public String toString(){
        return "[msgSeq=" + msgSeq
                + ", msgBody=" + msgBody
                + ", deliveryTag=" + deliveryTag
                + "]";
    }
}
```

Message 类中的 msgSeq 表示消息的序号，类似于 UUID，但这个是有序的，本节末尾的内容会用到这个成员变量。msgBody 表示消息体本身，这里只是简单定义为 String 类型，可以更改成其他任意的类型。deliveryTag 用于消息确认，详细可以参考 3.5 节的内容。Message 类通过 Serializable 接口来实现序列化，这里只是方便演示，实际使用时建议采用 ProtoBuf 这类性能较高的序列化工具。getBytesFromObject 方法，还有与其对应的 getObjectFromBytes 方法分别用来将对象转换为字节数组和将字节数组转换为对象,具体的实现非常简单,可以参考代码清单 9-5。

代码清单 9-5　getBytesFromObject 方法与 getObjectFromBytes 方法

```
public static byte[] getBytesFromObject(Object object) throws IOException {
    if (object == null) {
        return null;
    }
    ByteArrayOutputStream bo = new ByteArrayOutputStream();
    ObjectOutputStream oo = new ObjectOutputStream(bo);
    oo.writeObject(object);
    oo.close();
    bo.close();
    return bo.toByteArray();
}
public static Object getObjectFromBytes(byte[] body)
        throws IOException, ClassNotFoundException {
    if (body == null || body.length == 0) {
        return null;
    }
    ByteArrayInputStream bi = new ByteArrayInputStream(body);
    ObjectInputStream oi = new ObjectInputStream(bi);
    oi.close();
    bi.close();
    return oi.readObject();
}
```

图 9-9 展示了封装后的逻辑队列(即 4 个物理队列)和单个独立队列之间的 QPS 对比,测试环境同本节开篇所述。可以看到封装后的逻辑队列与原先的单个队列相比性能提升了不止一倍,可以得出打破单个队列进程的性能瓶颈的结论。

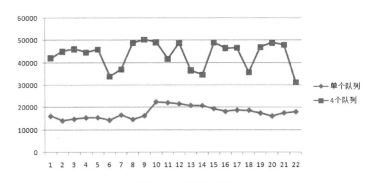

图 9-9　QPS 对比

再来看一下消费者的封装代码,这个就略微显得有些复杂了。由 3.4 节的介绍可知,RabbitMQ 的消费分推模式和拉模式。相对于推模式消费的封装实现,拉模式消费的封装实现还算简单。下面首先演示下拉模式的封装实现,如代码清单 9-6 所示。

代码清单 9-6　拉模式封装实现

```java
public GetResponse basicGet(Channel channel, String queue, boolean autoAck)
        throws IOException {
    GetResponse getResponse = null;
    Random random = new Random();
    int index = random.nextInt(subdivisionNum);
    getResponse = channel.basicGet(queue+"_"+index,autoAck);
    if (getResponse == null) {
        for(int i=0;i<subdivisionNum;i++) {
            String queueName = queue + "_" + i;
            getResponse = channel.basicGet(queueName, autoAck);
            if (getResponse != null) {
                return getResponse;
            }
        }
    }
    return getResponse;
}
```

以上代码中首先随机拉取一个物理队列中的数据,如果返回为空,则再按顺序拉取。这样实现比直接顺序拉取的方式要好很多,因为当生产者发送速度大于消费者消费速度时,顺序拉取可能只拉取到第一个物理队列的数据,即 "queue_0" 中的数据,而其余 3 个物理队列的数据可能会被长久积压。

推模式的封装实现需要在 RmqEncapsulation 类中添加一个 `ConcurrentLinkedDeque<Message>` 类型的成员变量 `blockingQueue`,用来缓存推送的数据以方便消费者消费。具体实现逻辑如代码清单 9-7 所示。

代码清单 9-7　推模式封装实现

```java
public class RmqEncapsulation {
    //省略 host、port、vhost、username、password 的定义及实现
    private static Connection connection;
    private int subdivisionNum;//分片数,表示一个逻辑队列背后的实际队列数
    private ConcurrentLinkedDeque<Message> blockingQueue;

    public RmqEncapsulation(int subdivisionNum) {//修改了构造函数的实现
        this.subdivisionNum = subdivisionNum;
```

```java
        blockingQueue = new ConcurrentLinkedDeque<Message>();
}
//省略 newConnection 方法、getConnection 方法、closeConnection 方法的实现
//省略 exchangeDeclare 方法、queueDeclare 方法、queueBind 方法的实现
//省略 basicPublish 方法和 basicGet 方法的实现
private void startConsume(Channel channel, String queue, boolean autoAck,
    String consumerTag, ConcurrentLinkedDeque<Message> newblockingQueue)
    throws IOException {
    for (int i = 0; i < subdivisionNum; i++) {
        String queueName = queue + "_" + i;
        channel.basicConsume(queueName, autoAck, consumerTag + i,
            new NewConsumer(channel, newblockingQueue));
    }
}
public void basicConsume(Channel channel, String queue, boolean autoAck,
    String consumerTag, ConcurrentLinkedDeque<Message> newblockingQueue,
    IMsgCallback iMsgCallback) throws IOException {
    startConsume(channel, queue, autoAck, consumerTag, newblockingQueue);
    while (true) {
        Message message = newblockingQueue.peekFirst();
        if (message != null) {
            ConsumeStatus consumeStatus = iMsgCallback.consumeMsg(message);
            newblockingQueue.removeFirst();
            if (consumeStatus == ConsumeStatus.SUCCESS) {
                channel.basicAck(message.getDeliveryTag(), false);
            } else {
                channel.basicReject(message.getDeliveryTag(),false);
            }
        }else{
            try {
                TimeUnit.MILLISECONDS.sleep(100);
            } catch (InterruptedException e) {
                e.printStackTrace();
            }
        }
    }
}
public static class NewConsumer extends DefaultConsumer{
    private ConcurrentLinkedDeque<Message> newblockingQueue;
    public NewConsumer(Channel channel,ConcurrentLinkedDeque<Message>
        newblockingQueue) {
        super(channel);
        this.newblockingQueue = newblockingQueue;
    }
    @Override
    public void handleDelivery(String consumerTag, Envelope envelope,
        AMQP.BasicProperties properties, byte[] body) throws IOException {
```

```
        try {
            Message message = (Message) getObjectFromBytes(body);
            message.setDeliveryTag(envelope.getDeliveryTag());
            newblockingQueue.addLast(message);
        } catch (ClassNotFoundException e) {
            e.printStackTrace();
        }
    }
}
```

代码清单 9-7 的篇幅有点较长，真正在使用推模式消费时调用的方法为 basicConsume，与原生客户端的方法 channel.basicConsume 类似。关于 NewConsumer 这个内部类就不多做介绍，其功能只是获取 Broker 中的数据然后存入 RmqEncapsulation 的成员变量 blockingQueue 中。这里需要关注的是 basicConsume 方法中的 IMsgCallback，这是包含一个回调函数 consumeMsg(Message message) 的接口，consumeMsg 方法返回值为一个枚举类型 ConsumeStatus，当消费端消费成功后返回 ConsumeStatus.SUCCESS，反之则返回 ConsumeStatus.FAIL。有关 IMsgCallback 接口和 ConsumeStatus 的枚举类的定义如代码清单 9-8 所示。

代码清单 9-8　IMsgCallback 和 ConsumeStatus 的实现

```
public interface IMsgCallback {
    ConsumeStatus consumeMsg(Message message);
}
public enum ConsumeStatus {
    SUCCESS,
    FAIL
}
```

拉模式的消费非常简单，这里就不做演示了。推模式的消费示例如下：

```
Channel channel = connection.createChannel();
channel.basicQos(64);
rmqEncapsulation.basicConsume(channel, "queue", false, "consumer_zzh",
    rmqEncapsulation.blockingQueue, new IMsgCallback() {
    @Override
    public ConsumeStatus consumeMsg(Message message) {
        ConsumeStatus consumeStatus = ConsumeStatus.FAIL;
        if (message!= null) {
            System.out.println(message);
            consumeStatus = ConsumeStatus.SUCCESS;
        }
        return consumeStatus;
    }
});
```

注意要点：

为了简化演示，本节的代码示例省去了很多的功能，局限性很强，比如没有使用 publisher confirm 机制；没有设置 `mandatory` 参数；只能使用一个 Connection；消息没有使用 Protostuff 这种性能较高的序列化工具进行序列化和反序列化等等。如果读者要借鉴本节中的内容，建议进一步优化示例代码。

这里还有一个问题，在上面的封装示例中消息随机发送和随机消费都会影响到 RabbitMQ 本身消息的顺序性。虽然在 4.9.2 节中我们做过分析，知道 RabbitMQ 消息本身的顺序性比较受限，并非是绝对保证，但是如果应用程序要求有一定的顺序性，并且代码逻辑也能遵循 4.9.2 节中顺序性的要求，那么上面的封装示例就需要修改了。

如图 9-10 所示，发送端根据 `Message` 的消息序号 `msgSeq` 对分片个数进行取模运算，之后将对应的消息发送到对应的队列中，这样消息可以均匀且顺序地在每个队列中存储。在消费端为每个队列创建一个消息槽（slot），从队列中读取的消息都存入对应的槽中，发送到下游的消息可以依次从 slot0 至 slot3 中进行读取。更严谨的做法是根据上一条消息的 `msgSeq`，从 slot0 至 slot3 中读取 `msgSeq` 的消息。具体的代码逻辑这里就不赘述了，留给读者自己实现。

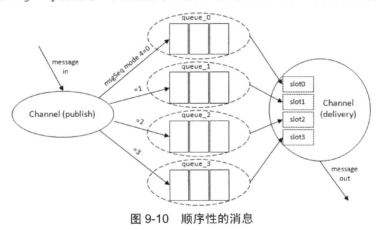

图 9-10　顺序性的消息

9.4　镜像队列

如果 RabbitMQ 集群中只有一个 Broker 节点，那么该节点的失效将导致整体服务的临时性不可用，并且也可能会导致消息的丢失。可以将所有消息都设置为持久化，并且对应队列的 durable 属性也设置为 true，但是这样仍然无法避免由于缓存导致的问题：因为消息在发送之后和被写入磁盘并执行刷盘动作之间存在一个短暂却会产生问题的时间窗。通过 publisher confirm 机制能够确保客户端知道哪些消息已经存入磁盘，尽管如此，一般不希望遇到因单点故障导致的服务不可用。

如果 RabbitMQ 集群是由多个 Broker 节点组成的，那么从服务的整体可用性上来讲，该集群对于单点故障是有弹性的，但是同时也需要注意：尽管交换器和绑定关系能够在单点故障问题上幸免于难，但是队列和其上的存储的消息却不行，这是因为队列进程及其内容仅仅维持在单个节点之上，所以一个节点的失效表现为其对应的队列不可用。

引入镜像队列（Mirror Queue）的机制，可以将队列镜像到集群中的其他 Broker 节点之上，如果集群中的一个节点失效了，队列能自动地切换到镜像中的另一个节点上以保证服务的可用性。在通常的用法中，针对每一个配置镜像的队列（以下简称镜像队列）都包含一个主节点（master）和若干个从节点（slave），相应的结构可以参考图 9-11。

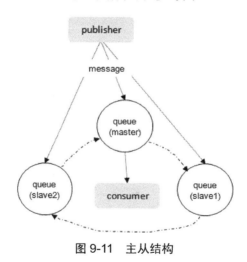

图 9-11　主从结构

slave 会准确地按照 master 执行命令的顺序进行动作，故 slave 与 master 上维护的状态应该是相同的。如果 master 由于某种原因失效，那么"资历最老"的 slave 会被提升为新的 master。根据 slave 加入的时间排序，时间最长的 slave 即为"资历最老"。发送到镜像队列的所有消息会被同时发往 master 和所有的 slave 上，如果此时 master 挂掉了，消息还会在 slave 上，这样 slave 提升为 master 的时候消息也不会丢失。除发送消息（Basic.Publish）外的所有动作都只会向 master 发送，然后再由 master 将命令执行的结果广播给各个 slave。

如果消费者与 slave 建立连接并进行订阅消费，其实质上都是从 master 上获取消息，只不过看似是从 slave 上消费而已。比如消费者与 slave 建立了 TCP 连接之后执行一个 Basic.Get 的操作，那么首先是由 slave 将 Basic.Get 请求发往 master，再由 master 准备好数据返回给 slave，最后由 slave 投递给消费者。读者可能会有疑问，大多的读写压力都落到了 master 上，那么这样是否负载会做不到有效的均衡？或者说是否可以像 MySQL 一样能够实现 master 写而 slave 读呢？注意这里的 master 和 slave 是针对队列而言的，而队列可以均匀地散落在集群的各个 Broker 节点中以达到负载均衡的目的，因为真正的负载还是针对实际的物理机器而言的，而不是内存中驻留的队列进程。

在图 9-12 中，集群中的每个 Broker 节点都包含 1 个队列的 master 和 2 个队列的 slave，Q1 的负载大多都集中在 broker1 上，Q2 的负载大多都集中在 broker2 上，Q3 的负载大多都集中在 broker3 上，只要确保队列的 master 节点均匀散落在集群中的各个 Broker 节点即可确保很大程度上的负载均衡（每个队列的流量会有不同，因此均匀散落各个队列的 master 也无法确保绝对的负载均衡）。至于为什么不像 MySQL 一样读写分离，RabbitMQ 从编程逻辑上来说完全可以实现，但是这样得不到更好的收益，即读写分离并不能进一步优化负载，却会增加编码实现的复杂度，增加出错的可能，显得得不偿失。

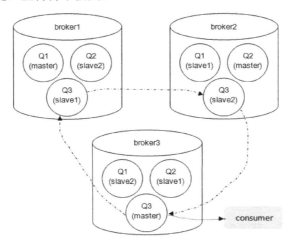

图 9-12　集群结构

注意要点：

RabbitMQ 的镜像队列同时支持 publisher confirm 和事务两种机制。在事务机制中，只有当前事务在全部镜像中执行之后，客户端才会收到 Tx.Commit-Ok 的消息。同样的，在 publisher confirm 机制中，生产者进行当前消息确认的前提是该消息被全部进行所接收了。

不同于普通的非镜像队列（参考图 9-2），镜像队列的 `backing_queue` 比较特殊，其实现并非是 rabbit_variable_queue，它内部包裹了普通 backing_queue 进行本地消息消息持久化处理，在此基础上增加了将消息和 ack 复制到所有镜像的功能。镜像队列的结构可以参考图 9-13，master 的 `backing_queue` 采用的是 rabbit_mirror_queue_master，而 slave 的 `backing_queue` 实现是 rabbit_mirror_queue_slave。

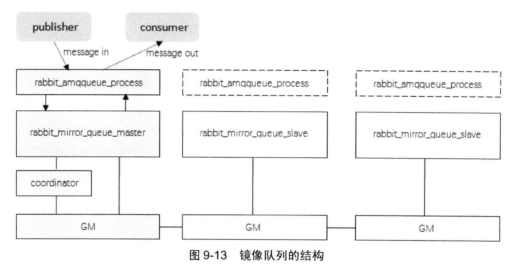

图 9-13　镜像队列的结构

所有对 `rabbit_mirror_queue_master` 的操作都会通过组播 GM（Guaranteed Multicast）的方式同步到各个 slave 中。GM 负责消息的广播，`rabbit_mirror_queue_slave` 负责回调处理，而 master 上的回调处理是由 `coordinator` 负责完成的。如前所述，除了 Basic.Publish，所有的操作都是通过 master 来完成的，master 对消息进行处理的同时将消息的处理通过 GM 广播给所有的 slave，slave 的 GM 收到消息后，通过回调交由 `rabbit_mirror_queue_slave` 进行实际的处理。

GM 模块实现的是一种可靠的组播通信协议，该协议能够保证组播消息的原子性，即保证组中活着的节点要么都收到消息要么都收不到，它的实现大致为：将所有的节点形成一个循环链表，每个节点都会监控位于自己左右两边的节点，当有节点新增时，相邻的节点保证当前广播的消息会复制到新的节点上；当节点失效时，相邻的节点会接管以保证本次广播的消息会复制到所有的节点。在 master 和 slave 上的这些 GM 形成一个组（gm_group），这个组的信息会记录在 Mnesia 中。不同的镜像队列形成不同的组。操作命令从 master 对应的 GM 发出后，顺着链表传送到所有的节点。由于所有节点组成了一个循环链表，master 对应的 GM 最终会收到自己发送的操作命令，这个时候 master 就知道该操作命令都同步到了所有的 slave 上。

新节点的加入过程可以参考图 9-14，整个过程就像在链表中间插入一个节点。注意每当一个节点加入或者重新加入到这个镜像链路中时，之前队列保存的内容会被全部清空。

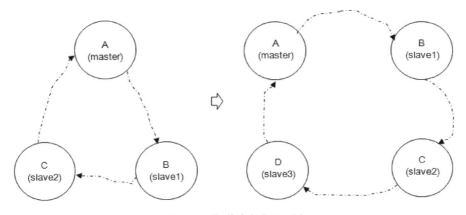

图 9-14 新节点的加入过程

当 slave 挂掉之后，除了与 slave 相连的客户端连接全部断开，没有其他影响。当 master 挂掉之后，会有以下连锁反应：

（1）与 master 连接的客户端连接全部断开。

（2）选举最老的 slave 作为新的 master，因为最老的 slave 与旧的 master 之间的同步状态应该是最好的。如果此时所有 slave 处于未同步状态，则未同步的消息会丢失。

（3）新的 master 重新入队所有 unack 的消息，因为新的 slave 无法区分这些 unack 的消息是否已经到达客户端，或者是 ack 信息丢失在老的 master 链路上，再或者是丢失在老的 master 组播 ack 消息到所有 slave 的链路上，所以出于消息可靠性的考虑，重新入队所有 unack 的消息，不过此时客户端可能会有重复消息。

（4）如果客户端连接着 slave，并且 Basic.Consume 消费时指定了 x-cancel-on-ha-failover 参数，那么断开之时客户端会收到一个 Consumer Cancellation Notification 的通知，

消费者客户端中会回调 Consumer 接口的 handleCancel 方法。如果未指定 x-cancel-on-ha-failover 参数，那么消费者将无法感知 master 宕机。

x-cancel-on-ha-failover 参数的使用示例如下：

```
Channel channel = ...;
Consumer consumer = ...;
Map<String, Object> args = new HashMap<String, Object>();
args.put("x-cancel-on-ha-failover", true);
channel.basicConsume("my-queue", false, args, consumer);
```

镜像队列的配置主要是通过添加相应的 Policy 来完成的，对于添加 Policy 的细节可以参考 6.3 节。这里需要详解介绍的是 rabbitmqctl set_policy [-p vhost] [--priority priority] [--apply-to apply-to] {name} {pattern} {definition}命令中的 definition 部分，对于镜像队列的配置来说，definition 中需要包含 3 个部分：ha-mode、ha-params 和 ha-sync-mode。

- ha-mode：指明镜像队列的模式，有效值为 all、exactly、nodes，默认为 all。all 表示在集群中所有的节点上进行镜像；exactly 表示在指定个数的节点上进行镜像，节点个数由 ha-params 指定；nodes 表示在指定节点上进行镜像，节点名称通过 ha-params 指定，节点的名称通常类似于 rabbit@hostname，可以通过 rabbitmqctl cluster_status 命令查看到。

- ha-params：不同的 ha-mode 配置中需要用到的参数。

- ha-sync-mode：队列中消息的同步方式，有效值为 automatic 和 manual。

举个例子，对队列名称以"queue_"开头的所有队列进行镜像，并在集群的两个节点上完成镜像，Policy 的设置命令为：

```
rabbitmqctl set_policy --priority 0 --apply-to queues mirror_queue "^queue_" '{"ha-mode":"exactly","ha-params":2,"ha-sync-mode":"automatic"}'
```

ha-mode 参数对排他（exclusive）队列并不生效，因为排他队列是连接独占的，当连接断开时队列会自动删除，所以实际上这个参数对排他队列没有任何意义。

将新节点加入已存在的镜像队列时，默认情况下 ha-sync-mode 取值为 manual，镜像队列中的消息不会主动同步到新的 slave 中，除非显式调用同步命令。当调用同步命令后，队列开始阻塞，无法对其进行其他操作，直到同步完成。当 ha-sync-mode 设置为 automatic 时，新加入的 slave 会默认同步已知的镜像队列。由于同步过程的限制，所以不建议对生产环境中正在使用的队列进行操作。使用 `rabbitmqctl list_queues {name} slave_pids synchronised_slave_pids` 命令可以查看哪些 slaves 已经完成同步。通过手动方式同步一个队列的命令为 `rabbitmqctl sync_queue {name}`，同样也可以取消某个队列的同步操作：`rabbitmqctl cancel_sync_queue {name}`。

当所有 slave 都出现未同步状态，并且 `ha-promote-on-shutdown` 设置为 `when-synced`（默认）时，如果 master 因为主动原因停掉，比如通过 `rabbitmqctl stop` 命令或者优雅关闭操作系统，那么 slave 不会接管 master，也就是此时镜像队列不可用；但是如果 master 因为被动原因停掉，比如 Erlang 虚拟机或者操作系统崩溃，那么 slave 会接管 master。这个配置项隐含的价值取向是保证消息可靠不丢失，同时放弃了可用性。如果 `ha-promote-on-shutdown` 设置为 `always`，那么不论 master 因为何种原因停止，slave 都会接管 master，优先保证可用性，不过消息可能会丢失。

镜像队列中最后一个停止的节点会是 master，启动顺序必须是 master 先启动。如果 slave 先启动，它会有 30 秒的等待时间，等待 master 的启动，然后加入到集群中。如果 30 秒内 master 没有启动，slave 会自动停止。当所有节点因故（断电等）同时离线时，每个节点都认为自己不是最后一个停止的节点，要恢复镜像队列，可以尝试在 30 秒内启动所有节点。

9.5 小结

本章首先讲述了 RabbitMQ 的存储机制，进而对队列的结构展开讨论，队列中的消息有 alpha、beta、gamma、delta 这 4 种状态，内部存储又可以分为 Q1、Q2、Delta、Q3、Q4 这 5 个子队列。消息会在这 5 个子队列中流转，为了性能的提升需要尽可能地避免消息过量堆积。如果消息是持久化的，建立搭配惰性队列使用，这样在提升性能的同时还可以降低内存的损耗。内存、磁盘和流控都是用来限制消息流入得过快以避免相应的服务进程来不及处理而崩溃。镜像队列的引入可以极大地提升 RabbitMQ 的可用性及可靠性，提供了数据冗余备份、避免单点故障的功能，强烈建议在实际应用中为每个重要的队列都配置镜像。

第 10 章
网络分区

　　网络分区是在使用 RabbitMQ 时所不得不面对的一个问题，网络分区的发生可能会引起消息丢失或者服务不可用等。可以简单地通过重启的方式或者配置自动化处理的方式来处理这个问题，但深究其里会发现网络分区不是想象中的那么简单。本章通过网络分区的意义、影响、处理及案例分析等多个维度来一一剖析其中的奥秘。

10.1 网络分区的意义

RabbitMQ 集群的网络分区的容错性并不是很高，一般都是使用 Federation 或者 Shovel 来解决广域网中的使用问题。不过即使是在局域网环境下，网络分区也不可能完全避免，网络设备（比如中继设备、网卡）出现故障也会导致网络分区。当出现网络分区时，不同分区里的节点会认为不属于自身所在分区的节点都已经挂（down）了，对于队列、交换器、绑定的操作仅对当前分区有效。在 RabbitMQ 的默认配置下，即使网络恢复了也不会自动处理网络分区带来的问题。RabbitMQ 从 3.1 版本开始会自动探测网络分区，并且提供了相应的配置来解决这个问题。

当一个集群发生网络分区时，这个集群会分成两个部分或者更多，它们各自为政，互相都认为对方分区内的节点已经挂了，包括队列、交换器及绑定等元数据的创建和销毁都处于自身分区内，与其他分区无关。如果原集群中配置了镜像队列，而这个镜像队列又牵涉两个或者更多个网络分区中的节点时，每一个网络分区中都会出现一个 master 节点，对于各个网络分区，此队列都是相互独立的。当然也会有一些其他未知的、怪异的事情发生。当网络恢复时，网络分区的状态还是会保持，除非你采取了一些措施去解决它。

如果你没有经历过网络分区，就不算真正掌握 RabbitMQ。网络分区带来的影响大多是负面的，极端情况下不仅会造成数据丢失，还会影响服务的可用性。

或许你不禁要问，既然网络分区会带来如此负面的影响，为什么 RabbitMQ 还要引入网络分区的设计理念呢？其中一个原因就与它本身的数据一致性复制原理有关，如上一章所述，RabbitMQ 采用的镜像队列是一种环形的逻辑结构，如图 10-1 所示。

图 10-1 中为某队列配置了 4 个镜像，其中 A 节点作为 master 节点，其余 B、C 和 D 节点作为 slave 节点，4 个镜像节点组成一个环形结构。假如需要确认（ack）一条消息，先会在 A 节点即 master 节点上执行确认命令，之后转向 B 节点，然后是 C 和 D 节点，最后由 D 将执行操作返回给 A 节点，这样才真正确认了一条消息，之后才可以继续相应的处理。这种复制原理

和 ZooKeeper[1] 的 Quorum[2] 原理不同，它可以保证更强的一致性。在这种一致性数据模型下，如果出现网络波动或者网络故障等异常情况，那么整个数据链的性能就会大大降低。如果 C 节点网络异常，那么整个 A→B→C→D→A 的数据链就会被阻塞，继而相关服务也会被阻塞，所以这里就需要引入网络分区来将异常的节点剥离出整个分区，以确保 RabbitMQ 服务的可用性及可靠性。等待网络恢复之后，可以进行相应的处理来将此前的异常节点加入集群中。

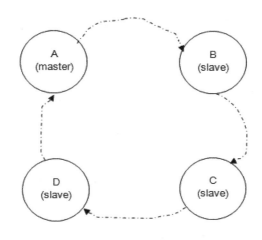

图 10-1　环形逻辑结构

网络分区对于 RabbitMQ 本身而言有利有弊，读者在遇到网络分区时不必过于惊慌。许多情况下，网络分区都是由单个节点的网络故障引起的，且通常会形成一个大分区和一个单节点的分区，如果之前又配置了镜像，那么可以在不影响服务可用性，不丢失消息的情况下从网络分区的情形下得以恢复。

10.2　网络分区的判定

RabbitMQ 集群节点内部通信端口默认为 25672，两两节点之间都会有信息交互。如果某节

---

[1] ZooKeeper 是一个分布式的、开源的分布式应用程序协调服务，是 Google 的 Chubby 的一个开源实现，是 Hadoop 和 Hbase 的重要组件。它是一个为分布式应用提供一致性服务的软件，提供的功能包括：配置维护、域名服务、分布式同步、组服务等。
[2] Quorum 是一种分布式系统中常用的，用来保证数据冗余和最终一致性的投票算法。

点出现网络故障，或者是端口不通，则会致使与此节点的交互出现中断，这里就会有个超时判定机制，继而判定网络分区。

对于网络分区的判定是与 net_ticktime 这个参数息息相关的，此参数默认值为 60 秒。注意与 heartbeat_time 的区别，heartbeat_time 是指客户端与 RabbitMQ 服务之间通信的心跳时间，针对 5672 端口而言。如果发生超时则会有 net_tick_timeout 的信息报出。在 RabbitMQ 集群内部的每个节点之间会每隔四分之一的 net_ticktime 计一次应答（tick）。如果有任何数据被写入节点中，则此节点被认为已经被应答（ticked）了。如果连续 4 次，某节点都没有被 ticked，则可以判定此节点已处于"down"状态，其余节点可以将此节点剥离出当前分区。

将连续 4 次的 tick 时间记为 T，那么 T 的取值范围为：0.75×net_ticktime < T < 1.25×net_ticktime。图 10-2 可以形象地描绘出这个取值范围的缘由。

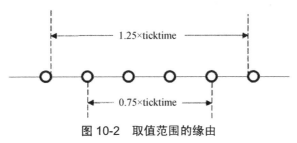

图 10-2　取值范围的缘由

图 10-2 中每个节点代表一次 tick 判定的时间戳，在 2 个临界值 0.75×net_ticktime 和 1.25×net_ticktime 之间可以连续执行 4 次的 tick 判定。默认情况下，在 45s < T < 75s 之间会判定出 net_tick_timeout。

RabbitMQ 不仅会将队列、交换器及绑定等信息存储在 Mnesia 数据库中，而且许多围绕网络分区的一些细节也都和这个 Mnesia 的行为相关。如果一个节点不能在 T 时间连上另一个节点，那么 Mnesia 通常认为这个节点已经挂了，就算之后两个节点又重新恢复了内部通信，但是这两个节点都会认为对方已经挂了，Mnesia 此时认定了发生网络分区的情况。这些会被记录到 RabbitMQ 的服务日志之中，如下：

```
=ERROR REPORT==== 16-Oct-2017::18:20:55 ===
Mnesia('rabbit@node1'): ** ERROR ** mnesia_event got
    {inconsistent_database, running_partitioned_network, 'rabbit@node2'}
```

除了通过查看 RabbitMQ 服务日志的方式，还有以下 3 种方法可以查看是否出现网络分区。

第一种，采用 rabbitmqctl 工具来查看，即采用 rabbitmqctl cluster_status 命令。通过这条命令可以看到集群相关信息，未发生网络分区时的情形举例如下：

```
[{nodes,[{disc,[rabbit@node1,rabbit@node2,rabbit@node3]}]},
 {running_nodes,[rabbit@node2,rabbit@node3,rabbit@node1]},
 {cluster_name,<<"rabbit@node1">>},
 {partitions,[]}]
```

由上面的信息可知，集群中一共有 3 个节点，分别为 rabbit@node1、rabbit@node2 和 rabbit@node3。在 partitions 这一项中没有相关记录，则说明没有产生网络分区。如果 partitions 项中有相关内容，则说明产生了网络分区，例如：

```
[{nodes,[{disc,[rabbit@node1,rabbit@node2,rabbit@node3]}]},
 {running_nodes,[rabbit@node3,rabbit@node1]},
 {cluster_name,<<"rabbit@node1">>},
 {partitions,[{rabbit@node3,[rabbit@node2]},{rabbit@node1,[rabbit@node2]}]}]
```

上面 partitions 项中的内容表示：

（1）rabbit@node3 与 rabbit@node2 发生了分区，即{rabbit@node3,[rabbit@node2]}。

（2）rabbit@node1 与 rabbit@node2 发生了分区，即{rabbit@node1,[rabbit@node2]}。

第二种，通过 Web 管理界面的方式查看。如果出现了图 10-3 这种告警，即发生了网络分区。也推荐读者采用这种方式来检测是否发生了网络分区。

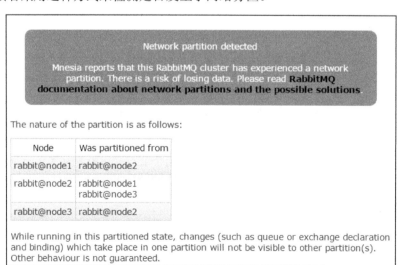

图 10-3　网络分区的告警

第三种，通过 HTTP API 的方式调取节点信息来检测是否发生网络分区。比如通过 curl 命令来调取节点信息：

```
curl -i -u root:root123 -H "content-type:application/json" -X GET http://localhost:15672/api/nodes
```

注意这里的 `localhost` 为相应的 RabbitMQ 服务器的 IP 地址。`/api/nodes` 这个接口返回一个 JSON 字符串，详细内容可以参考附录 A，其中会有 `partitions` 的相关项，如果在其中发现 `partitions` 项中有内容则为发生了网络分区。举例，将 node2 分离出 node1 和 node3 的主分区之后，调用 `/api/nodes` 这个接口的部分信息：

```
"sockets_used": 1,
"sockets_used_details": {
    "rate": 0
},
"partitions": [
    "rabbit@node2"
],
"os_pid": "2155",
"fd_total": 1024,
"sockets_total": 829,
```

上面信息的加粗部分即为 JSON 字符串中 rabbit@node1 节点所看到的 `partitions` 信息，由此可以判定出 node1 和 node2 发生了网络分区。

10.3 网络分区的模拟

正常情况下，很难观察到 RabbitMQ 网络分区的发生。为了更好地理解网络分区，需要采取某些手段将其模拟出来，以便对其进行相应的分析处理，进而在实际应用环境中遇到类似情形，可以让你的处理游刃有余。往长远方面讲，也可以采取一些必要的手段去规避网络分区的发生，或者可以监控网络分区以及准备相关的处理预案。

模拟网络分区的方式有多种，主要分为以下 3 大类：

◇ iptables 封禁/解封 IP 地址或者端口号。

◇ 关闭/开启网卡。

✧ 挂起/恢复操作系统。

1. iptables 的方式

由于 RabbitMQ 集群内部节点通信端口默认为 25672，可以封禁这个端口来模拟出 net_tick_timeout，然后再开启此端口让集群判定网络分区的发生。举例说明，整个 RabbitMQ 集群由 3 个节点组成，分别为 node1、node2 和 node3。此时我们要模拟 node2 节点被剥离出当前分区的情形，即模拟[node1, node3]和[node2]两个分区。可以在 node2 上执行如下命令以封禁 25672 端口。如果在配置中修改过这个端口号，将下面的命令改成相应的端口号即可。

```
iptables -A INPUT -p tcp --dport 25672 -j DROP
iptables -A OUTPUT -p tcp --dport 25672 -j DROP
```

同时需要监测各个节点的服务日志，当有如下相似信息出现时即为已经判定出 net_tick_timeout：

```
=INFO REPORT==== 10-Oct-2017::11:53:03 ===
rabbit on node rabbit@node2 down

=INFO REPORT==== 10-Oct-2017::11:53:03 ===
node rabbit@node2 down: net_tick_timeout
```

当然，如果不想这么麻烦地去监测各个节点的服务日志，那么也可以等待 75 秒（45s < T < 75s）之后以确保出现 net_tick_timeout。注意此时只判定出 net_tick_timeout，要等 node2 网络恢复之后，即解封 25672 端口之后才会判定出现网络分区。解封命令如下：

```
iptables -D INPUT 1
iptables -D OUTPUT 1
```

至此，node2 节点与其他节点的内部通信已经恢复，如果此时查看集群的状态可以发现[node1, node3]和[node2]已形成两个独立的分区。

除此之外，还可以使用 iptables 封禁 IP 地址的方法模拟网络分区。假设整个 RabbitMQ 集群的节点名称与其 IP 地址对应如下：

```
node1 192.168.0.2
node2 192.168.0.3
node3 192.168.0.4
```

如果要模拟出[node1, node3]和[node2]两个分区的情形，可以在 node2 节点上执行：

```
iptables -I INPUT -s 192.168.0.2 -j DROP
```

```
iptables -I INPUT -s 192.168.0.4-j DROP
```

对应的解封命令为：

```
iptables -D INPUT 1
iptables -D INPUT 1
```

或者也可以分别在 node1 和 node3 节点上执行：

```
iptables -I INPUT -s 192.168.0.3 -j DROP
```

与其对应的解封命令为：

```
iptables -D INPUT 1
```

如果集群的节点部署跨网段，可以采取禁用整个网络段的方式模拟网络分区。假设 RabbitMQ 集群中 3 个节点和其对应的 IP 关系如下：

```
node1 192.168.0.2
node2 192.168.1.3 //注意这里的网段
node3 192.168.0.4
```

模拟出[node1, node3]和[node2]两个分区的情形，可以在 node2 节点上执行：

```
iptables -I INPUT -s 192.168.0.0/24 -j DROP
```

对应的解封命令也是 `iptables -D INPUT 1`。

2. 封禁/解封网卡的方式

操作网卡的方式和 `iptables` 的方式有相似之处，都是模拟网络故障来产生网络分区。首先需要使用 `ifconfig` 命令来查询出当前的网卡编号，如下所示，一般情况下单台机器只有一个网卡（这里暂时不考虑多网卡的情形，因为对于 RabbitMQ 来说，多网卡的情况造成的网络分区异常复杂，这个在后面的内容中会有详细阐述。）

```
[root@node1 rabbit@node1]# ifconfig
eth0 Link encap:Ethernet HWaddr FA:16:3E:A8:FF:31
     inet addr:192.168.1.2 Bcast:192.168.1.255 Mask:255.255.224.0
     inet6 addr: fe80::f816:3eff:fea8:ff31/64 Scope:Link
     UP BROADCAST RUNNING MULTICAST MTU:1450 Metric:1
     RX packets:547632449 errors:0 dropped:0 overruns:0 frame:0
     TX packets:5745162 errors:0 dropped:0 overruns:0 carrier:0
     collisions:0 txqueuelen:1000
     RX bytes:82813557343 (77.1 GiB) TX bytes:3099664440 (2.8 GiB)
```

```
lo  Link encap:Local Loopback
    inet addr:127.0.0.1 Mask:255.0.0.0
    inet6 addr: ::1/128 Scope:Host
    UP LOOPBACK RUNNING MTU:65536 Metric:1
    RX packets:111152 errors:0 dropped:0 overruns:0 frame:0
    TX packets:111152 errors:0 dropped:0 overruns:0 carrier:0
    collisions:0 txqueuelen:0
    RX bytes:5401343 (5.1 MiB)  TX bytes:5401343 (5.1 MiB)
```

同样假设 node1、node2 和 node3 这三个节点组成 RabbitMQ 集群，node2 的网卡编号为 eth0，此时要模拟网络分区[node1, node3]和[node2]的情形，需要在 node2 上执行以下命令关闭网卡：

`ifdown eth0`

待判定出 net_tick_timeout 之后，再开启网卡：

`ifup eth0`

这样就可以模拟出网络分区。当然也可以使用 `service network stop` 和 `service network start` 这两个命令来模拟网络分区，原理同 `ifdown/ifup eth0` 的方式。

3. 挂起/恢复操作系统的方式

除了模拟网络故障的方式，操作系统的挂起和恢复操作也会导致集群内节点的网络分区。因为发生挂起的节点不会认为自身已经失败或者停止工作，但是集群内的其他节点会这么认为。如果集群中的一个节点运行在一台笔记本电脑上，然后你合上了笔记本电脑，那么这个节点就挂起了。或者一个更常见的现象，集群中的一个节点运行在某台虚拟机上，然后虚拟机的管理程序挂起了这个虚拟机节点，这样节点就被挂起了。在等待了($0.75 \times$ net_ticktime，$1.25 \times$ net_ticktime)这个区间大小的时间之后，判定出 net_tick_timeout，再恢复挂起的节点即可以复现网络分区。

本节模拟的都是单节点脱离主分区的情形，对于分裂成对称的网络分区和多网络分区的情形模拟将在后面的内容中详细介绍，其中细节也是从单节点剥离出主分区的情形衍生而来的。

10.4 网络分区的影响

RabbitMQ 集群在发生网络分区之后对于数据可靠性和服务可用性方面会有什么样的影响？对于客户端的表现又是怎样的？这里主要针对未配置镜像和配置镜像两种情况展开探讨。

10.4.1 未配置镜像

node1、node2 和 node3 这 3 个节点组成一个 RabbitMQ 集群，且在这三个节点中分别创建 queue1、queue2 和 queue3 这三个队列，并且相应的交换器与绑定关系如下：

```
节点名称      交换器        绑定      队列
node1        exchange     rk1      queue1
node2        exchange     rk2      queue2
node3        exchange     rk3      queue3
```

node1 那条信息表示：在 node1 节点上创建了队列 queue1，并通过路由键 rk1 与交换器 exchange 进行了绑定。

在网络分区发生之前，客户端分别连接 node1 和 node2 并分别向 queue1 和 queue2 发送消息，对应关系如情形 10-1 所示。

情形 10-1

```
客户端        节点名称      交换器        绑定      队列
client1      node1        exchange     rk1      queue1
client2      node2        exchange     rk2      queue2
```

client1 那条信息表示：客户端 client1 连接 node1 的 IP 地址，并通过路由键 rk1 向交换器 exchange 发送消息。如果发送成功，消息可以存入队列 queue1 中。其对应的发送代码如下：

```
channel.basicPublish("exchange", "rk1", true,
MessageProperties.PERSISTENT_TEXT_PLAIN, message.getBytes());
```

采用 iptables 封禁/解封 25672 端口的方式模拟网络分区，使 node1 和 node2 存在于两个不同的分区之中，对于客户端 client1 和 client2 而言，没有任何异常，消息正常发送也没有消息丢失。如果这里采用关闭/开启网卡的方式来模拟网络分区，在关闭网卡的时候客户端的连接也会关闭，这样就检测不出在网络分区发生时对客户端的影响。

下面我们再转换一下思路，如果上面的 client1 连接 node1 的 IP，并向 queue2 发送消息会发生何种情形。新的对应关系参考情形 10-2。

情形 10-2

客户端	节点名称	交换器	绑定	队列
client1	node1	exchange	rk2	queue2
client2	node2	exchange	rk1	queue1

这里同样采用 `iptables` 的方式模拟网络分区，使得 node1 和 node2 处于两个不同的分区。如果客户端在发送消息的时候将 `mandatory` 参数设置为 `true`，那么在网络分区之后可以通过抓包工具（如 wireshark 等）看到有 `Basic.Return` 将发送的消息返回过来。这里表示在发生网络分区之后，client1 不能将消息正确地送达到 queue2 中，同样 client2 不能将消息送达到 queue1 中。如果客户端中设置了 `ReturnListener` 来监听 `Basic.Return` 的信息，并附带有消息重传机制，那么在整个网络分区前后的过程中可以保证发送端的消息不丢失。

在网络分区之前，queue1 进程存在于 node1 节点中，queue2 的进程存在于 node2 节点中。在网络分区之后，在 node1 所在的分区并不会创建新的 queue2 进程，同样在 node2 所在的分区也不会创建新的 queue1 的进程。这样在网络分区发生之后，虽然可以通过 `rabbitmqctl list_queues name` 命令在 node1 节点上查看到 queue2，但是在 node1 上已经没有真实的 queue2 进程的存在。

```
[root@node1 ~]# rabbitmqctl list_queues name
Listing queues ...
queue1
queue2
queue3
```

client1 将消息发往交换器 exchange 之后并不能路由到 queue2 中，因此消息也就不能存储。如果客户端没有设置 `mandatory` 参数并且没有通过 `ReturnListener` 进行消息重试（或者其他措施）来保障消息可靠性，那么在发送端就会有消息丢失。

上面讨论的是消息发送端的情况，下面来探讨网络分区对消费端的影响。在网络分区之前，分别有客户端连接 node1 和 node2 并订阅消费其上队列中的消息，其对应关系参考情形 10-3。

情形 10-3

客户端	节点名称	队列
client3	node1	queue1
client4	node2	queue2

client3 那条信息表示：client3 连接 node1 的 ip 并订阅消费 queue1。模拟网络分区置 node1 和 node2 于不同的分区之中。在发生网络分区的前后，消费端 client3 和 client4 都能正常消费，无任何异常发生。

参考情形 10-2，将情形 10-3 中的消费队列交换一下，即 client3 连接 node1 的 IP 消费 queue2，其对应关系如情形 10-4 所示。

情形 10-4

客户端	节点名称	队列
client3	node1	queue2
client4	node2	queue1

模拟网络分区，将 node1 与 node2 置于两个不同的分区。在发生网络分区前，消费一切正常。在网络分区发生之后，虽然客户端没有异常报错，且可以消费到相关数据，但是此时会有一些怪异的现象发生，比如对于已消费消息的 ack 会失效。在从网络分区中恢复之后，数据不会丢失。

如果分区之后，重启 client3 或者有个新的客户端 client5 连接 node1 的 IP 来消费 queue2，则会有如下报错：

```
com.rabbitmq.client.ShutdownSignalException: channel error; protocol method:
#method<channel.close>(reply-code=404, reply-text=NOT_FOUND - home node
'rabbit@node2' of durable queue 'queue2' in vhost '/' is down or inaccessible,
class-id=60, method-id=20)
```

同样在 node1 的服务日志中也有相关记录：

```
=ERROR REPORT==== 12-Oct-2017::14:14:48 ===
Channel error on connection <0.9528.9> (192.168.0.9:61294 -> 192.168.0.2:5672,
vhost: '/', user: 'root'), channel 1:
{amqp_error,not_found,
    "home node 'rabbit@node2' of durable queue 'queue2' in vhost '/'
    is down or inaccessible",
'basic.consume'}
```

综上所述，对于未配置镜像的集群，网络分区发生之后，队列也会伴随着宿主节点而分散在各自的分区之中。对于消息发送方而言，可以成功发送消息，但是会有路由失败的现象，需要需要配合 `mandatory` 等机制保障消息的可靠性。对于消息消费方来说，有可能会有诡异、不可预知的现象发生，比如对于已消费消息的 ack 会失效。如果网络分区发生之后，客户端与某分区重新建立通信链路，其分区中如果没有相应的队列进程，则会有异常报出。如果从网络分区中恢复之后，数据不会丢失，但是客户端会重复消费。

10.4.2 已配置镜像

如果集群中配置了镜像队列，那么在发生网络分区时，情形比未配置镜像队列的情况复杂得多，尤其是发生多个网络分区的时候。这里先简单地从 3 个节点分裂成 2 个网络分区的情形展开讨论。如前一节所述，集群中有 node1、node2 和 node3 这 3 个节点，分别在这些节点上创建队列 queue1、queue2 和 queue3，并配置镜像队列。采用 `iptables` 的方式将集群模拟分裂成[node1, node3]和[node2]这两个网络分区。

镜像队列的相关配置可以参考如下：

```
ha-mode:exactly
ha-param:2
ha-sync-mode:automatic
```

首先来分析第一种情况。如情形 10-5-1 所示，3 个队列的 master 镜像和 slave 镜像分别做相应分布。

情形 10-5-1　分区之前

队列	master	slave
queue1	node1	node3
queue2	node2	node3
queue3	node3	node2

在发生网络分区之后，[node1, node3]分区中的队列有了新的部署。除了 queue1 未发生改变，queue2 由于原宿主节点 node2 已被剥离当前分区，那么 node3 提升为 master，同时选择 node1 作为 slave。在 queue3 重新选择 node1 作为其新的 slave。详细参考情形 10-5-2。

情形 10-5-2　分区之后

|　[node1, node3]分区 |　[node2]分区

```
队列        |  master    slave    |  master    slave
queue1      |  node1     node3    |  node1     node3
queue2      |  node3     node1    |  node2     []
queue3      |  node3     node1    |  node2     []
```

对于[node2]分区而言，queue2 和 queue3 的分布比较容易理解，此分区中只有一个节点，所有 slave 这一列为空。但是对于 queue1 而言，其部署还是和分区前如出一辙。不管是在网络分区前，还是在网络分区之后，再或者是又从网络分区中恢复，对于 queue1 而言生产和消费消息都不会受到任何的影响，就如未发生过网络分区一样。对于队列 queue2 和 queue3 的情形可以参考上面未配置镜像的相关细节，从网络分区中恢复（即恢复成之前的[node1, node2, node3]组成的完整分区）之后可能会有数据丢失。

再考虑另一种情形，分区之前如情形 10-6-1 所示。

情形 10-6-1　分区之前

```
队列        master    slave
queue1      node1     node2
queue2      node2     node3
queue3      node3     node1
```

情形 10-6-1 在分区之后的部署如情形 10-6-2 所示，其实质内容和情形 10-5-2 无差别。

情形 10-6-2　分区之后

```
            |  [node1, node3]分区  |  [node2]分区
            ------------------------------------------------------
队列        |  master    slave    |  master    slave
queue1      |  node1     node3    |  node2     []
queue2      |  node3     node1    |  node2     []
queue3      |  node3     node1    |  node3     node1
```

有兴趣的读者可以自行演练或者实地操作剩余的情形，并通过客户端验证其数据可靠性等方面。我们知道可以在指定节点上创建相应的队列，但是如何在 ha-mode=exactly 和 ha-params=2 的镜像配置下准确地指定对应的 slave 镜像所在节点呢？如果要实现情形 10-6-1 的分布，可以实现编写一个脚本，命名为 rmq_mirror_create.sh，具体内容如下：

```
rabbitmqctl clear_policy p1
rabbitmqctl set_policy --priority 0 --apply-to queues p1 ".*"
    '{"ha-mode":"exactly","ha-params":2}'
rabbitmqctl list_queues name pid slave_pids
```

之后再为 rmq_mirror_create.sh 添加可执行权限：

```
chmod a+x rmq_mirror_create.sh
```

最后反复运行脚本直到有如下相似输出即可（主要是观察 list_queues 中 slave_pids 的信息）：

```
[root@node1 ~]# ./ rmq_mirror_create.sh
Clearing policy "p1" ...
Setting policy "p1" for pattern ".*" to
    "{\"ha-mode\":\"exactly\",\"ha-params\":2}" with priority "0" ...
Listing queues ...
queue1  <rabbit@node1.1.279.0>   [<rabbit@node2.3.3804.1>]
queue2  <rabbit@node2.3.1391.1>  [<rabbit@node3.1.10567.0>]
queue3  <rabbit@node3.1.9625.0>  [<rabbit@node1.1.13080.1>]
```

前面讨论的镜像配置都是 ha-sync-mode=automatic 的情形，当有新的 slave 出现时，此 slave 会自动同步 master 中的数据。注意在同步的过程中，集群的整个服务都不可用，客户端连接会被阻塞。如果 master 中有大量的消息堆积，必然会造成 slave 的同步时间增长，进一步影响了集群服务的可用性。如果配置 ha-sync-mode=manual，有新的 slave 创建的同时不会去同步 master 上旧的数据，如果此时 master 节点又发生了异常，那么此部分数据将会丢失。同样 ha-promote-on-shutdown 这个参数的影响也需要考虑进来。

网络分区的发生可能会引起消息的丢失，当然这点也有办法解决。首先消息发送端要有能够处理 Basic.Return 的能力。其次，在监测到网络分区发生之后，需要迅速地挂起所有的生产者进程。之后连接分区中的每个节点消费分区中所有的队列数据。在消费完之后再处理网络分区。最后在从网络分区中恢复之后再恢复生产者的进程。整个过程可以最大程度上保证网络分区之后的消息的可靠性。同样也要注意的是，在整个过程中会伴有大量的消息重复，消费者客户端需要做好相应的幂等性处理。当然也可以采用 7.4 节中的集群迁移，将所有旧集群的资源都迁移到新集群来解决这个问题。

10.5　手动处理网络分区

为了从网络分区中恢复，首先需要挑选一个信任分区，这个分区才有决定 Mnesia 内容的权限，发生在其他分区的改变将不会被记录到 Mnesia 中而被直接丢弃。在挑选完信任分区之后，重启非信任分区中的节点，如果此时还有网络分区的告警，紧接着重启信任分区中的节点。

这里有 3 个要点需要详细阐述：

- 如何挑选信任分区？
- 如何重启节点？
- 重启的顺序有何考究？

挑选信任分区一般可以按照这几个指标进行：分区中要有 disc 节点；分区中的节点数最多；分区中的队列数最多；分区中的客户端连接数最多。优先级从前到后，例如信任分区中要有 disc 节点；如果有两个或者多个分区满足，则挑选节点数最多的分区作为信任分区；如果又有两个或者多个分区满足，那么挑选队列数最多的分区作为信任分区。依次类推，如果有两个或者多个分区对于这些指标都均等，那么随机挑选一个分区也不失为一良策。

RabbitMQ 中有两种重启方式：第一种方式是使用 `rabbitmqctl stop` 命令关闭，然后再用 `rabbitmq-server -detached` 命令启动；第二种方式是使用 `rabbitmqctl stop_app` 关闭，然后使用 `rabbitmqctl start_app` 命令启动。第一种方式需要同时重启 Erlang 虚拟机和 RabbitMQ 应用，而第二种方式只是重启 RabbitMQ 应用。两种方式都可以从网络分区中恢复，但是更加推荐使用第二种方式，包括下一节所讲述的自动处理网络分区的方式，其内部也是采用的第二种方式进行重启节点。

RabbitMQ 的重启顺序也比较讲究，必须在以下两种重启顺序中择其一进行重启操作：

（1）停止其他非信任分区中的所有节点，然后再启动这些节点。如果此时还有网络分区的告警，则再重启信任分区中的节点以去除告警。

（2）关闭整个集群中的节点，然后再启动每一个节点，这里需要确保启动的第一个节点在信任的分区之中。

在选择哪种重启顺序之前，首先考虑一下队列"漂移"的现象。所谓的队列"漂移"是在配置镜像队列的情况下才会发生的。假设一共集群中有 node1、node2 和 node3 这 3 个节点，且配置全镜像（ha-mode=all），具体如情形 10-7-1 所示。

情形 10-7-1

```
队列       master      slaves
queue1     node1       node2, node3
queue2     node2       node3, node1
```

队列	master	slaves
queue3	node3	node2, node1

这里首先关闭 node3 节点，那么 queue3 中的某个 slave 提升为 master，具体变化为情形 10-7-2。

情形 10-7-2

队列	master	slaves
queue1	node1	node2
queue2	node2	node1
queue3	node2	node1

然后在再关闭 node2 节点，继续演变为情形 10-7-3。

情形 10-7-3

队列	master	slaves
queue1	node1	[]
queue2	node1	[]
queue3	node1	[]

此时，如果关闭 node1 节点，然后再启动这 3 个节点。或者不关闭 node1 节点，而启动 node2 和 node3 节点都只会增加 slave 的个数，而不会改变 master 的分布，最终如情形 10-7-4 所示。注意这里哪怕关闭了 node1，然后并非先启动 node1，而是先启动 node2 或者 node3，对于 master 节点的分布都不会受影响。

情形 10-7-4

队列	master	slaves (按节点启动顺序排列)
queue1	node1	node2, node3
queue2	node1	node2, node3
queue3	node1	node2, node3

这里就可以看出，随着节点的重启，所有的队列的 master 都"漂移"到了 node1 节点上，因为在 RabbitMQ 中，除了发布消息，所有的操作都是在 master 上完成的，如此大部分压力都集中到了 node1 节点上，从而不能很好地实现负载均衡。

基于情形 10-7-2，考虑另外一种情形。如果在关闭节点 node3 之后，又重新启动节点 node3，那么会有如情形 10-7-5 的变化。

情形 10-7-5

队列	master	slaves
queue1	node1	node2, node3
queue2	node2	node1, node3
queue3	node2	node1, node3

之后再重启（先关闭，后启动）node2 节点，如情形 10-7-6 所示。

情形 10-7-6

```
队列          master       slaves
queue1        node1        node3, node2
queue2        node1        node3, node2
queue3        node1        node3, node2
```

继续重启 node1 节点，如情形 10-7-7 所示。

情形 10-7-7

```
队列          master       slaves
queue1        node3        node2, node1
queue2        node3        node2, node1
queue3        node3        node2, node1
```

如此顺序演变，在配置镜像的集群中重启会有队列"漂移"的情况发生，造成负载不均衡。这里采用的是全镜像以作说明，读者可以自行推理对于 2 个节点 ha-mode=exactly 且 ha-params=2 的镜像配置的演变过程。不管如何，都难以避免队列"漂移"的发生。

注意要点：

一定要按照前面提及的两种方式择其一进行重启。如果选择挨个节点重启的方式，同样可以处理网络分区，但是这里会有一个严重的问题，即 Mnesia 内容权限的归属问题。比如有两个分区[node1, node2]和[node3, node4]，其中[node1, node2]为信任分区。此时若按照挨个重启的方式进行重启，比如先重启 node3，在 node3 节点启动之时无法判断其节点的 Mnesia 内容是向[node1, node2]分区靠齐还是向 node4 节点靠齐。至此，如果挨个一轮重启之后，最终集群中的 Mnesia 数据是[node3, node4]这个非信任分区，就会造成无法估量的损失。挨个节点重启也有可能会引起二次网络分区的发生。

如果原本配置了镜像队列，从发生网络分区到恢复的过程中队列可能会出现"漂移"的现象。可以重启之前先删除镜像队列的配置，这样能够在一定程度上阻止队列的"过分漂移"，即阻止可能所有队列都"漂移"到一个节点上的情况。

删除镜像队列的配置可以采用 `rabbitmqctl` 工具删除：

`rabbitmqctl clear_policy [-p vhost] {mirror_queue_name}`

可以通过 Web 管理界面进行删除，也可以通过 HTTP API 的方式进行删除：

```
curl -s -u {username:password} -X DELETE
    http://localhost:15672/api/policies/default/{mirror_queue_name}
```

注意，如果事先没有开启 RabbitMQ Management 插件，那么只能使用 `rabbitmqctl` 工具的方式。与此同时，需要在每个分区上都执行删除镜像队列配置的操作，以确保每个分区中的镜像都被删除。

具体的网络分区处理步骤如下所述。

- 步骤1：挂起生产者和消费者进程。这样可以减少消息不必要的丢失，如果进程数过多，情形又比较紧急，也可跳过此步骤。

- 步骤2：删除镜像队列的配置。

- 步骤3：挑选信任分区。

- 步骤4：关闭非信任分区中的节点。采用 `rabbitmqctl stop_app` 命令关闭。

- 步骤5：启动非信任分区中的节点。采用与步骤4对应的 `rabbitmqctl start_app` 命令启动。

- 步骤6：检查网络分区是否恢复，如果已经恢复则转步骤8；如果还有网络分区的报警则转步骤7。

- 步骤7：重启信任分区中的节点。

- 步骤8：添加镜像队列的配置。

- 步骤9：恢复生产者和消费者的进程。

这里还剩下最后一个问题：如何判断已经从网络分区中恢复？这个可以对照着10.2一节进行说明。可以使用 `rabbitmqctl cluster_status` 命令检测其输出的 `partitions` 这一项中是否有节点信息，如果为空则说明已经恢复。如果在 Web 管理界面中看到无任何网络分区的告警，也可说明已经恢复。当然通过 HTTP API 的方式来判断也是一种有效的手段。

10.6 自动处理网络分区

RabbitMQ 提供了三种方法自动地处理网络分区：pause-minority 模式、pause-if-all-down 模式和 autoheal 模式。默认是 ignore 模式，即不自动处理网络分区，所以在这种模式下，当网络分区的时候需要人工介入。在 rabbitmq.config 配置文件中配置 cluster_partition_handling 参数即可实现相应的功能。默认的 ignore 模式的配置如下，注意最后有个点号：

```
[
    {
        rabbit, [
            {cluster_partition_handling, ignore}
        ]
    }
].
```

10.6.1 pause-minority 模式

在 pause-minority 模式下，当发生网络分区时，集群中的节点在观察到某些节点"down"的时候，会自动检测其自身是否处于"少数派"（分区中的节点小于或者等于集群中一半的节点数），RabbitMQ 会自动关闭这些节点的运作。根据 CAP[3] 原理，这里保障了 P，即分区耐受性。这样确保了在发生网络分区的情况下，大多数节点（当然这些节点得在同一个分区中）可以继续运行。"少数派"中的节点在分区开始时会关闭，当分区结束时又会启动。这里关闭是指 RabbitMQ 应用的关闭，而 Erlang 虚拟机并不关闭，类似于执行了 rabbitmqctl stop_app 命令。处于关闭的节点会每秒检测一次是否可连通到剩余集群中，如果可以则启动自身的应用。相当于执行 rabbitmqctl start_app 命令。

pause-minority 模式相应的配置如下：

---

[3] CAP 原理又称 CAP 定理，指的是在一个分布式系统中，Consistency（一致性）、Availability（可用性）和 Partition tolerance（分区耐受性）三者不可兼得。

```
[
    {
        rabbit, [
            {cluster_partition_handling, pause_minority}
        ]
    }
].
```

需要注意的是，RabbitMQ 也会关闭不是严格意义上的大多数，比如在一个集群中只有两个节点的时候并不适合采用 pause-minority 的模式，因为其中任何一个节点失败而发生网络分区时，两个节点都会关闭。当网络恢复时，有可能两个节点会自动启动恢复网络分区，也有可能仍保持关闭状态。然而如果集群中的节点数远大于 2 个时，pause_minority 模式比 ignore 模式更加可靠，特别是网络分区通常是由单节点网络故障而脱离原有分区引起的。

不过也需要考虑 2v2、3v3 这种被分裂成对等节点数的分区的情况。所谓的 2v2 这种对等分区表示原有集群的组成为[node1, node2, node3, node4]，由于某种原因分裂成类似[node1, node2]和[node3, node4]这两个网络分区的情形。这种情况在跨机架部署时就有可能发生，当 node1 和 node2 部署在机架 A 上，而 node3 和 node4 部署在机架 B 上，那么有可能机架 A 与机架 B 之间网络的通断会造成对等分区的出现。

在 10.3 节中只阐述了如何模拟网络分区，并没有明确说明如何模拟对等的网络分区。可以在 node1 和 node2 上分别执行 `iptables` 命令去封禁 node3 和 node4 的 IP。如果 node1、node2 和 node3、node4 处于不同的网段，那么也可以采用封禁网段的做法。更有甚者，可以将 node1、node2 部署到物理机 A 上的两台虚拟机中，然后将 node3、node4 部署到物理机 B 上的两台虚拟机中，之后切断物理机 A 与 B 之间的通信即可。

当对等分区出现时，会关闭这些分区内的所有节点，对于前面的[node1, node2]和[node3, node4]的例子而言，这四个节点上的 RabbitMQ 应用都会被关闭。只有等待网络恢复之后，才会自动启动所有的节点以求从网络分区中恢复。

10.6.2 pause-if-all-down 模式

在 pause-if-all-down 模式下，RabbitMQ 集群中的节点在和所配置的列表中的任何节点不能交互时才会关闭，语法为`{pause_if_all_down, [nodes], ignore|autoheal}`，其中

[nodes]为前面所说的列表,也可称之为受信节点列表。参考配置如下:

```
[
    {
        rabbit, [
            {cluster_partition_handling,
                {pause_if_all_down, ['rabbit@node1'], ignore}}
        ]
    }
].
```

如果一个节点与 rabbit@node1 节点无法通信时,则会关闭自身的 RabbitMQ 应用。如果是 rabbit@node1 本身发生了故障造成网络不可用,而其他节点都是正常的情况下,这种规则会让所有的节点中 RabbitMQ 应用都关闭,待 rabbit@node1 中的网络恢复之后,各个节点再启动自身应用以从网络分区中恢复。

注意到 pause-if-all-down 模式下有 ignore 和 autoheal 两种不同的配置。考虑前面 pause-minority 模式中提及的一种情形,node1 和 node2 部署在机架 A 上,而 node3 和 node4 部署在机架 B 上。此时配置{cluster_partition_handling, {pause_if_all_down, ['rabbit@node1', 'rabbit@node3'], ignore}},那么当机架 A 和机架 B 的通信出现异常时,由于 node1 和 node2 保持着通信,node3 和 node4 保持着通信,这 4 个节点都不会自行关闭,但是会形成两个分区,所以这样不能实现自动处理的功能。所以如果将配置中的 ignore 替换成 autoheal 就可以处理此种情形。

10.6.3 autoheal 模式

在 autoheal 模式下,当认为发生网络分区时,RabbitMQ 会自动决定一个获胜(winning)的分区,然后重启不在这个分区中的节点来从网络分区中恢复。一个获胜的分区是指客户端连接最多的分区,如果产生一个平局,即有两个或者多个分区的客户端连接数一样多,那么节点数最多的一个分区就是获胜分区。如果此时节点数也一样多,将以节点名称的字典序来挑选获胜分区,相关的源码[4]如代码清单 10-1 所示。

代码清单 10-1 autoheal 模式部分源码

---

[4] autoheal 的源码地址: https://github.com/rabbitmq/rabbitmq-server/blob/master/src/rabbit_autoheal.erl。

```
make_decision(AllPartitions)->
    Sorted = lists:sort([{partition_value(P),P} || P <- AllPartitions]),
    [[Winner | _] | Rest] = lists:reverse([P || {_, P} <- Sorted]),
    {Winner, lists:append(Rest)}.
partition_value(Partition) ->
    Connections = [Res || Node <- Partition,
                    Res <- [rpc:call(Node, rabbit_networking,
                            Connections_local,[])],
                    is_list(Res)],
    {length(lists:append(Connections)), length(Partition)}.
```

autoheal 模式参考配置如下：

```
[
    {
        rabbit, [
            {cluster_partition_handling, autoheal}
        ]
    }
].
```

对于 pause-minority 模式，关闭节点的状态是在网络故障时，也就是判定出 net_tick_timeout 之时，会关闭"少数派"分区中的节点，等待网络恢复之后，即判定出网络分区之后，启动关闭的节点来从网络分区中恢复。autoheal 模式在判定出 net_tick_timeout 之时不做动作，要等到网络恢复之时，在判定出网络分区之后才会有相应的动作，即重启非获胜分区中的节点。

注意要点：

在 autoheal 模式下，如果集群中有节点处于非运行状态，那么当发生网络分区的时候，将不会有任何自动处理的动作。源码中对此有相关说明：*To keep things simple, we assume all nodes are up. We don't start unless all nodes are up, and if a node goes down we abandon the whole process*。

10.6.4 挑选哪种模式

有一点必须要清楚，允许 RabbitMQ 能够自动处理网络分区并不一定会有正面的成效，也有可能会带来更多的问题。网络分区会导致 RabbitMQ 集群产生众多的问题，需要对遇到的问题做出一定的选择。就像本章开篇所说的，如果置 RabbitMQ 于一个不可靠的网络环境下，需要使用 Federation 或者 Shovel。就算从网络分区中恢复了之后，也要谨防发生二次网络分区。

每种模式都有自身的优缺点,没有哪种模式是万无一失的,希望根据实际情形做出相应的选择,下面简要概论以下 4 个模式。

- ignore 模式:发生网络分区时,不做任何动作,需要人工介入。
- pause-minority 模式:对于对等分区的处理不够优雅,可能会关闭所有的节点。一般情况下,可应用于非跨机架、奇数节点数的集群中。
- pause-if-all-down 模式:对于受信节点的选择尤为考究,尤其是在集群中所有节点硬件配置相同的情况下。此种模式可以处理对等分区的情形。
- autoheal 模式:可以处于各个情形下的网络分区。但是如果集群中有节点处于非运行状态,则此种模式会失效。

10.7 案例:多分区情形

为了简化说明,本章前面的讨论大多基于分成两个分区的情形。在实际应用中,如果集群中节点所在物理机是多网卡,当某节点网卡发生故障就有可能会发生多个分区的情形。

案例:集群中有 6 个节点,分别为 node1、node2、node3、node4、node5 和 node6,每个节点所在物理机都是 4 网卡(网卡名称分别为 eth0、eth1、eth2 和 eth3)配置,并采用 bind0[5] 的绑定模式。当 node6 的 eth0 故障之后,整个集群演变成为了 6 个分区,即每个节点为一个独立的分区。

网络分区之前,集群中的各个节点相互通信,如图 10-4 所示。为了简要说明,合理先只展示 node1、node3 和 node6 节点。如图 10-5 所示,三个节点两两互连。

---

[5] 关于多网卡的 bind 模式也是一门大学问,三言两语难以阐述其细节,有兴趣的读者可以自行翻阅相关资料,本章只阐述其引起多网络分区的细节。

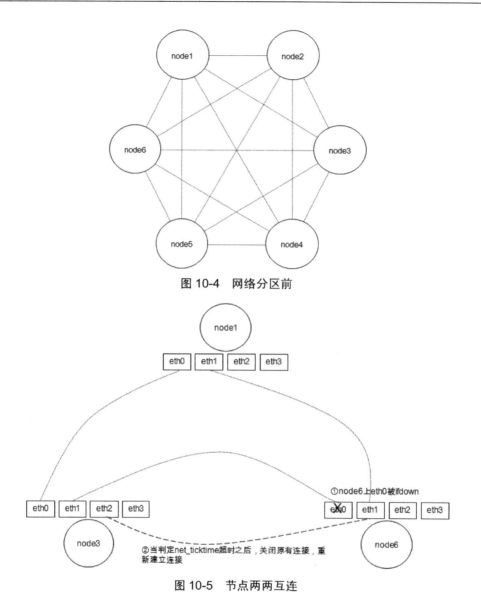

图 10-4　网络分区前

图 10-5　节点两两互连

若 node6 的网被关闭之后,对于 bond0 的网卡绑定模式,交换机无法感知 eth0 网卡的故障,但是 node6 节点能够感知本地 eth0 的故障。对于 node3 节点而言,其与 node6 的 eth0 网卡建立的长连接没有被关闭,node3 会向 node6 重试发送数据(TCP retransmission),但是 node6 节点无法回应。除非主动关闭或者等待长连接超时(默认为 7200s,即 2 小时),此条链路才会被关闭。

当 node6 网卡关闭之后,node1、node3 和 node6 有如下变化。

第一步，与 node6 上 eth0 相关的链路不通，node3 此时需要等待 `net_ticktime` 的超时。节点 node3 中的相关日志如下：

```
rabbit on node 'rabbit@node6' down
node 'rabbit@node6' down: net_tick_timeout
```

第二步，待超时之后，主动关闭连接。节点 node3 的相关日志如下：

```
node 'rabbit@node6' down: connection_closed
```

与此同时 Erlang 虚拟机尝试让 node3 与 node6 重新建立连接，由于 node6 上的其他网卡正常，最后 node3 和 node6 可以建立。

```
node 'rabbit@node6' up
```

第三步，判定 node3 和 node6 之间产生了网络分区。

```
Mnesia('rabbit@node3'): ** ERROR ** mnesia_event got {inconsistent_database, running_partitioned_network, 'rabbit@node6'}
```

到这里还没有结束，网络分区会继续演变。此时 node3 和 node1 还处于连通状态，同样 node6 和 node1 也处于连通状态。进一步查看 node3 的日志：

```
Partial partition detected:
 * We saw DOWN from rabbit@node6
 * We can still see rabbit@node1 which can see rabbit@node6
We will therefore intentionally disconnect from rabbit@node1
```

上面这段日志是说：node3 和 node6 之间发生了网络分区，但是 node3 又发现 node1 和 node6 内部通信还没有断，此时认为 node1 和 node6 处于同一个分区，那么 node3 就准备主动关闭与 node1 之间的内部通信，最后 node3 和 node1 之间也发生了分区。

与此同时，对于节点 node6 而言，node1 和 node3 还处于同一个分区，那么 node6 也要将 node1 置于 node6 本身的分区之外。最后 node1、node3 与 node6 都处于不同的网络分区。

到这里还是没有结束，继续查看 node1 中的日志可以发现：

```
=ERROR REPORT==== 16-Oct-2017::14:20:54 ===
Partial partition detected:
 * We saw DOWN from rabbit@node3
 * We can still see rabbit@node4 which can see rabbit@node3
We will therefore intentionally disconnect from rabbit@node4
=INFO REPORT==== 16- Oct -2017::14:20:55 ===
rabbit on node 'rabbit@node4' down
=INFO REPORT==== 16- Oct -2017::14:20:55 ===
```

```
node 'rabbit@node4' down: disconnect
=INFO REPORT==== 16- Oct -2017::14:20:55 ===
node 'rabbit@node4' up
=ERROR REPORT==== 16- Oct -2017::14:20:55 ===
Mnesia('rabbit@node1'): ** ERROR ** mnesia_event got
{inconsistent_database, running_partitioned_network, 'rabbit@node4
```

可以看到 node1 此时察觉到 node4 与 node3 之间还有内部通信交换，那么就会主动将 node4 剥离出自身的分区。如此演变，最终 node1、node2、node3、node4、node5 和 node6 处于 6 个不同的分区。

在此种故障下，如果选择自动处理网络分区会有什么不同的效果呢？对于 pause_if_all_down 模式而言，如果挑选 1 个节点作为受信节点，那么会重启剩余的 5 个节点以作恢复。对于 autoheal 同样如此，且查看日志可以发现，autoheal 会等网络分区判定之后罗列出所有分区信息，然后再重启非获胜分区中的节点，同样需要重启 5 个节点。然而对于 pause_minority 的配置而言，对此种情形的处理要优雅很多，当有节点检测到 net_tick_timeout 之后会自行重启当前节点，这样就阻止了网络分区进一步演变，且处理效率最高。

10.8 小结

本章主要阐述了网络分区的意义，如何查看和处理网络分区及网络分区所带来的影响。虽然前面的内容没有提及，但是对于网络分区的监控也尤为重要。首先，若发生网络分区，客户端有可能会报错，相关的日志检测机制可以示警，但是此时无法确定发生了网络分区，需要进一步分析，从而影响处理网络分区的实效性。当然也可以通过人工的方式查看 Web 管理界面或者使用 rabbitmqctl cluster_status 检测到网络分区的发生，但是这种非自动化的手段远非长久之计。真正可取的有两种方式：第一种是监测 /api/nodes 这个 HTTP API 接口所返回的 JSON 字符串中 partitions 项中是否有节点信息；第二种是监测 RabbitMQ 的服务日志是否有 Mnesia('rabbit@node1'): ** ERROR ** mnesia_event got {inconsistent_database, running_partitioned_network, 'rabbit@node2'} 类似的日志，可以参考 7.2 节。这两种方式都可以做成自动化的应用。附录 C 中展示了一张有关网络分区的思维导图，供读者参考。

第 11 章

RabbitMQ 扩展

有关 RabbitMQ 的概念介绍、结构模型、客户端应用等可以看作基础篇，有关 RabbitMQ 的管理、配置、运维等可以看作中级篇，而 RabbitMQ 的原理及网络分区的介绍可以看作高级篇，所陈述的都是 RabbitMQ 在运行时使用到的一些本体知识。而本章内容作为一个拾遗扩展，主要介绍 RabbitMQ 的消息追踪和服务端入站连接的负载均衡。

11.1 消息追踪

在使用任何消息中间件的过程中，难免会出现消息异常丢失的情况。对于 RabbitMQ 而言，可能是生产者与 Broker 断开了连接并且也没有任何重试机制；也可能是消费者在处理消息时发生了异常，不过却提前进行了 ack；甚至是交换器并没有与任何队列进行绑定，生产者感知不到或者没有采取相应的措施；另外 RabbitMQ 本身的集群策略也可能导致消息的丢失。这个时候就需要有一个良好的机制来跟踪记录消息的投递过程，以此协助开发或者运维人员快速地定位问题。

11.1.1 Firehose

在 RabbitMQ 中可以使用 Firehose 功能来实现消息追踪，Firehose 可以记录每一次发送或者消费消息的记录，方便 RabbitMQ 的使用者进行调试、排错等。

Firehose 的原理是将生产者投递给 RabbitMQ 的消息，或者 RabbitMQ 投递给消费者的消息按照指定的格式发送到默认的交换器上。这个默认的交换器的名称为 `amq.rabbitmq.trace`，它是一个 topic 类型的交换器。发送到这个交换器上的消息的路由键为 `publish.{exchangename}` 和 `deliver.{queuename}`。其中 exchangename 和 queuename 为交换器和队列的名称，分别对应生产者投递到交换器的消息和消费者从队列中获取的消息。

开启 Firehose 命令：`rabbitmqctl trace_on [-p vhost]`。其中`[-p vhost]`是可选参数，用来指定虚拟主机 vhost。对应的关闭命令为 `rabbitmqctl trace_off [-p vhost]`。Firehose 默认情况下处于关闭状态，并且 Firehose 的状态也是非持久化的，会在 RabbitMQ 服务重启的时候还原成默认的状态。Firehose 开启之后多少会影响 RabbitMQ 整体服务的性能，因为它会引起额外的消息生成、路由和存储。

下面我们举例说明 Firehose 的用法。需要做一下准备工作，确保 Firehose 处于开启状态，创建 7 个队列：queue、queue.another、queue1、queue2、queue3、queue4 和 queue5。之后再创

建 2 个交换器 exchange 和 exchange.another，分别通过路由键 rk 和 rk.another 与 queue 和 queue.another 进行绑定。最后将 `amq.rabbitmq.trace` 这个关键的交换器与 queue1、queue2、queue3、queue4 和 queue5 绑定，详细示意图可以参考图 11-1。

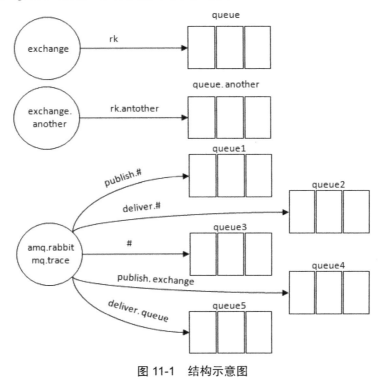

图 11-1　结构示意图

分别用客户端向 exchange 和 exchange.another 中发送一条消息 "trace test payload."，然后再用客户端消费队列 queue 和 queue.another 中的消息。

此时 queue1 中有 2 条消息，queue2 中有 2 条消息，queue3 中有 4 条消息，而 queue4 和 queue5 中只有 1 条消息。在向 exchange 发送 1 条消息后，`amq.rabbitmq.trace` 分别向 queue1、queue3 和 queue4 发送 1 条内部封装的消息。同样，在向 exchange.another 中发送 1 条消息之后，对应的队列 queue1 和 queue3 中会多 1 条消息。消费队列 queue 的时候，queue2、queue3 和 queue5 中会多 1 条消息；消费队列 queue.another 的时候，queue2 和 queue3 会多 1 条消息。"publish.#" 匹配发送到所有交换器的消息，"deliver.#" 匹配消费所有队列的消息，而 "#" 则包含了 "publish.#" 和 "deliver.#"。

在 Firehose 开启状态下，当有客户端发送或者消费消息时，Firehose 会自动封装相应的消息体，并添加详细的 `headers` 属性。对于前面的将"trace test payload."这条消息发送到交换器 exchange 来说，Firehore 会将其封装成如图 11-2 中所示的内容。

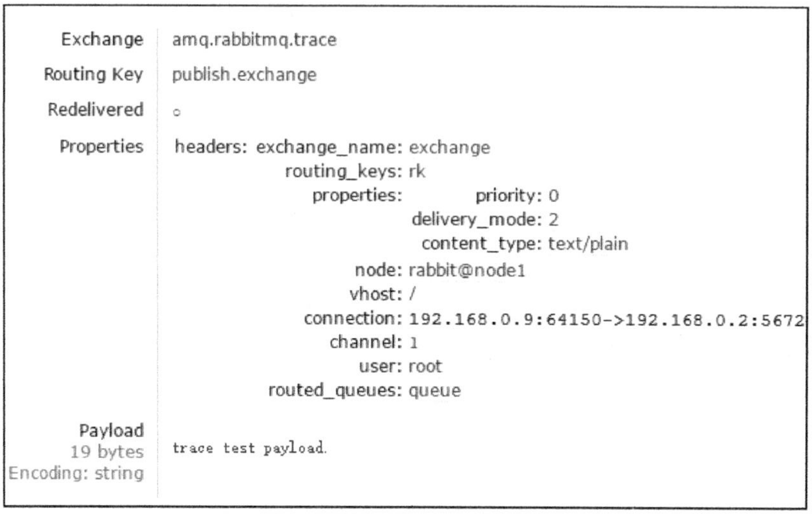

```
Exchange      amq.rabbitmq.trace
Routing Key   publish.exchange
Redelivered   ○
Properties    headers: exchange_name: exchange
                       routing_keys: rk
                       properties:       priority: 0
                                    delivery_mode: 2
                                     content_type: text/plain
                               node: rabbit@node1
                              vhost: /
                         connection: 192.168.0.9:64150->192.168.0.2:5672
                            channel: 1
                               user: root
                     routed_queues: queue
Payload
19 bytes      trace test payload.
Encoding: string
```

图 11-2　封装消息

在消费 queue 时，会将这条消息封装成如图 11-3 中所示的内容：

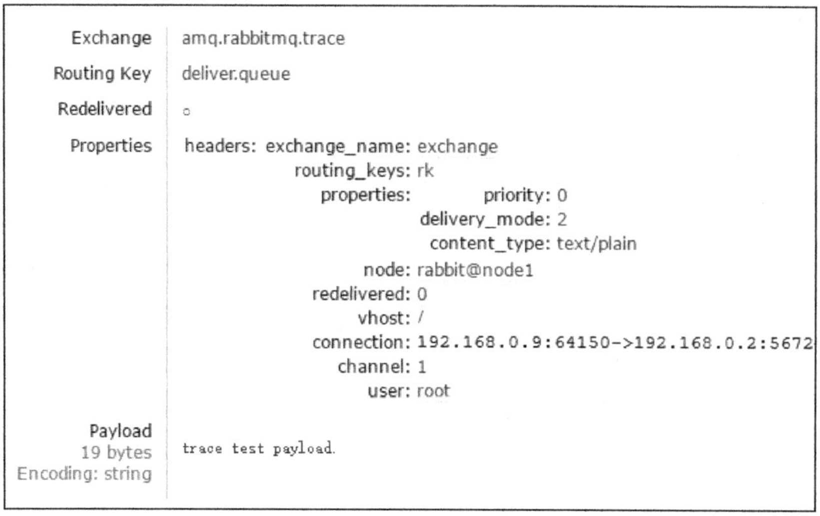

```
Exchange      amq.rabbitmq.trace
Routing Key   deliver.queue
Redelivered   ○
Properties    headers: exchange_name: exchange
                       routing_keys: rk
                       properties:       priority: 0
                                    delivery_mode: 2
                                     content_type: text/plain
                               node: rabbit@node1
                        redelivered: 0
                              vhost: /
                         connection: 192.168.0.9:64150->192.168.0.2:5672
                            channel: 1
                               user: root
Payload
19 bytes      trace test payload.
Encoding: string
```

图 11-3　封装消息（消费 queue 时）

headers 中的 exchange_name 表示发送此条消息的交换器；routing_keys 表示与 exchange_name 对应的路由键列表；properties 表示消息本身的属性，比如 delivery_mode 设置为 2 表示消息需要持久化处理。

11.1.2 rabbitmq_tracing 插件

rabbitmq_tracing 插件相当于 Firehose 的 GUI 版本，它同样能跟踪 RabbitMQ 中消息的流入流出情况。rabbitmq_tracing 插件同样会对流入流出的消息进行封装，然后将封装后的消息日志存入相应的 trace 文件之中。

可以使用 rabbitmq-plugins enable rabbitmq_tracing 命令来启动 rabbitmq_tracing 插件：

```
[root@node1 ~]# rabbitmq-plugins enable rabbitmq_tracing
The following plugins have been enabled:
rabbitmq_tracing
Applying plugin configuration to rabbit@node3... started 1 plugin.
```

对应的关闭插件的命令是 rabbitmq-plugins disable rabbitmq_tracing。

在 Web 管理界面 "Admin" 右侧原本只有 "Users"、"Virtual Hosts" 和 "Policies" 这个三 Tab 项，在添加 rabbitmq_tracing 插件之后，会多出 "Tracing" 这一项内容，如图 11-4 所示。

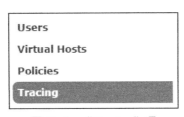

图 11-4 "Tracing" 项

可以在此 Tab 项中添加相应的 trace，如图 11-5 所示。

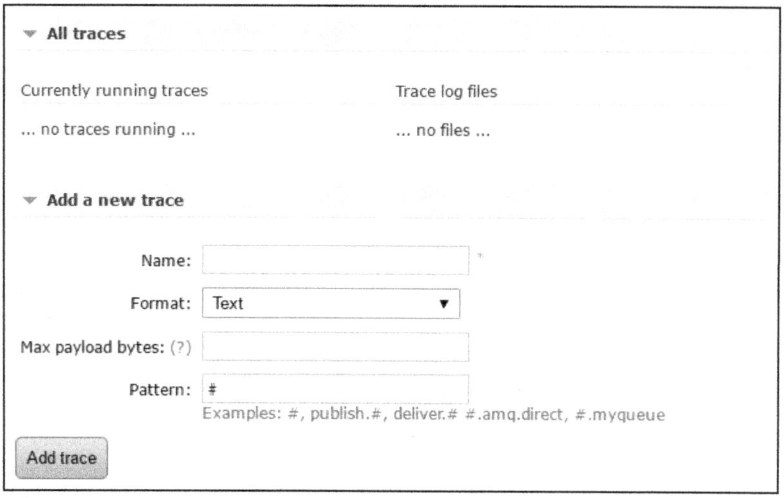

图 11-5　在 Tab 项中添加 trace

在添加完 trace 之后，会根据匹配的规则将相应的消息日志输出到对应的 trace 文件之中，文件的默认路径为`/var/tmp/rabbitmq-tracing`。可以在页面中直接点击“Trace log files”下面的列表直接查看对应的日志文件。

如图 11-6 所示，我们添加了两个 trace 任务。

Currently running traces

Name	Pattern	Format	Payload limit	Rate	Queued	
trace2	#	json	10	0.00/s	0 (queue)	Stop
trace1	#	text	10	0.00/s	0 (queue)	Stop

图 11-6　添加任务

与其相对应的 trace 文件如图 11-7 所示。

Trace log files

Name	Size	
trace2.log	631B	Delete
trace1.log	818B	Delete

图 11-7　对应的 trace 文件

再添加完相应的 trace 任务之后，会发现多了两个队列，如图 11-8 所示。

Overview			
Name	**Node**	Features	**State**
amq.gen-MoyvSKQau9udetl4lUdQZw	node1		idle
amq.gen-ZkJokY7JV1MDvzAvKz3O1g	node1		idle

图 11-8　多出了两个队列

就以第一个队列 amq.gen-MoyvSKQau9udetl4lUdQZw 而言，其所绑定的交换器就是 `amq.rabbitmq.trace`，如图 11-9 所示。

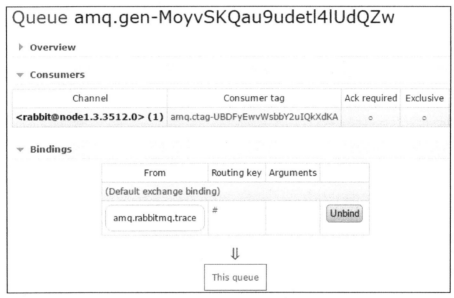

图 11-9　amq.gen-MoyvSKQau9udetl4lUdQZw 队列

由此可以看出整个 `rabbitmq_tracing` 插件和 Firehose 在实现上如出一辙，只不过 `rabbitmq_tracing` 插件比 Firehose 多了一层 GUI 的包装，更容易使用和管理。

再来补充说明图 11-5 中 `Name`、`Format`、`Max payload bytes`、`Pattern` 的具体含义。

`Name`，顾名思义，就是为即将创建的 trace 任务取个名称。

`Format` 表示输出的消息日志格式，有 Text 和 JSON 两种，Text 格式的日志方便人类阅读，JSON 的格式方便程序解析。

Text 格式的消息日志参考如下：

```
==============================================================
2017-10-24 9:37:04:412: Message published

Node:          rabbit@node1
Connection:    <rabbit@node1.3.3552.0>
Virtual host:  /
User:          root
Channel:       1
Exchange:      exchange
Routing keys:  [<<"rk">>]
Routed queues: [<<"queue">>]
Properties:    [{<<"delivery_mode">>,signedint,1},{<<"headers">>,table,[]}]
Payload:
trace test payload.
```

JSON 格式的消息日志参考如下：

```
{
    "timestamp": "2017-10-24 9:37:04:412",
    "type": "published",
    "node": "rabbit@node1",
    "connection": "<rabbit@node1.3.3552.0>",
    "vhost": "/",
    "user": "root",
    "channel": 1,
    "exchange": "exchange",
    "queue": "none",
    "routed_queues": [ "queue" ],
    "routing_keys": [ "rk" ],
    "properties": { "delivery_mode": 1, "headers": {} },
    "payload": "dHJhY2UgdGVzdCBwYXlsb2FkLg=="
}
```

JSON 格式的 payload（消息体）默认会采用 Base64 进行编码，如上面的"trace test payload."会被编码成"dHJhY2UgdGVzdCBwYXlsb2FkLg=="。

`Max payload bytes` 表示每条消息的最大限制，单位为 B。比如设置了此值为 10，那么当有超过 10B 的消息经过 RabbitMQ 流转时，在记录到 trace 文件时会被截断。如上 Text 日志格式中"trace test payload."会被截断成"trace test"。

`Pattern` 用来设置匹配的模式，和 Firehose 的类似。如"#"匹配所有消息流入流出的情况，即当有客户端生产消息或者消费消息的时候，会把相应的消息日志都记录下来；"publish.#"

匹配所有消息流入的情况；"deliver.#"匹配所有消息流出的情况。

11.1.3 案例：可靠性检测

由 7.1 节中的介绍可知，当生产者将消息发送到交换器时，实际上是由生产者所连接的信道将消息上的路由键同交换器的绑定列表比较，之后再路由消息到相应的队列进程中。那么在信道比对完绑定列表之后，将消息路由到队列并且保存的过程中，是否会由于 RabbitMQ 的内部缺陷而引起偶然性的消息丢失？如果你对此也有同样的疑问，就可以使用 RabbitMQ 的消息追踪机制来验证这一情况。大致思路：一个交换器通过同一个路由键绑定多个队列，生产者客户端采用同一个路由键发送消息到这个交换器中，检测其所绑定的队列中是否有消息丢失。

1. 具体测试案例准备细节

（1）在 RabbitMQ 集群开启 rabbitmq_tracing 插件。

（2）创建 1 个交换器 exchange 和 3 个队列：queue1、queue2、queue3，都用同一个路由键"rk"进行绑定。

（3）创建 3 个 trace：trace1、trace2、trace3 分别，采用"#.queue1"、"#.queue2"、"#.queue3"的 Pattern 来追踪从队列 queue1、queue2、queue3 中消费的消息。

（4）创建 1 个 trace：trace_publish 采用 publish.exchange 的 Pattern 来追踪流入交换器 exchange 的消息。

2. 验证过程

第一步，开启 1 个生产者线程，然后持续发送消息至交换器 exchange。消息的格式为"当前时间戳+自增计数"，如"1506067447530-726"，这样在检索到相应数据丢失时可以快速在 trace 日志中找到大致的地方。注意设置 mandatory 参数，防止消息路由不到对应的队列而造成对消息丢失的误判。在消息发送之前需要将消息以 [msg,QUEUE_NUM] 的形式存入一个全局的 msgMap 中，用来在消费端做数据验证。这里的 QUEUE_NUM 为 3，对应创建的 3 个队列。

对应的内部生产者线程类的细节如代码清单 11-1 所示。

代码清单 11-1　ProducerThread

```
private static HashMap<String, Integer> msgMap = new HashMap<String, Integer>();
//log2disk是用来记录测试程序的log日志的,当然可以使用log4j或logback等替代
private static BlockingQueue<String> log2disk = new
    LinkedBlockingQueue<String>();

public static class ProducerThread implements Runnable {
    private Connection connection;
    public ProducerThread(Connection connection) {
        this.connection = connection;
    }
    public void run() {
        try {
            Channel channel = connection.createChannel();
            channel.addReturnListener(new ReturnListener() {
                public void handleReturn(int replyCode, String replyText,
                    String exchange,
                    String routingKey, AMQP.BasicProperties properties,
                    byte[] body) throws IOException {
                    String errorInfo = "Basic.Return: " + new String(body)+"\n";
                    try {
                        log2disk.put(errorInfo);
                    } catch (InterruptedException e) {
                        e.printStackTrace();
                    }
                    System.out.println(errorInfo);
                }
            });
            int count=0;
            while (true) {
                String message = new Date().getTime() + "-" + count++;
                synchronized (msgMap){
                    msgMap.put(message, QUEUE_NUM);
                }
                channel.basicPublish(exchange, routingKey, true,
                        MessageProperties.PERSISTENT_TEXT_PLAIN,
                        message.getBytes());
                try {
                    //QPS=10,这里的QPS限定可以自适应调节
                    //当然QPS不宜过高,防止队列堆积严重
                    TimeUnit.MILLISECONDS.sleep(100);
                } catch (InterruptedException e) {
                    e.printStackTrace();
                }
```

```
            }
        } catch (IOException e) {
            e.printStackTrace();
        }
    }
}
```

注意代码里的存储消息的动作一定要在发送消息之前,如果在代码清单 11-1 中调换顺序,生产者线程在发送完消息之后,并抢占到 msgMap 的对象锁之前,消费者就有可能消费到相应的数据,此时 msgMap 中并没有相应的消息,这样会误报错误,如代码清单 11-2 所示。

代码清单 11-2

```
// error demo. don't do this....
channel.basicPublish(exchange, routingKey, true,
    MessageProperties.PERSISTENT_TEXT_PLAIN,
                message.getBytes());
synchronized (msgMap){
    msgMap.put(message, QUEUE_NUM);
}
```

第二步,开启 3 个消费者线程分别消费队列 queue1、queue2、queue3 的消息,从存储的 msgMap 中寻找是否有相应的消息。如果有,则将消息对应的 value 计数减 1,如果 value 计数为 0,则从 Map 中删除此条消息;如果没有找到这条消息则报错。对应的内部消费线程类的实现细节如代码清单 11-3 所示。

代码清单 11-3 ConsumerThread

```
public static class ConsumerThread implements Runnable {
    private Connection connection;
    private String queue;
    public ConsumerThread(Connection connection, String queue) {
        this.connection = connection;
        this.queue = queue;
    }
    public void run() {
        try {
            final Channel channel = connection.createChannel();
            channel.basicQos(64);
            channel.basicConsume(this.queue, new DefaultConsumer(channel){
                public void handleDelivery(String consumerTag,
                                Envelope envelope,
                                AMQP.BasicProperties properties,
                                byte[] body) throws IOException{
                    String msg = new String(body);
```

```
                synchronized (msgMap) {
                    if (msgMap.containsKey(msg)) {
                        int count = msgMap.get(msg);
                        count--;
                        if (count > 0) {
                            msgMap.put(msg, count);
                        }else {
                            msgMap.remove(msg);
                        }
                    }
                    else{
                        String errorInfo = "unknown msg : " + msg+"\n";
                        try {
                            log2disk.put(errorInfo);
                            System.out.println(errorInfo);
                        } catch (InterruptedException e) {
                            e.printStackTrace();
                        }
                    }
                }
                channel.basicAck(envelope.getDeliveryTag(), false);
            }
        });
    } catch (IOException e) {
        e.printStackTrace();
    }
}
```

第三步，开启一个检测进程，每隔 10 分钟检测 msgMap 中的数据。由前面的描述可知 msgMap 中的键就是消息，而消息中有时间戳的信息，那么可以将这个时间戳与当前的时间戳进行对比，如果发现差值超过 10 分钟，这说明可能有消息丢失。这个结论的前提是队列中基本没有堆积，并且前面的生产和消费代码同时运行时可以保证消费消息的速度不会低于生产消息的速度。对应的检测程序如代码清单 11-4 所示。

代码清单 11-4　DetectThread

```
public static class DetectThread implements Runnable {
    public void run() {
        while (true) {
            try {
                TimeUnit.MINUTES.sleep(10);
            } catch (InterruptedException e) {
                e.printStackTrace();
            }
```

```java
            synchronized (msgMap) {
                if (msgMap.size() > 0) {
                    long now = new Date().getTime();
                    for (Map.Entry<String, Integer> entry : msgMap.entrySet()) {
                        String msg = entry.getKey();
                        if (now - parseTime(msg) >= 10 * 60 * 1000) {
                            String findLossInfo = "We find loss msg:
                            " + msg + " ,now the time
                            is: " + now + ", and this msg still has "+
                            entry.getValue()+" missed"+"\n";
                            try {
                                log2disk.put(findLossInfo);
                                System.out.println(findLossInfo);
                                msgMap.remove(msg);
                            } catch (InterruptedException e) {
                                e.printStackTrace();
                            }
                        }
                    }
                }
            }
        }

    public static Long parseTime(String msg) {
        int index = msg.indexOf('-');
        String timeStr = msg.substring(0, index);
        Long time = Long.parseLong(timeStr);
        return time;
    }
}
```

如果检测到 msgMap 中有消息超过 10 分钟没有被处理,此时还不能证明有数据丢失,这里就需要用到了 trace。如果看到[msg,count]这条数据中有以下情况:

- 考虑 count=3 的情况。需要检索 trace 文件 trace_publish.log 来进一步验证。如果 trace_publish.log 中没有搜索到相应的消息则说明消息未发生到交换器 exchange 中;如果 trace_publish.log 中检索到相应的消息,那么可以进一步检索 trace1.log、trace2.log 和 trace3.log 来进行验证,如果这 3 个 trace 文件中不是全部都有此条消息,则验证了本节开头所述的消息丢失现象。

- 考虑 0<count<3 的情况。需要检索 trace1.log、trace2.log 和 trace3.log 来进一步验证,如果这 3 个 trace 文件中不是全部都有此条消息,则验证了本节开篇所述的消息丢失问题。

- 考虑 count=0 的情况。说明检测程序异常，可以忽略。

这里补充主线程的部分代码如代码清单 11-5 所示。注意这里有个 `PrintLogThread` 的线程，此线程主要用来读取 `log2disk` 这个 `BlockingQueue` 中所存储的异常日志然后进行存盘处理，当然这个功能完全可以用 log4j 或者 logback 等第三方日志工具替代，原理比较简单，在此不做代码展示。

代码清单 11-5　主线程部分代码展示

```
Connection connection = connectionFactory.newConnection();
PrintLogThread printLogThread = new PrintLogThread(logFileAddr);
ProducerThread producerThread = new ProducerThread(connection);
ConsumerThread consumerThread1 = new ConsumerThread(connection, "queue1");
ConsumerThread consumerThread2 = new ConsumerThread(connection, "queue2");
ConsumerThread consumerThread3 = new ConsumerThread(connection, "queue3");
DetectThread detectThread = new DetectThread();
System.out.println("starting check msg loss....");
ExecutorService executorService = Executors.newCachedThreadPool();
executorService.submit(printLogThread);
executorService.submit(producerThread);
executorService.submit(consumerThread1);
executorService.submit(consumerThread2);
executorService.submit(consumerThread3);
executorService.submit(detectThread);
executorService.shutdown();
```

11.2　负载均衡

面对大量业务访问、高并发请求，可以使用高性能的服务器来提升 RabbitMQ 服务的负载能力。当单机容量达到极限时，可以采取集群的策略来对负载能力做进一步的提升，但这里还存在一个负载不均衡的问题。试想如果一个集群中有 3 个节点，那么所有的客户端都与其中的单个节点 node1 建立 TCP 连接，那么 node1 的网络负载必然会大大增加而显得难以承受，其他节点又由于没有那么多的负载而造成硬件资源的浪费，所以负载均衡显得尤为重要。

对于 RabbitMQ 而言，客户端与集群建立的 TCP 连接不是与集群中所有的节点建立连接，而是挑选其中一个节点建立连接。如图 11-10 所示，在引入了负载均衡之后，各个客户端的连接可以分摊到集群的各个节点之中，进而避免了前面所讨论的缺陷。

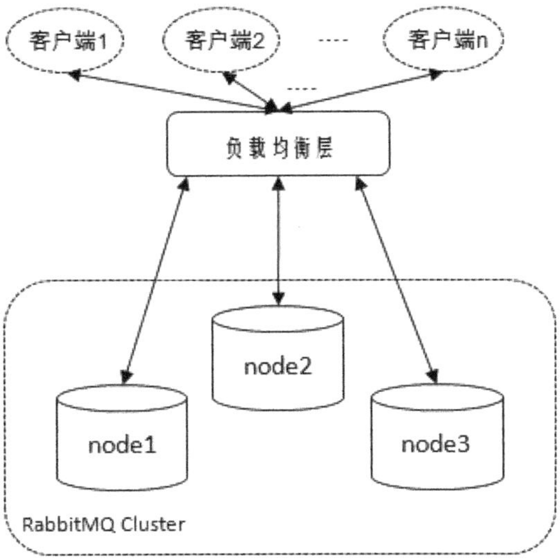

图 11-10　引入负载均衡

负载均衡（Load balance）是一种计算机网络技术，用于在多个计算机（计算机集群）、网络连接、CPU、磁盘驱动器或其他资源中分配负载，以达到最佳资源使用、最大化吞吐率、最小响应时间及避免过载的目的。使用带有负载均衡的多个服务器组件，取代单一的组件，可以通过冗余提高可靠性。

负载均衡通常分为软件负载均衡和硬件负载均衡两种。

软件负载均衡是指在一个或者多个交互的网络系统中的多台服务器上安装一个或多个相应的负载均衡软件来实现的一种均衡负载技术。软件可以很方便地安装在服务器上，并且实现一定的均衡负载功能。软件负载均衡技术配置简单、操作也方便，最重要的是成本很低。

硬件负载均衡是指在多台服务器间安装相应的负载均衡设备，也就是负载均衡器（如 F5）来完成均衡负载技术，与软件负载均衡技术相比，能达到更好的负载均衡效果。由于硬件负载均衡技术需要额外增加负载均衡器，成本比较高，所以适用于流量高的大型网站系统。

这里主要讨论的是如何有效地对 RabbitMQ 集群使用软件负载均衡技术，目前主流的方式有在客户端内部实现负载均衡，或者使用 HAProxy、LVS 等负载均衡软件来实现。

11.2.1 客户端内部实现负载均衡

对于 RabbitMQ 而言可以在客户端连接时简单地使用负载均衡算法来实现负载均衡。负载均衡算法有很多种，主流的有以下几种。

1. 轮询法

将请求按顺序轮流地分配到后端服务器上，它均衡地对待后端的每一台服务器，而不关心服务器实际的连接数和当前的系统负载。

如代码清单 11-6 所示，如果多个客户端需要连接到这个有 3 个节点的 RabbitMQ 集群，可以调用 `RoundRobin.getConnectionAddress()` 来获取相应的连接地址。

代码清单 11-6　轮询法

```java
public class RoundRobin {
    private static List<String> list = new ArrayList<String>(){{
        add("192.168.0.2");
        add("192.168.0.3");
        add("192.168.0.4");
    }};
    private static int pos = 0;
    private static final Object lock = new Object();
    public static String getConnectionAddress(){
        String ip = null;
        synchronized (lock) {
            ip = list.get(pos);
            if (++pos >= list.size()) {
                pos = 0;
            }
        }
        return ip;
    }
}
```

2. 加权轮询法

不同的后端服务器的配置可能和当前系统的负载并不相同，因此它们的抗压能力也不相同。给配置高、负载低的机器配置更高的权重，让其处理更多的请求；而配置低、负载高的集群，给其分配较低的权重，降低其系统负载，加权轮询能很好地处理这一问题，并将请求顺序和权重分配到后端。

3. 随机法

通过随机算法，根据后端服务器的列表大小值来随机选取其中的一台服务器进行访问。由概率统计理论可以得知，随着客户端调用服务端的次数增多，其实际效果越来越接近于平均分配调用量到后端的每一台服务器，也就是轮询的结果。对应的示例如代码清单 11-7 所示。

代码清单 11-7　随机法

```
public class RandomAccess {
    private static List<String> list = new ArrayList<String>(){{
        add("192.168.0.2");
        add("192.168.0.3");
        add("192.168.0.4");
    }};
    public static String getConnectionAddress(){
        Random random = new Random();
        int pos = random.nextInt(list.size());
        return list.get(pos);
    }
}
```

4. 加权随机法

与加权轮询法一样，加权随机法也根据后端机器的配置、系统的负载分配不同权重。不同的是，它按照权重随机请求后端服务器，而非顺序。

5. 源地址哈希法

源地址哈希的思想是根据获取的客户端 IP 地址，通过哈希函数计算得到的一个数值，用该数值对服务器列表的大小进行取模运算，得到的结果便是客户端要访问服务器的序号。采用源地址哈希法进行负载均衡，同一 IP 地址的客户端，当后端服务器列表不变时，它每次都会映射到同一台后端服务器进行访问。对应的示例如代码清单 11-8 所示。

代码清单 11-8　源地址 Hash

```
public class IpHash {
    private static List<String> list = new ArrayList<String>(){{
```

```
        add("192.168.0.2"); add("192.168.0.3"); add("192.168.0.4");
    }};
    public static String getConnectionAddress() throws UnknownHostException {
        int ipHashCode =
            InetAddress.getLocalHost().getHostAddress().hashCode();
        int pos = ipHashCode % list.size();
        return list.get(pos);
    }
}
```

6. 最小连接数法

最小连接数算法比较灵活和智能,由于后端服务器的配置不尽相同,对于请求的处理有快有慢,它根据后端服务器当前的连接情况,动态地选取其中当前积压连接数最少的一台服务器来处理当前的请求,尽可能地提高后端服务的利用效率,将负载合理地分流到每一台服务器。

有关于加权轮询法、加权随机法和最小连接数法的实现也并不复杂,这里就留给读者自己动手实践一下。

11.2.2 使用 HAProxy 实现负载均衡

HAProxy 提供高可用性、负载均衡及基于 TCP 和 HTTP 应用的代理,支持虚拟主机,它是免费、快速并且可靠的一种解决方案,包括 Twitter、Reddit、StackOverflow、GitHub 在内的多家知名互联网公司在使用。HAProxy 实现了一种事件驱动、单一进程模型,此模型支持非常大的并发连接数。

1. 安装 HAProxy

首先需要去 HAProxy 的官网下载 HAProxy 的安装文件,目前最新的版本为 haproxy-1.7.8.tar.gz。下载地址为 http://www.haproxy.org/#down,相关文档地址为 http://www.haproxy.org/#doc1.7。

将 haproxy-1.7.8.tar.gz 复制至/opt 目录下,与 RabbitMQ 存放在同一个目录中,之后进行解压缩:

```
[root@node1 opt]# tar zxvf haproxy-1.7.8.tar.gz
```

将源码解压之后，需要运行 make 命令来将 HAProxy 编译为可执行程序。在执行 make 之前需要先选择目标平台，通常对于 UNIX 系的操作系统可以选择 TARGET=generic。下面是详细操作：

```
[root@node1 opt]# cd haproxy-1.7.8
[root@node1 haproxy-1.7.8]# make TARGET=generic
gcc -Iinclude -Iebtree -Wall  -O2 -g -fno-strict-aliasing
    -Wdeclaration-after-statement -fwrapv
-DTPROXY -DENABLE_POLL
-DCONFIG_HAPROXY_VERSION=\"1.7.8\"
-DCONFIG_HAPROXY_DATE=\"2017/07/07\" \
   -DBUILD_TARGET='"generic"' \
   -DBUILD_ARCH='""' \
   -DBUILD_CPU='"generic"' \
   -DBUILD_CC='"gcc"' \
   -DBUILD_CFLAGS='"-O2 -g -fno-strict-aliasing -Wdeclaration-after-statement
       -fwrapv"' \
   -DBUILD_OPTIONS='""' \
   -c -o src/haproxy.o src/haproxy.c
gcc -Iinclude -Iebtree -Wall  -O2 -g -fno-strict-aliasing
    -Wdeclaration-after-statement -fwrapv...
…
gcc  -g -o haproxy src/haproxy.o src/base64.o src/protocol.o src/uri_auth.o ...
```

编译完目录下有名为"haproxy"的可执行文件。之后在/etc/profile 中加入 haproxy 的路径，内容如下：

```
export PATH=$PATH:/opt/haproxy-1.7.8/haproxy
```

最后执行 source/etc/profile 让此环境变量生效。

2. 配置 HAProxy

HAProxy 使用单一配置文件来定义所有属性，包括从前端 IP 到后端服务器。代码清单 11-9 展示了用于 3 个 RabbitMQ 节点组成集群的负载均衡配置。

配置相关环境说明如下所述。

◆ HAProxy 主机：192.168.0.9 5671。

◆ RabbitMQ 1：192.168.02 5672。

- RabbitMQ 2：192.168.03 5672。

- RabbitMQ 3：192.168.04 5672。

代码清单 11-9　HAProxy 的配置

```
#全局配置
global
        #日志输出配置，所有日志都记录在本机，通过 local0 输出
        log 127.0.0.1 local0 info
        #最大连接数
        maxconn 4096
        #改变当前的工作目录
        chroot /opt/haproxy-1.7.8
        #以指定的 UID 运行 haproxy 进程
        uid 99
        #以指定的 GID 运行 haproxy 进程
        gid 99
        #以守护进程方式运行 haproxy #debug #quiet
        daemon
        #debug
        #当前进程 pid 文件
        pidfile /opt/haproxy-1.7.8/haproxy.pid

#默认配置
defaults
        #应用全局的日志配置
        log global
        #默认的模式 mode{tcp|http|health}
        #TCP 是 4 层，HTTP 是 7 层，health 只返回 OK
        mode tcp
        #日志类别 tcplog
        option tcplog
        #不记录健康检查日志信息
        option dontlognull
        #3 次失败则认为服务不可用
        retries 3
        #每个进程可用的最大连接数
        maxconn 2000
        #连接超时
        timeout connect 5s
        #客户端超时
        timeout client 120s
        #服务端超时
        timeout server 120s

#绑定配置
```

```
listen rabbitmq_cluster :5671
       #配置TCP模式
       mode tcp
       #简单的轮询
       balance roundrobin
       #RabbitMQ集群节点配置
       server rmq_node1 192.168.0.2:5672 check inter 5000 rise 2 fall 3 weight 1
       server rmq_node2 192.168.0.3:5672 check inter 5000 rise 2 fall 3 weight 1
       server rmq_node3 192.168.0.4:5672 check inter 5000 rise 2 fall 3 weight 1

#haproxy监控页面地址
listen monitor :8100
       mode http
       option httplog
       stats enable
       stats uri /stats
       stats refresh 5s
```

在前面的配置中 "`listen rabbitmq_cluster :5671`" 定义了客户端的端口号以及隐式包含了客户端所连接的 IP 地址。这里配置的负载均衡算法是 roundrobin，注意 roundrobin 是加权轮询。

和 RabbitMQ 最相关的是 "`server rmq_node1 192.168.0.2:5672 check inter 5000 rise 2 fall 3 weight 1`" 此类型的 3 条配置，它定义了 RabbitMQ 服务的负载均衡细节，其中包含 6 个部分。

（1）`server <name>`：定义 RabbitMQ 服务的内部标识，注意这里的 "rmq_node1" 是指包含有含义的字符串名称，不是指 RabbitMQ 的节点名称。

（2）`<ip>:<port>`：定义 RabbitMQ 服务连接的 IP 地址和端口号。

（3）`check inter <value>`：定义每隔多少毫秒检查 RabbitMQ 服务是否可用。

（4）`rise <value>`：定义 RabbitMQ 服务在发生故障之后，需要多少次健康检查才能被再次确认可用。

（5）`fall <value>`：定义需要经历多少次失败的健康检查之后，HAProxy 才会停止使用此 RabbitMQ 服务。

（6）`weight <value>`：定义当前 RabbitMQ 服务的权重。

代码清单 11-9 中最后一段配置定义的是 HAProxy 的数据统计页面。数据统计页面包含各个服务节点的状态、连接、负载等信息。在调用 `haproxy -f haproxy.cfg` 命令运行 HAProxy

服务之后,可以在浏览器上输入 http://192.168.0.9:8100/stats 来加载相关的页面,如图 11-11 所示。

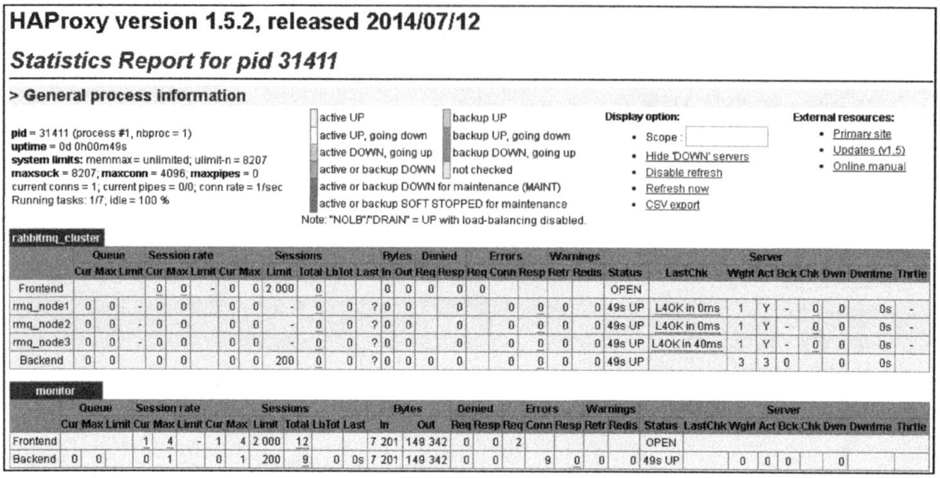

图 11-11　HAProxy 的数据统计页面

11.2.3　使用 Keepalived 实现高可靠负载均衡

试想如果前面配置的 HAProxy 主机 192.168.0.9 突然宕机或者网卡失效,那么虽然 RabbitMQ 集群没有任何故障,但是对于外界的客户端来说所有的连接都会被断开,结果将是灾难性的。确保负载均衡服务的可靠性同样显得十分重要。这里就需要引入 Keepalived 工具,它能够通过自身健康检查、资源接管功能做高可用(双机热备),实现故障转移。

Keepalived 采用 VRRP(Virtual Router Redundancy Protocol,虚拟路由冗余协议),以软件的形式实现服务的热备功能。通常情况下是将两台 Linux 服务器组成一个热备组(Master 和 Backup),同一时间内热备组只有一台主服务器 Master 提供服务,同时 Master 会虚拟出一个公用的虚拟 IP 地址,简称 VIP。这个 VIP 只存在于 Master 上并对外提供服务。如果 Keepalived 检测到 Master 宕机或者服务故障,备份服务器 Backup 会自动接管 VIP 并成为 Master,Keepalived 将原 Master 从热备组中移除。当原 Master 恢复后,会自动加入到热备组,默认再抢占成为 Master,起到故障转移的功能。

第 11 章 RabbitMQ 扩展

Keepalived 工作在 OSI[1] 模型中的第 3 层、第 4 层和第 7 层。

工作在第 3 层是指 Keepalived 会定期向热备组中的服务器发送一个 ICMP 数据包来判断某台服务器是否故障，如果故障则将这台服务器从热备组移除。

工作在第 4 层是指 Keepalived 以 TCP 端口的状态判断服务器是否故障，比如检测 RabbitMQ 的 5672 端口，如果故障则将这台服务器从热备组中移除。

工作在第 7 层是指 Keepalived 根据用户设定的策略（通常是一个自定义的检测脚本）判断服务器上的程序是否正常运行，如果故障将这台服务器从热备组移除。

1. Keepalived 的安装

首先需要去 Keepalived 的官网下载安装文件，目前最新的版本为 `keepalived-1.3.5.tar.gz`，下载地址为 http://www.keepalived.org/download.html。

将 `keepalived-1.3.5.tar.gz` 解压并安装，详细步骤如下：

```
[root@node1 ~]# tar zxvf keepalived-1.3.5.tar.gz
[root@node1 ~]# cd keepalived-1.3.5
[root@node1 keepalived-1.3.5]# ./configure --prefix=/opt/keepalived --with-
    init=SYSV
#注：(upstart|systemd|SYSV|SUSE|openrc) #根据你的系统选择对应的启动方式
[root@node1 keepalived-1.3.5]# make
[root@node1 keepalived-1.3.5]# make install
```

之后将安装过后的 Keepalived 加入系统服务中，详细步骤如下（注意千万不要输错命令）：

```
#复制启动脚本到/etc/init.d/下
[root@node1 ~]# cp /opt/keepalived/etc/rc.d/init.d/keepalived /etc/init.d/
[root@node1 ~]# cp /opt/keepalived/etc/sysconfig/keepalived /etc/sysconfig
[root@node1 ~]# cp /opt/keepalived/sbin/keepalived /usr/sbin/
[root@node1 ~]# chmod +x /etc/init.d/keepalived
[root@node1 ~]# chkconfig --add keepalived
[root@node1 ~]# chkconfig keepalived on
#Keepalived默认会读取/etc/keepalived/keepalived.conf 配置文件
[root@node1 ~]# mkdir /etc/keepalived
[root@node1 ~]# cp /opt/keepalived/etc/keepalived/keepalived.conf
    /etc/keepalived/
```

---

[1] OSI 模型，即开放式通信系统互联参考模型（Open System Interconnection,OSI/RM,Open Systems Interconnection Reference Model），是国际标准化组织（ISO）提出的一个试图使各种计算机在世界范围内互连为网络的标准框架，简称 OSI。

执行完之后就可以使用如下命令来重启、启动、关闭和查看 keepalived 状态：

```
service keepalived restart
service keepalived start
service keepalived stop
service keepalived status
```

2. 配置

在安装的时候我们已经创建了 /etc/keepalived 目录，并将 keepalived.conf 配置文件复制到此目录下，如此 Keepalived 便可以读取这个默认的配置文件了。如果要将 Keepalived 与前面的 HAProxy 服务结合起来需要更改 /etc/keepalived/keepalived.conf 这个配置文件，在此之前先来看看本次配置需要完成的详情及目标。

如图 11-12 所示，两台 Keepalived 服务器之间通过 VRRP 进行交互，对外部虚拟出一个 VIP 为 192.168.0.10。Keepalived 与 HAProxy 部署在同一台机器上，两个 Keepalived 服务实例匹配两个 HAProxy 服务实例，这样通过 Keeaplived 实现 HAProxy 的双机热备。所以在上一节的 192.168.0.9 的基础之上，还要再部署一台 HAProxy 服务，IP 地址为 192.168.0.8。

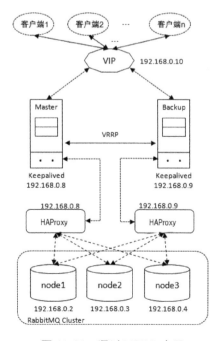

图 11-12　通过 VRRP 交互

整条调用链路为：客户端通过 VIP 建立通信链路；通信链路通过 Keeaplived 的 Master 节点路由到对应的 HAProxy 之上；HAProxy 通过负载均衡算法将负载分发到集群中的各个节点之上。正常情况下客户端的连接通过图 11-12 中左侧部分进行负载分发。当 Keepalived 的 Master 节点挂掉或者 HAProxy 挂掉无法恢复时，Backup 提升为 Master，客户端的连接通过图 11-12 中右侧部分进行负载分发。

接下来我们要修改 /etc/keepalived/keepalived.conf 文件，在 Keepalived 的 Master 上配置详情如下：

```
#Keepalived 配置文件
global_defs {
        router_id NodeA                 #路由 ID、主/备的 ID 不能相同
}
#自定义监控脚本
vrrp_script chk_haproxy {
        script "/etc/keepalived/check_haproxy.sh"
        interval 5
        weight 2
}
vrrp_instance VI_1 {
        state MASTER    #Keepalived 的角色。Master 表示主服务器，从服务器设置为 BACKUP
        interface eth0          #指定监测网卡
        virtual_router_id 1
        priority 100            #优先级，BACKUP 机器上的优先级要小于这个值
        advert_int 1            #设置主备之间的检查时间，单位为 s
        authentication {        #定义验证类型和密码
                auth_type PASS
                auth_pass root123
        }
        track_script {
                chk_haproxy
        }
        virtual_ipaddress {     #VIP 地址，可以设置多个:
                192.168.0.10
        }
}
```

Backup 中的配置大致和 Master 中的相同，不过需要修改 global_defs{}的 router_id，比如设置为 "NodeB"；其次要修改 vrrp_instance VI_1{}中的 state 为 "BACKUP"；最后要将 priority 设置为小于 100 的值。注意 Master 和 Backup 中的 virtual_router_id 要保持一致。下面简要地展示一下 Backup 的配置：

```
global_defs {
        router_id NodeB
}
vrrp_script chk_haproxy {
        ...
}
vrrp_instance VI_1 {
        state BACKUP
        ...
        priority 50
        ...
}
```

为了防止 HAProxy 服务挂掉之后 Keepalived 还在正常工作而没有切换到 Backup 上，所以这里需要编写一个脚本来检测 HAProxy 服务的状态。当 HAProxy 服务挂掉之后该脚本会自动重启 HAProxy 的服务，如果不成功则关闭 Keepalived 服务，如此便可以切换到 Backup 继续工作。这个脚本就对应了上面配置 `vrrp_script chk_haproxy{}` 中的 `script` 对应的值，`/etc/keepalived/check_haproxy.sh` 的内容如下所示（记得添加可执行权限）。

```
#!/bin/bash
if [ $(ps -C haproxy --no-header | wc -l) -eq 0 ];then
        haproxy -f /opt/haproxy-1.7.8/haproxy.cfg
fi
sleep 2
if [ $(ps -C haproxy --no-header | wc -l) -eq 0 ];then
        service keepalived stop
fi
```

如此配置好之后，使用 `service keepalived start` 命令启动 192.168.0.8 和 192.168.0.9 中的 Keepalived 服务即可。之后客户端的应用可以通过 192.168.0.10 这个 IP 地址来接通 RabbitMQ 服务。

3. 查看 Keepalived 运行情况

可以通过 `tail -f /var/log/messages -n 200` 命令查看相应的 Keepalived 日志输出。Master 启动日志如下：

```
Oct 4 23:01:51 node1 Keepalived[30553]: Starting Keepalived v1.3.5 (03/19,2017), git commit v1.3.5-6-g6fa32f2
Oct 4 23:01:51 node1 Keepalived[30553]: Unable to resolve default script username 'keepalived_script' - ignoring
Oct 4 23:01:51 node1 Keepalived[30553]: Opening file
```

```
'/etc/keepalived/keepalived.conf'.
    Oct 4 23:01:51 node1 Keepalived[30554]: Starting Healthcheck child process,
pid=30555
    Oct 4 23:01:51 node1 Keepalived[30554]: Starting VRRP child process, pid=30556
    Oct 4 23:01:51 node1 Keepalived_healthcheckers[30555]: Opening file
'/etc/keepalived/keepalived.conf'.
    Oct 4 23:01:51 node1 Keepalived_vrrp[30556]: Registering Kernel netlink reflector
    Oct 4 23:01:51 node1 Keepalived_vrrp[30556]: Registering Kernel netlink command
channel
    Oct 4 23:01:51 node1 Keepalived_vrrp[30556]: Registering gratuitous ARP shared
channel
    Oct 4 23:01:51 node1 Keepalived_vrrp[30556]: Opening file
'/etc/keepalived/keepalived.conf'.
    Oct 4 23:01:51 node1 Keepalived_vrrp[30556]: VRRP_Instance(VI_1) removing
protocol VIPs.
    Oct 4 23:01:51 node1 Keepalived_vrrp[30556]: SECURITY VIOLATION - scripts are
being executed but script_security not enabled.
    Oct 4 23:01:51 node1 Keepalived_vrrp[30556]: Using LinkWatch kernel netlink
reflector...
    Oct 4 23:01:51 node1 Keepalived_vrrp[30556]: VRRP sockpool: [ifindex(2),
proto(112), unicast(0), fd(10,11)]
    Oct 4 23:01:51 node1 Keepalived_vrrp[30556]: VRRP_Instance(VI_1) Transition to
MASTER STATE
    Oct 4 23:01:52 node1 Keepalived_vrrp[30556]: VRRP_Instance(VI_1) Entering MASTER
STATE
    Oct 4 23:01:52 node1 Keepalived_vrrp[30556]: VRRP_Instance(VI_1) setting
protocol VIPs.
```

Master 启动之后可以通过 `ip add show` 命令查看添加的 VIP（加粗部分，Backup 节点是没有 VIP 的）：

```
[root@node1 ~]# ip add show
1: lo: <LOOPBACK,UP,LOWER_UP> mtu 65536 qdisc noqueue state UNKNOWN
    link/loopback 00:00:00:00:00:00 brd 00:00:00:00:00:00
    inet 127.0.0.1/8 scope host lo
    inet6 ::1/128 scope host
       valid_lft forever preferred_lft forever
2: eth0: <BROADCAST,MULTICAST,UP,LOWER_UP> mtu 1450 qdisc pfifo_fast state UP
    qlen 1000
    link/ether fa:16:3e:5e:7a:f7 brd ff:ff:ff:ff:ff:ff
    inet 192.168.0.8/18 brd 10.198.255.255 scope global eth0
    inet 192.168.0.10/32 scope global eth0
    inet6 fe80::f816:3eff:fe5e:7af7/64 scope link
       valid_lft forever preferred_lft forever
```

在 Master 节点执行 `service keepalived stop` 模拟异常关闭的情况，观察 Master 的

日志：

```
Oct 4 22:58:32 node1 Keepalived[27609]: Stopping
Oct 4 22:58:32 node1 Keepalived_vrrp[27611]: VRRP_Instance(VI_1) sent 0 priority
Oct 4 22:58:32 node1 Keepalived_vrrp[27611]: VRRP_Instance(VI_1) removing protocol VIPs.
Oct 4 22:58:32 node1 Keepalived_healthcheckers[27610]: Stopped
Oct 4 22:58:33 node1 Keepalived_vrrp[27611]: Stopped
Oct 4 22:58:33 node1 Keepalived[27609]: Stopped Keepalived v1.3.5 (03/19,2017), git commit v1.3.5-6-g6fa32f2
Oct 4 22:58:34 node1 ntpd[1313]: Deleting interface #13 eth0, 192.168.0.10#123, interface stats: received=0, sent=0, dropped=0, active_time=532 secs
Oct 4 22:58:34 node1 ntpd[1313]: peers refreshed
```

对应的 Master 上的 VIP 也会消失：

```
[root@node1 ~]# ip add show
1: lo: <LOOPBACK,UP,LOWER_UP> mtu 65536 qdisc noqueue state UNKNOWN
    link/loopback 00:00:00:00:00:00 brd 00:00:00:00:00:00
    inet 127.0.0.1/8 scope host lo
    inet6 ::1/128 scope host
       valid_lft forever preferred_lft forever
2: eth0: <BROADCAST,MULTICAST,UP,LOWER_UP> mtu 1450 qdisc pfifo_fast state UP qlen 1000
    link/ether fa:16:3e:5e:7a:f7 brd ff:ff:ff:ff:ff:ff
    inet 192.168.0.8/18 brd 10.198.255.255 scope global eth0
    inet6 fe80::f816:3eff:fe5e:7af7/64 scope link
       valid_lft forever preferred_lft forever
```

Master 关闭后，Backup 会提升为新的 Master，对应的日志为：

```
Oct 4 22:58:15 node2 Keepalived_vrrp[2352]: VRRP_Instance(VI_1) Transition to MASTER STATE
Oct 4 22:58:16 node2 Keepalived_vrrp[2352]: VRRP_Instance(VI_1) Entering MASTER STATE
Oct 4 22:58:16 node2 Keepalived_vrrp[2352]: VRRP_Instance(VI_1) setting protocol VIPs.
```

可以看到新的 Master 节点上虚拟出了 VIP，如下所示。

```
[root@node2 ~]# ip add show
1: lo: <LOOPBACK,UP,LOWER_UP> mtu 65536 qdisc noqueue state UNKNOWN
    link/loopback 00:00:00:00:00:00 brd 00:00:00:00:00:00
    inet 127.0.0.1/8 scope host lo
    inet6 ::1/128 scope host
       valid_lft forever preferred_lft forever
2: eth0: <BROADCAST,MULTICAST,UP,LOWER_UP> mtu 1450 qdisc pfifo_fast state UP qlen 1000
```

```
link/ether fa:16:3e:23:ac:ec brd ff:ff:ff:ff:ff:ff
inet 192.168.0.9/18 brd 10.198.255.255 scope global eth0
inet 192.168.0.10/32 scope global eth0
inet6 fe80::f816:3eff:fe23:acec/64 scope link
   valid_lft forever preferred_lft forever
```

Keeaplived 的出现让 HAProxy 的负载均衡服务更加可靠。如果想要追求要更高的可靠性，可以加入多个 Backup 角色的 Keepalived 节点来实现一主多从的多机热备。当然这样会提升硬件资源的成本，该如何抉择需要更细致的考量，一般情况下双机热备的配备已足够满足应用需求。

11.2.4 使用 Keepalived+LVS 实现负载均衡

负载均衡的方案有很多，适合 RabbitMQ 使用的除 HAProxy 外还有 LVS。LVS 是 Linux Virtual Server 的简称，也就是 Linux 虚拟服务器，是一个由章文嵩博士发起的自由软件项目，它的官方站点是 www.linuxvirtualserver.org。现在 LVS 已经是 Linux 标准内核的一部分，在 Linux2.6.32 内核以前，使用 LVS 时必须要重新编译内核以支持 LVS 功能模块，但是从 Linux2.6.32 内核以后，已经完全内置了 LVS 的各个功能模块，无须给内核打任何补丁，可以直接使用 LVS 提供的各种功能。

LVS 是 4 层负载均衡，也就是说建立在 OSI 模型的传输层之上。LVS 支持 TCP/UDP 的负载均衡，相对于其他高层负载均衡的解决方案，比如 DNS 域名轮流解析、应用层负载的调度、客户端的调度等，它是非常高效的。LVS 自从 1998 年开始，发展到现在已经是一个比较成熟的技术项目了。可以利用 LVS 技术实现高可伸缩的、高可用的网络服务。例如，WWW 服务、Cache 服务、DNS 服务、FTP 服务、MAIL 服务、视频/音频点播服务等。有许多比较著名网站和组织都在使用 LVS 架设的集群系统。例如，Linux 的门户网站（www.linux.com）、向 RealPlayer 提供音频视频服务而闻名的 Real 公司（www.real.com）、全球最大的开源网站（sourceforge.net）等。

LVS 主要由 3 部分组成。

- ◇ 负载调度器（Load Balancer/Director）：它是整个集群对外面的前端机，负责将客户的请求发送到一组服务器上执行，而客户认为服务是来自一个 IP 地址（VIP）上的。
- ◇ 服务器池（Server Pool/RealServer）：一组真正执行客户端请求的服务器，如 RabbitMQ 服务器。

◆ 共享存储（Shared Storage）：它为服务器池提供一个共享的存储区，这样很容易使服务器池拥有相同的内容，提供相同的服务。

目前 LVS 的负载均衡方式也分为三种。

◆ VS/NAT：Virtual Server via Network Address Translation 的简称。VS/NAT 是一种最简单的方式，所有的 RealServer 只需要将自己的网关指向 Director 即可。客户端可以是任意的操作系统，但此方式下一个 Director 能够带动的 RealServer 比较有限。

◆ VS/TUN：Virtual Server via IP Tunneling 的简称。IP 隧道（IP Tunneling）是将一个 IP 报文封装再另一个 IP 报文的技术，这可以使目标为一个 IP 地址的数据报文能够被封装和转发到另一个 IP 地址。IP 隧道技术也可以称之为 IP 封装技术（IP encapsulation）。

◆ VS/DR：即 Virtual Server via Direct Routing 的简称。VS/DR 方式是通过改写报文中的 MAC 地址部分来实现的。Director 和 RealServer 必须在物理上有一个网卡通过不间断的局域网相连。RealServer 上绑定的 VIP 配置在各自 Non-ARP 的网络设备上（如 lo 或 tunl），Director 的 VIP 地址对外可见，而 RealServer 的 VIP 对外是不可见的。RealServer 的地址既可以是内部地址，也可以是真实地址。

对于 LVS 而言配合 Keepalived 一起使用同样可以实现高可靠的负载均衡，对于图 11-12 来说，LVS 可以完全替代 HAProxy 而其他内容可以保持不变。LVS 不需要额外的配置文件，直接集成在 Keepalived 的配置文件之中。修改 /etc/keepalived/keepalived.conf 文件内容如下：

```
#Keepalived 配置文件（Master）
global_defs {
        router_id NodeA              #路由 ID、主/备的 ID 不能相同
}
vrrp_instance VI_1 {
        state MASTER #Keepalived 的角色。Master 表示主服务器，从服务器设置为 BACKUP
        interface eth0               #指定监测网卡
        virtual_router_id 1
        priority 100                 #优先级，BACKUP 机器上的优先级要小于这个值
        advert_int 1                 #设置主备之间的检查时间，单位为 s
        authentication {             #定义验证类型和密码
                auth_type PASS
                auth_pass root123
        }
        track_script {
```

```
                chk_haproxy
        }
        virtual_ipaddress {       #VIP 地址，可以设置多个：
                192.168.0.10
        }
}

virtual_server 192.168.0.10 5672 { #设置虚拟服务器
        delay_loop 6                     #设置运行情况检查时间，单位是秒
 #设置负载调度算法，共有 rr、wrr、lc、wlc、lblc、lblcr、dh、sh 这 8 种
        lb_algo wrr                      #这里是加权轮询
        lb_kind DR                       #设置 LVS 实现的负载均衡机制方式 VS/DR
 #指定在一定的时间内来自同一 IP 的连接将会被转发到同一 RealServer 中
        persistence_timeout 50
        protocal TCP                     #指定转发协议类型，有 TCP 和 UDP 两种
 #这个 real_server 即 LVS 的三大部分之一的 RealServer，这里特指 RabbitMQ 的服务
        real_server 192.168.0.2 5672 {   #配置服务节点
                weight 1                 #配置权重
                TCP_CHECK {
                        connect_timeout 3
                        nb_get_retry 3
                        delay_before_retry 3
                        connect_port 5672
                }
        }
        real_server 192.168.0.3 5672 {
                weight 1
                TCP_CHECK {
                        connect_timeout 3
                        nb_get_retry 3
                        delay_before_retry 3
                        connect_port 5672
                }
        }
        real_server 192.168.0.4 5672 {
                weight 1
                TCP_CHECK {
                        connect_timeout 3
                        nb_get_retry 3
                        delay_before_retry 3
                        connect_port 5672
                }
        }
}
#为 RabbitMQ 的 RabbitMQ Management 插件设置负载均衡
virtual_server 192.168.0.10 15672 {
        delay_loop 6
```

```
        lb_algo wrr
        lb_kind DR
        persistence_timeout 50
        protocol TCP
        real_server 192.168.0.2 15672 {
                weight 1
                TCP_CHECK {
                        connect_timeout 3
                        nb_get_retry 3
                        delay_before_retry 3
                        connect_port 15672
                }
        }
        real_server 192.168.0.3 15672 {
                weight 1
                TCP_CHECK {
                        connect_timeout 3
                        nb_get_retry 3
                        delay_before_retry 3
                        connect_port 15672
                }
        }
        real_server 192.168.0.4 15672 {
                weight 1
                TCP_CHECK {
                        connect_timeout 3
                        nb_get_retry 3
                        delay_before_retry 3
                        connect_port 15672
                }
        }
}
```

对于 Backup 的配置可以参考前一节中的相应配置。在 LVS 和 Keepalived 环境里面，LVS 主要的工作是提供调度算法，把客户端请求按照需求调度在 RealServer 中，Keepalived 主要的工作是提供 LVS 控制器的一个冗余，并且对 RealServer 进行健康检查，发现不健康的 RealServer 就把它从 LVS 集群中剔除，RealServer 只负责提供服务。

通常在 LVS 的 VS/DR 模式下需要在 RealServer 上配置 VIP。原因在于当 LVS 把客户端的包转发给 RealServer 时，因为包的目的 IP 地址是 VIP，如果 RealServer 收到这个包后发现包的目的地址不是自己系统的 IP，会认为这个包不是发给自己的，就会丢弃这个包，所以需要将这个 IP 地址绑定到网卡下。当发送应答包给客户端时，RealServer 就会把包的源和目的地址调换，直接回复给客户端。下面为所有的 RealServer 的 lo:0 网卡创建启动脚本（`vim /opt/realserver.sh`）绑定

VIP 地址，详细内容如下：

```
#!/bin/bash
VIP=192.168.0.10
/etc/rc.d/init.d/functions

case "$1" in
start)
        /sbin/ifconfig lo:0 $VIP netmask 255.255.255.255 broadcast $VIP
        /sbin/route add -host $VIP dev lo:0
        echo "1" >/proc/sys/net/ipv4/conf/lo/arp_ignore
        echo "2" >/proc/sys/net/ipv4/conf/lo/arp_announce
        echo "1" >/proc/sys/net/ipv4/conf/all/arp_ignore
        echo "2" >/proc/sys/net/ipv4/conf/all/arp_announce
        sysctl -p >/dev/null 2>&1
        echo "RealServer Start Ok"
;;
stop)
        /sbin/ifconfig lo:0 down
        /sbin/route del -host $VIP dev lo:0
        echo "0" >/proc/sys/net/ipv4/conf/lo/arp_ignore
        echo "0" >/proc/sys/net/ipv4/conf/lo/arp_announce
        echo "0" >/proc/sys/net/ipv4/conf/all/arp_ignore
        echo "0" >/proc/sys/net/ipv4/conf/all/arp_announce
;;
status)
        islothere=`/sbin/ifconfig lo:0 | grep $VIP | wc -l`
        isrothere=`netstat -rn | grep "lo:0"|grep $VIP | wc -l`
        if [ $islothere -eq 0 ]
        then
                if [ $isrothere -eq 0 ]
                then
                        echo "LVS of RealServer Stopped."
                else
                        echo "LVS of RealServer Running."
                fi
        else
                echo "LVS of RealServer Running."
        fi
;;
*)
        echo "Usage:$0{start|stop}"
        exit 1
;;
esac
```

注意上面绑定 VIP 的掩码是 255.255.255.255，说明广播地址是其自身，那么它就不会将 ARP

发送到实际的自己该属于的广播域了,这样防止与 LVS 上的 VIP 冲突进而导致 IP 地址冲突。为/opt/realserver.sh 文件添加可执行权限后,运行/opt/realserver.sh start 命令之后可以通过 ip add show 命令查看 lo:0 网卡的状态,注意与 Keepalived 节点的网卡状态进行区分。

```
[root@node1 keepalived]# ip add show
1: lo: <LOOPBACK,UP,LOWER_UP> mtu 65536 qdisc noqueue state UNKNOWN
    link/loopback 00:00:00:00:00:00 brd 00:00:00:00:00:00
    inet 127.0.0.1/8 scope host lo
    inet 192.168.0.10/32 brd 10.198.197.74 scope global lo:0
    inet6 ::1/128 scope host
       valid_lft forever preferred_lft forever
2: eth0: <BROADCAST,MULTICAST,UP,LOWER_UP> mtu 1450 qdisc pfifo_fast state UP
    qlen 1000
    link/ether fa:16:3e:5e:7a:f7 brd ff:ff:ff:ff:ff:ff
    inet 192.168.0.2/18 brd 10.198.255.255 scope global eth0
    inet6 fe80::f816:3eff:fe5e:7af7/64 scope link
       valid_lft forever preferred_lft forever
```

11.3 小结

本章主要探讨的是 RabbitMQ 的两个扩展:消息追踪和负载均衡。消息追踪可以有效地定位消息丢失的问题:是在发送端,还是在服务端,又或者是在消费端?消息追踪主要包含 Firehose 和 rabbitmq_tracing 插件,任意开启一个都会耗费服务器的性能。有资料表明在开启 Firehose(或 rabbitmq_tracing 插件)时,临界情况能耗费服务器性能的 30%~40%,故不适合在正常运行环境中使用,只是作为一个扩展功能方便在遇到问题时复现后的定位。负载均衡本身属于运维层面,将此剥离出第 7 章的运维范畴是因为本书前面所有篇幅都在介绍 RabbitMQ 本身的功能,而这里的负载均衡指的是服务端入站连接的负载均衡,一般需要借助第三方工具——HAProxy、Keepalived 和 LVS 来实现,故视作扩展之用。有关 RabbitMQ 的扩展还可以包含 Spring 与 RabbitMQ 的整合、Storm 与 RabbitMQ 的整合等,由于篇幅所限,这里就不多做介绍,有兴趣的读者可以自行查阅相关资料。

附录A 集群元数据信息示例

```json
{
    "rabbit_version": "3.6.10", //集群节点版本号
    "users": [//用户信息
        {
            "name": "guest",//默认账户
            "password_hash": "3AxhftqMnqa7ApWRFm+PDOU7tL98iEi/SVefsM8gLqzrhbJX",
            "hashing_algorithm": "rabbit_password_hashing_sha256",
            "tags": "administrator"
        },
        {
            "name": "root",
            "password_hash": "dx8F8+ylF/W3PTzzhbbqgo4UgBTzUCRVWMaStErFgW2W5iYTP",
            "hashing_algorithm": "rabbit_password_hashing_sha256",
            "tags": "administrator"
        }
    ],
    "vhosts": [ { "name": "/" } ],
    "permissions": [
        { "user": "root", "vhost": "/", "configure": ".*",
            "write": ".*", "read": ".*" },
        { "user": "guest", "vhost": "/", "configure": ".*",
            "write": ".*", "read": ".*" }
    ],
    "parameters": [],
    "global_parameters": [//旧一点的版本没有这一项内容
        { "name": "cluster_name", "value": "rabbit@node1" }
    ],
    "policies": [//策略
        {
            "vhost": "/", "name": "p1", "pattern": ".*", "apply-to": "queues",
            "definition": { "ha-mode": "exactly", "ha-params": 2,
                "ha-sync-mode": "automatic" },
            "priority": 0
        }
    ],//分界点，下面是关键的队列、交换器和绑定关系的元数据
    "queues": [//队列信息
        { "name": "queue3", "vhost": "/", "durable": true,
            "auto_delete": false, "arguments": {} },
        { "name": "queue1", "vhost": "/", "durable": true,
```

```json
            "auto_delete": false, "arguments": {} },
        {
            "name": "queue2", "vhost": "/",
            "durable": true, "auto_delete": false,
            "arguments": {
                "x-dead-letter-exchange": "exchange_dlx",
                "x-message-ttl": 200000,
                "x-max-length": 100000
            }
        }
    ],
    "exchanges": [//交换器信息
        {
            "name": "exchange", "vhost": "/", "type": "direct",
            "durable": true, "auto_delete": false,
            "internal": false, "arguments": {}
        },
        {
            "name": "exchange2e", "vhost": "/", "type": "direct",
            "durable": true, "auto_delete": false,
            "internal": false, "arguments": {}
        }
    ],
    "bindings": [//绑定信息，注意绑定有两种：交换器与队列绑定；交换器与交换器绑定
        {
            "source": "exchange", "vhost": "/", "destination": "queue1",
            "destination_type": "queue",
            "routing_key": "rk1", "arguments": {}
        },
        {
            "source": "exchange", "vhost": "/", "destination": "queue2",
            "destination_type": "queue",
            "routing_key": "rk2", "arguments": {}
        },
        {
            "source": "exchange", "vhost": "/", "destination": "queue3",
            "destination_type": "queue",
            "routing_key": "rk3", "arguments": {}
        },
        {
            "source": "exchange", "vhost": "/", "destination": "exchange2e",
            "destination_type": "exchange",
            "routing_key": "rk_exchange", "arguments": {}
        }
    ]
}
```

附录 B　/api/nodes 接口详细内容

curl -i -u root:root123 -H "content-type:application/json" -X GET http://localhost:15672/api/nodes 的执行结果如下（单节点的）：

```
[
    {
        "partitions": [],
        "os_pid": "15015",
        "fd_total": 1024,
        "sockets_total": 829,
        "mem_limit": 3301929779,
        "mem_alarm": false,
        "disk_free_limit": 50000000,
        "disk_free_alarm": false,
        "proc_total": 1048576,
        "rates_mode": "basic",
        "uptime": 99563,
        "run_queue": 0,
        "processors": 4,
        "exchange_types": [
            { "name": "fanout",
              "description": "AMQP fanout exchange,
                as per the AMQP specification",
              "enabled": true },
            { "name": "headers",
              "description": "AMQP headers exchange,
                as per the AMQP specification",
              "enabled": true },
            { "name": "topic",
              "description": "AMQP topic exchange,
                as per the AMQP specification",
              "enabled": true },
            { "name": "direct",
              "description": "AMQP direct exchange,
                as per the AMQP specification",
              "enabled": true }
        ],
        "auth_mechanisms": [
            { "name": "RABBIT-CR-DEMO",
              "description": "RabbitMQ Demo challenge-response
                authentication mechanism",
```

```
            "enabled": false },
        { "name": "PLAIN",
          "description": "SASL PLAIN authentication mechanism",
          "enabled": true },
        { "name": "AMQPLAIN",
          "description": "QPid AMQPLAIN mechanism",
          "enabled": true }
    ],
    "applications": [
        { "name": "amqp_client", "description": "RabbitMQ AMQP Client",
          "version": "3.6.10" },
        //篇幅限制，省略若干与监控无关的数据
    ],
    "contexts": [ { "description": "RabbitMQ Management",
        "path": "/", "port": "15672" } ],
    "log_file": "/opt/rabbitmq/var/log/rabbitmq/rabbit@node1.log",
    "sasl_log_file":
        "/opt/rabbitmq/var/log/rabbitmq/rabbit@node1-sasl.log",
    "db_dir": "/opt/rabbitmq/var/lib/rabbitmq/mnesia/rabbit@node1",
    "config_files": [ "/opt/rabbitmq/etc/rabbitmq/rabbitmq.config
        (not found)" ],
    "net_ticktime": 60,
    "enabled_plugins": [ "rabbitmq_management" ],
    "name": "rabbit@node1", "type": "disc",
    "running": true, "mem_used": 58328312,
    "mem_used_details": { "rate": -123492.8 },
    "fd_used": 57,
    "fd_used_details": { "rate": -1 },
    "sockets_used": 0,
    "sockets_used_details": { "rate": 0 },
    "proc_used": 326,
    "proc_used_details": { "rate": -1 },
    "disk_free": 23734689792,
    "disk_free_details": { "rate": 0 },
    "gc_num": 5320,
    "gc_num_details": { "rate": 19.4 },
    "gc_bytes_reclaimed": 290549824,
    "gc_bytes_reclaimed_details": { "rate": 278136 },
    "context_switches": 83470,
    "context_switches_details": { "rate": 67.4 },
    "io_read_count": 1,
    "io_read_count_details": { "rate": 0 },
    "io_read_bytes": 1,
    "io_read_bytes_details": { "rate": 0 },
    "io_read_avg_time": 0.041,
    "io_read_avg_time_details": { "rate": 0 },
    "io_write_count": 0,
```

```
            "io_write_count_details": { "rate": 0 },
            "io_write_bytes": 0,
            "io_write_bytes_details": { "rate": 0 },
            "io_write_avg_time": 0,
            "io_write_avg_time_details": { "rate": 0 },
            "io_sync_count": 0,
            "io_sync_count_details": { "rate": 0 },
            "io_sync_avg_time": 0,
            "io_sync_avg_time_details": { "rate": 0 },
            "io_seek_count": 0,
            "io_seek_count_details": { "rate": 0 },
            "io_seek_avg_time": 0,
            "io_seek_avg_time_details": { "rate": 0 },
            "io_reopen_count": 0,
            "io_reopen_count_details": { "rate": 0 },
            "mnesia_ram_tx_count": 16,
            "mnesia_ram_tx_count_details": { "rate": 0 },
            "mnesia_disk_tx_count": 7,
            "mnesia_disk_tx_count_details": { "rate": 0.2 },
            "msg_store_read_count": 0,
            "msg_store_read_count_details": { "rate": 0 },
            "msg_store_write_count": 0,
            "msg_store_write_count_details": { "rate": 0 },
            "queue_index_journal_write_count": 0,
            "queue_index_journal_write_count_details": { "rate": 0 },
            "queue_index_write_count": 0,
            "queue_index_write_count_details": { "rate": 0 },
            "queue_index_read_count": 0,
            "queue_index_read_count_details": { "rate": 0 },
         "io_file_handle_open_attempt_count": 11,
            "io_file_handle_open_attempt_count_details": { "rate": 0 },
            "io_file_handle_open_attempt_avg_time": 0.0528181818181818,
            "io_file_handle_open_attempt_avg_time_details": { "rate": 0 },
            "cluster_links": [],
            "metrics_gc_queue_length": {
                "connection_closed": 0,
                "channel_closed": 0,
                "consumer_deleted": 0,
                "exchange_deleted": 0,
                "queue_deleted": 0,
                "vhost_deleted": 0,
                "node_node_deleted": 0,
                "channel_consumer_deleted": 0
            }
        }
    ]
```

附录 C 网络分区图谱

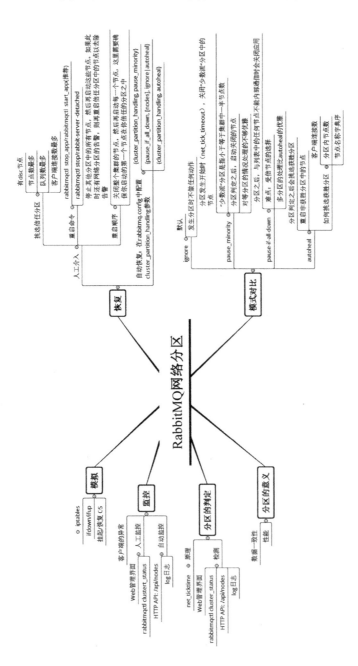